JN289409

環境デザイン学
―ランドスケープの保全と創造―

森本幸裕
白幡洋三郎　編

朝倉書店

―― 編　者 ――
森本幸裕	京都大学大学院地球環境学堂・教授
白幡洋三郎	国際日本文化研究センター・教授

―― 執筆者 ――（五十音順）
伊藤太一	筑波大学大学院生命環境科学研究科・准教授
糸谷正俊	（株）総合計画機構・代表取締役
今西純一	京都大学大学院地球環境学堂・助教
小野健吉	文化庁文化財部記念物課・主任文化財調査官
柴田昌三	京都大学フィールド科学教育研究センター・教授
夏原由博	京都大学大学院地球環境学堂・教授
林　まゆみ	兵庫県立大学自然・環境科学研究所・准教授
日置佳之	鳥取大学農学部・教授
平野秀樹	林野庁国有林野部経営企画課長
深町加津枝	京都府立大学人間環境学部・准教授
丸山　宏	名城大学農学部・教授
三谷康彦	（株）日建設計ランドスケープ設計室・室長
村上修一	滋賀県立大学環境科学部・准教授

序論

　我々に最も身近な自然は何か？　最も身近な環境とは何か？
　都市の近郊に成立している里地・里山か，身の回りの空気か水か．「環境」を人間の手つかずの外界自然と考えると，遠方の山や海，森や川，国立公園の内部に保護された原生自然にまでたどり着かないと，本来の自然，環境に接することはできない．つまり，最も身近なホンモノの自然は我々のすぐそばにはないということになる．
　しかし私は，あっさり考えて我々に最も身近な自然は人体ではないかと思う．最も身近なホンモノの自然は我々の肉体である．身体は人工ではなく自然そのものというべきだろう．私にとって最も身近な自然は，私にしかない私の身体である．
　身体は風を感じ，味を確かめ，匂いを感じ，音を聞き，風景全体を眺める主体である．この「主体」である自己の肉体を「デザイン」できないと，まともな五感は機能しない．すなわちもっとも身近な「環境デザイン」は自己の身体の維持にはじまる．
　日本語の「風景」がたんなる外界を指すのではなくて，人間の肉体に備わった感覚で捉えられた外界と身体感覚との統合体，すなわち外なる自然と内なる自然との統一体であるように，環境をデザインする時，デザインの対象は外部も内部も含めた自然であろう．
　人体という自然を維持し続けるには，健康法と称して運動やトレーニングで鍛えたり，病気になると薬を飲んだり手術をしたり，人工的に外部から加工修正を加えることも必要となる．無理をせず節制する「養生」が「治療」の中心であった前近代までとは異なり，近代以降さまざまな「医療」が発達した．これは人体という「自然環境」をデザインする一部であろうか．しかしそうした「人工」を拒否して，「自然」に身体を任せ，維持すること，したがって場合によっては衰退消滅への道を選ぶことを最上の処方とみる考えもなくはない．しかし本書でいう「環境デザイン学」は身体を例に考えると，「投薬」「手術」などの「医療」を拒否して成り立つものではなく，あり得べき望ましい医療的処方を積極的に考える立場をとる．
　環境デザインとは，学術的にもまた一般用語としても，必ずしもこなれた表現ではない．学問的にも扱う範囲はもちろんのこと，方法論も一定したものはまだないといえよう．にもかかわらず環境デザイン学を掲げてここに一書を編むのは，我々を取り巻く外界と我々自身である人体が，今さまざまな問題と危機に見舞われているとの認識があるからにほかならない．環境デザイン学があるとすればそれは「ユートピア学」でもあるだろう．そうした学問領域が可能であるかどうか確実なことは言えない．ユートピア学であるゆえんである．

　外界を快適にデザインする考えは古くからあったが，いま考慮したいのはここ100年の大きな思想の動きである．20世紀に入るとき，注目されていた環境デザインは2つあった．どちらもデザインの対象は都市ではあったが，それぞれの関心は逆を向いていた．
　1つは都市の内側に目を向けたもの．もう1つは都市の外側，農村に目を向けたものである．前者を代表するのがオーストリアの都市デザイナー，カミロ・ジッテの『広場の造形』[*1]であり，

序　論

後者を代表するのがイギリスの社会デザイナー，エベネザー・ハワードの『明日の田園都市』[*2]であった．そしてジッテはその後「都市内デザインの潮流」を作り上げ，ハワードは「都市外デザインの潮流」を形成した．忘れてならないのはどちらも「都市」の改良をめざしていたことである．

　前者は都市内部の環境に自然を取り込む動きをみせた．20世紀の半ばを過ぎた頃にアメリカの都市で進展してきた環境デザインがイアン・マックハーグの『*Design with Nature*』（1969）であろう．都市の人工景観に自然の要素を取り込む強い主張をもったデザインである．しかもこれは地域計画に生態学的視点を導入する新しいデザイン学であった．他方，後者の田園都市思想は将来の望ましい夢の生活環境を「都市と農村の幸福な結婚」と表現し，都市の自然との共生をめざした．この運動のその後の動きは，むしろ自然保護地区の制定や保存地区の確定など，都市よりは自然の保護運動に傾斜していった．

　これらの動きは19世紀末に始まっていたナショナル・トラスト運動との結びつきで考えるのがわかりやすい．1895年にオクタヴィア・ヒルらが提唱しはじめたナショナル・トラスト運動は，歴史的建造物や造園と自然風景地を保護しようとするものである．ナショナルトラスト運動が幅広い関心を集め，日本に同様の趣旨をもつ運動が広まったのは60年代である．

　このように考えると，20世紀初頭からの環境デザインの考え方は日本からみた場合，当初の2つの潮流，すなわち「都市内デザインの潮流」と「都市外デザインの潮流」の2方向を向いていたものが20世紀の半ばに1つのまとまりをみせ始めたことが指摘できる．その際，19世紀後半に生まれ20世紀に入って幅広い思想となっていった生態学の発達は見逃せない．生態学がそれまでの学問と異なるのは，学問的探求の結果を社会に適用するときの価値基準が人間主体を軸にでき上がっていないことであったと思う．生態学的見地による提言にはいわゆる「主体」なるものがない．人間による価値判断を大幅に排除した「画期的」な学問的姿勢だったろう．生態学は「環境」をあたかも「主体」と考えて進められる知的営みであるが，今後「環境デザイン学」の主体は何か，を生態学などの経験などに照らして考えてゆく必要がある．

　いま本書に仮に提示された環境デザイン学の目的は，従来の「都市−農村」の二分法で整序すると都市の生活と田舎の生活の矛盾を調和させそこに統一した見方をもたらすことであろう．都市と農村の矛盾をしっかり踏まえることで，性急な解決策ではなく修正可能な試行錯誤を含むおっとりした地味で謙虚な提案を行う方法論が提示されていると思う．また，近年強い国民的関心を集めている里山など身近な自然に対する深い認識を提供し，着実な接近方法を提示することもこの分野で大事である．日本には幸い庭園デザインという長年のデザインの伝統がある．この基本的環境デザインの知恵を用いて新たなデザイン学を構成してゆくことは可能であり，夢多い試みであろう．

白幡洋三郎

[*1]『広場の造形』の原題をそのまま訳せば『芸術的原理にもとづく都市計画』となる．すなわち「美的観点からの都市計画」の主張である．（1889年初版）
[*2] 1898年に出版された時の原題は『明日―真の改革にいたる平和な道』．若干の手直しで1902年に出版されたのが『明日の田園都市』である．

目　　次

第 I 部　緒論

1. **緑地の環境デザイン** ……………………………………………………………〔森本幸裕〕*1*
   1.1 ランドスケープとは＝科学・技術・計画・デザイン・政策の統合的視点 ……… *1*
   1.2 ランドスケープの生態学＝要素・パターン・プロセスという見方 …………… *3*
   1.3 都市化と砂漠化のランドスケープ＝都市緑化と自然環境保全 ………………… *3*
   1.4 生物多様性の危機＝共生社会の実現へ …………………………………………… *4*
   1.5 ランドスケープのテーマの広がり ………………………………………………… *5*
   1.6 ランドスケープの専門職能 ………………………………………………………… *6*

第 II 部　ランドスケープデザイン

2. **庭園の系譜** ………………………………………………………………………〔小野健吉〕*9*
   2.1 日本庭園の系譜 ……………………………………………………………………… *9*
       2.1.1 古墳時代の庭園 *9*　2.1.2 飛鳥時代の庭園 *9*　2.1.3 奈良時代の庭園 *10*　2.1.4 平安時代前期の庭園 *11*　2.1.5 平安時代中期の庭園 *12*　2.1.6 平安時代後期の庭園 *13*　2.1.7 鎌倉時代の庭園 *13*　2.1.8 室町時代の庭園 *14*　2.1.9 安土桃山時代の庭園 *16*　2.1.10 江戸時代の庭園 *17*　2.1.11 近代の庭園 *18*
   2.2 東洋の庭園の系譜 …………………………………………………………………… *19*
       2.2.1 中国の庭園 *19*　2.2.2 朝鮮半島の庭園 *22*　2.2.3 南アジアの庭園 *23*
   2.3 西洋の庭園の系譜 …………………………………………………………………… *25*
       2.3.1 古代ローマの庭園 *25*　2.3.2 イスラム世界の庭園 *26*　2.3.3 中世ヨーロッパの庭園 *26*　2.3.4 イタリア式庭園 *27*　2.3.5 フランス式庭園 *28*　2.3.6 イギリス式庭園 *29*

3. **近代ランドスケープ・デザイン** ………………………………………………〔村上修一〕*31*
   3.1 場の可能性をいかす ………………………………………………………………… *31*
   3.2 ヒトの生息空間 ……………………………………………………………………… *33*
   3.3 透明な部屋 …………………………………………………………………………… *35*
   3.4 素材のコラージュ …………………………………………………………………… *37*
   3.5 構成主義の空間 ……………………………………………………………………… *41*
   3.6 空間のモルフォシス ………………………………………………………………… *43*
   3.7 近代ランドスケープの先にあるもの ……………………………………………… *44*
       3.7.1 再生 *44*　3.7.2 非予定調和性 *45*　3.7.3 プロセス *45*

4. **博覧会とランドスケープ** ………………………………………………………〔丸山　宏〕*47*
   4.1 造園家と博覧会 ……………………………………………………………………… *48*
   4.2 万国博覧会の日本庭園 ……………………………………………………………… *51*
   4.3 日本における博覧会開催と公園 …………………………………………………… *56*
   4.4 万国博覧会と環境問題 ……………………………………………………………… *59*

目　次

5. 癒しのランドスケープ 〔平野秀樹〕64
5.1 理想の景観を求めて ………………………………………………………………… 64
5.1.1 理想郷の景観／桃源郷 64　　5.1.2 ユートピアと森 65　　5.1.3 理想型間の佇まい 67
5.2 癒しの基地をデザインする …………………………………………………………… 67
5.2.1 森の癒し効果 68　　5.2.2 代替医療の時代へ 69　　5.2.3 海外のセラピー基地 69　　5.2.4 日本型森林セラピー基地の創造 70　　5.2.5 森林セラピー基地をデザインする 71　　5.2.6 3つの〈森林セラピー基地〉タイプ 72　　5.2.7 森林セラピー基地の設計 72　　5.2.8 セラピー・メニューの提供 73　　5.2.9 森林セラピー基地の未来 74

第III部　ランドスケープ計画

6. エコロジカルプランニング 〔夏原由博〕76
6.1 エコロジカルプランニングと景観生態学 …………………………………………… 76
6.1.1 エコロジカルプランニングの定義 76　　6.1.2 エコロジカルプランニングの歴史とアプローチ 76　　6.1.3 景観生態学の視点 77
6.2 計画の手法 ……………………………………………………………………………… 78
6.2.1 計画の流れ 78　　6.2.2 現状の分析と評価 78　　6.2.3 目標設定とプランニング戦略 79　　6.2.4 シナリオ分析 80　　6.2.5 合意形成 80　　6.2.6 事後評価と見直し 80　　6.2.7 不確実性への対応 80
6.3 生態系評価 ……………………………………………………………………………… 81
6.3.1 生態系評価のアプローチ 81　　6.3.2 エコトープとポテンシャル評価 83　　6.3.3 ハビタットモデル 83　　6.3.4 ギャップ分析 86　　6.3.5 エコロジカルネットワーク 87
6.4 景観生態学的にみた国土、都市、緑地の評価と計画 ………………………………… 87
6.4.1 国土スケールの評価と計画 88　　6.4.2 地域スケールの評価と計画 88　　6.4.3 都市の生態系評価と計画 90　　6.4.4 大規模緑地の評価と計画 91
6.5 ダイナミックな自然の考え方 ………………………………………………………… 91

7. 自然地域の計画 〔伊藤太一〕93
7.1 自然地域とその計画理念 ……………………………………………………………… 93
7.1.1 自然地域と保護地域 93　　7.1.2 自然地域に関わる法規制 93　　7.1.3 自然地域の機能 94　　7.1.4 機能からの「保護と利用」概念の見直し 95　　7.1.5 自然地域計画の理念 96
7.2 保護地域としての自然地域計画史 …………………………………………………… 96
7.2.1 近代以前の保護地域 96　　7.2.2 アメリカにおける自然地域の展開 97　　7.2.3 日本の国立公園と国有林 99
7.3 フレームワークに基づく計画手法 …………………………………………………… 100
7.3.1 フレームワーク 100　　7.3.2 地域情報の把握と空間計画 101　　7.3.3 利用者特性の把握と利用機会の計画 101　　7.3.4 施設の現況把握とその水準の計画 102　　7.3.5 ROSに基づく3要素の統合 102
7.4 計画上の課題 …………………………………………………………………………… 103
7.4.1 境界による空間と意識の変容 103　　7.4.2 期待される役割の変化と困難な対応 104　　7.4.3 土地所有のありかたの見直し 104

8. 緑地の行政計画 〔糸谷正俊〕106
8.1 行政計画としての緑地計画 …………………………………………………………… 106
8.1.1 行政計画と緑地計画 106　　8.1.2 緑地計画の目的 107

8.2 緑地計画の種類と展望 ………………………………………………………………………… *111*
    8.2.1 緑地計画の種類と内容 *111*   8.2.2 緑地計画の実現手法 *116*   8.2.3 緑地計画の展望 *117*

第 IV 部　ランドスケープの材料と設計・施工・管理

9. 緑化技術 …………………………………………………………………………〔柴田昌三〕*123*
9.1 緑化技術発達の歴史 ……………………………………………………………………… *123*
9.2 現在の緑化に求められる役割 …………………………………………………………… *123*
9.3 個体レベルの緑化技術 …………………………………………………………………… *124*
9.4 群落レベルの緑化技術——自然再生のための緑化 …………………………………… *125*
    9.4.1 自然再生技術の基礎となる種々の緑化技術 *125*   9.4.2 開発地の植生を資源として扱う緑化技術 *129*
9.5 環境緩和のための緑化技術——都市域における緑化 ………………………………… *131*
    9.5.1 屋上緑化 *132*   9.5.2 壁面緑化 *132*   9.5.3 室内緑化 *133*
9.6 地域性種苗と植物材料 …………………………………………………………………… *134*

10. 設計・施工 …………………………………………………………………………〔三谷康彦〕*136*
10.1 環境デザインとランドスケープアーキテクト ………………………………………… *136*
10.2 ランドスケープの設計手順 ……………………………………………………………… *136*
10.3 実施設計段階の設計図書 ………………………………………………………………… *138*
    10.3.1 「特記」仕様書のすすめ *138*   10.3.2 特記仕様書の例 *139*
10.4 図面の記載に関して ……………………………………………………………………… *142*
    10.4.1 POD システム *142*   10.4.2 「Once Only」の原則 *142*
10.5 設計監理に関して ………………………………………………………………………… *142*
10.6 ランドスケープに使用する材料とは …………………………………………………… *143*
    10.6.1 ランドスケープの材料は自分で探す *143*   10.6.2 材料を見る目を養う *143*   10.6.3 デザインから材料を発想する手法 *143*
10.7 ランドスケープの工法 …………………………………………………………………… *145*
    10.7.1 「工法」でデザインを支える *145*   10.7.2 structural soil mix *145*
10.8 素材・造形・作法と手法——京都和風迎賓館プロジェクトの例 …………………… *146*

第 V 部　ランドスケープのマネジメント

11. 緑の地域マネジメント …………………………………………………………〔林 まゆみ〕*148*
11.1 社会的背景 ………………………………………………………………………………… *148*
    11.1.1 環境共生社会 *148*   11.1.2 成熟社会における地域の自立 *148*   11.1.3 緑を活かした市民活動 *148*
11.2 市民参加の系譜 …………………………………………………………………………… *149*
    11.2.1 協働の歴史 *149*   11.2.2 抵抗から協働へ *150*   11.2.3 協働の意義 *150*   11.2.4 協働の経緯 *150*   11.2.5 わが国の先進的な活動事例 *151*   11.2.6 海外の事例 *152*
11.3 市民参加の手法とその課題 ……………………………………………………………… *154*
11.4 事例研究 …………………………………………………………………………………… *155*
    11.4.1 多様な取り組み *155*   11.4.2 公共的空間の創出 *155*   11.4.3 緑空間のマネジメント *156*   11.4.4 自然緑地などにおける環境保全の取り組み *157*
11.5 みどりのまちづくりの実現手法について ……………………………………………… *158*

目　次

　　11.5.1　ワークショップ手法について　*158*　　11.5.2　人材育成　*158*　　11.5.3　ネットワーキング　*159*
　11.6　これからのNPOや市民活動団体における協働と参画について …………………………… *159*
　　11.6.1　これからの緑の地域マネジメント　*160*　　11.6.2　参画と協働の地域マネジメント　*160*

12. 自然再生　—生物の視点— ……………………………………………〔日置佳之〕*162*
　12.1　自然再生の歴史的位置づけ ………………………………………………………………… *162*
　12.2　自然再生の定義と区分 ……………………………………………………………………… *164*
　12.3　自然再生事業における留意事項 …………………………………………………………… *165*
　12.4　自然再生事業の技術的プロセス …………………………………………………………… *166*
　　12.4.1　調査段階　*166*　　12.4.2　目標設定段階　*166*　　12.4.3　計画・設計段階　*168*　　12.4.4　事業実施（施行）段階　*168*　　12.4.5　管理・モニタリング段階　*169*
　12.5　自然再生における計画・設計（ハビタットデザイン） …………………………………… *169*
　　12.5.1　事例地における環境ポテンシャル評価　*170*　　12.5.2　湿地生態系の再生計画案の策定　*172*
　　12.5.3　環境ポテンシャル評価を用いたハビタットデザインの特徴　*175*

13. 自然再生　—文化の視点— ……………………………………………〔深町加津枝〕*177*
　13.1　日本の里地里山の今 ………………………………………………………………………… *177*
　13.2　里地里山をめぐる今日の行政上の枠組み ………………………………………………… *179*
　13.3　里地里山を対象とした自然再生事業の動向 ……………………………………………… *180*
　13.4　自然再生に向けた取り組み——琵琶湖での試み ………………………………………… *182*
　　13.4.1　比良山麓の里地里山と市民組織　*182*　　13.4.2　市民組織による里地里山の再生　*183*　　13.4.3　琵琶湖周辺の里地里山の再生にむけて　*184*
　13.5　自然再生にむけた取り組み——丹後半島山間部での試み ……………………………… *185*
　　13.5.1　丹後半島山間部の里地里山と市民組織　*185*　　13.5.2　市民組織による里地里山の再生　*186*
　　13.5.3　丹後半島山間部の里地里山の再生にむけて　*188*
　13.6　今後にむけて ………………………………………………………………………………… *189*

14. 自然環境のアセスメント ………………………………………〔今西純一・森本幸裕〕*190*
　14.1　アセスメントの目的と概要 ………………………………………………………………… *190*
　　14.1.1　戦略アセスと事業アセス　*190*　　14.1.2　アセスメントの流れ　*191*
　14.2　生態系アセスメントの要点 ………………………………………………………………… *194*
　　14.2.1　評価手法　*194*　　14.2.2　代替案の検討　*195*　　14.2.3　ミティゲーションの検討　*196*
　　14.2.4　フォローアップのデザイン　*197*
　14.3　景観アセスメントの要点 …………………………………………………………………… *198*
　　14.3.1　評価基準の設定　*198*　　14.3.2　視覚的な予測の手法　*198*　　14.3.3　評価の手法　*198*
　14.4　アセスメントに不可欠な分析ツール ……………………………………………………… *201*
　　14.4.1　地理情報システム（GIS）　*201*　　14.4.2　リモートセンシング　*203*

索　引 ………………………………………………………………………………………………… *209*

第Ⅰ部 緒論

1 緑地の環境デザイン

　例えば心安らぐ庭，美しい町並み，郷愁をさそう野山や水辺，生き生きとした野生生物が生息する地球を，人々の健全な生活とともに守り育てる学術が緑の環境デザイン学である．それは人々の豊かな屋外空間や集住のかたち，地域や国土の利用と保全のありかたを解析し，提案して無理なく実現していくことを目的とする実践的な学術分野である．いわば，人と自然の理想的な関係の空間デザインが目標である．

　しかし，だれもが願う持続可能なユートピアではあるが，地球環境問題が否応なく立ちはだかる21世紀という困難な時代に人類は直面している．国連ミレニアムアセスメント（2005）が示すように，資源の枯渇や地球温暖化，生物多様性の危機の顕在化は覆いようもない．そのため環境デザイン学もまたこうした新しい課題に無縁でいられない．その一方で，庭園から風景にいたる，これまでの緑の文化の歴史的な遺産と知見の蓄積も膨大である．我々は次世代にどのような風景を残すのか．時代の流れのなかで，ともすれば失われやすい美しい風景を前に，本書は人類史と同じ長さをもつランドスケープの視点から環境デザインを論じた総論である．

1.1　ランドスケープとは＝科学・技術・計画・デザイン・政策の統合的視点

　ランドスケープ（landscape）とは空間的な広がりのなかで，自然と人為の働きかけの結果としての目に写るシーンとして認識される秩序をさす．庭園から都市，農山漁村，里山から奥山，人跡稀な僻地にいたるまで，人為の影響を受けていない自然はもうどこにもないのはいうまでもない．しかし逆に太陽の光や雨風，生き物とその産物と無縁な土地も考えられない．ということは，ランドスケープには自然と文化に関する多くの情報が潜んでいることになる．所変われば品変わるこのランドスケープの秩序に潜む論理の重要さに気づいて，早くから学問にしたのは西欧の地理学者トロール（C. Troll, 1939）であった．しかし，緑地の環境デザイン学は現象の記載とメカニズムの解明にとどまらず，明日への指針を示して実行を支援するための技術体系や計画の論理も含む．

　そのような意味で，人類は文明発祥のときからそれなりのランドスケープ観のもとに，土地利用や生活空間の構築などを通して，ランドスケープに働きかけてきたといえる．例えば，あるときは天国の風景を再現しようとしたり，国家を治めるまつりごとの空間をデザインするという積極的な場づくりも行われてきた．だから，個人や家族，集団や国家というさまざまな主体の営みと自然環境との相互作用で形作られてきた庭園や町並みや山河のランドスケープは，自然のポテンシャルと

第1章 緑地の環境デザイン

図1.1 糺の森
世界遺産, 下鴨神社の社叢はアオバズクが営巣するだけでなく, 京都盆地の緩扇状地の湧水地点であり, 葵祭, 御手洗会はじめ, 数々の歴史的, 文化的, 有形無形の環境資産が豊かなランドスケープを形成している.

図1.2 都名所図会に見る江戸時代の糺の森
アカマツとニレ科広葉樹らしき疎林の都市林は祭事空間でもあり, 庶民の広場でもあった.

ともに社会の状況, さらに人々の創造的な能力をも示しているのである.

京都, 下鴨神社, 糺の森はそうした自然立地と文化の営みの集積した所の1つである. (図1.1, 1.2)

地域による文化の共通性と異質性が気候とそれに依存した生態系の特徴と関連することを強調した, 「風土」（和辻, 1935）という言葉も類似の概念といえる. ただ, 英語訳が「climate（気候）」であることが示すように具体的な地域の構造よりはもっと広い気候区が考察の単位である. ランドスケープは地域の概念を強調して, 「景域」（井手, 1971）と翻訳されたこともあるが, 普遍的には用いられていない. ランドスケープ・エコロジーを「地域の生態学」（武内, 1993）, 「景相生態学」（沼田, 1996）とした書もある.

一方, そうした空間秩序そのものだけでなく, それを人々が五感を通して認識するときの感動を含めた「情景」ともいうべき見方もある. 風景という言い方より人間的なかかわりを強調した言い方と捉えられる. 本章では, とりあえず客観的な構造を含めた言い方である「景観」と区別しておきたい.

中国, 宋の時代に成立した瀟湘八景は, 洞庭湖に瀟水と湘水の二川が合流して注ぐ地域の印象的な場面を, 山市晴嵐, 漁村夕照, 遠浦帰帆, 瀟湘夜雨, 煙寺晩鐘, 洞庭秋月, 平沙落雁, 江天暮雪の8つを抽出したものである. これはその地域の地質, 地形, 生物相, 集落, だけでなく, そのときの気象条件や生活と人々が見る宇宙の様相までとらえており, 自然と文化のおりなす美しいランドスケープの秩序が五感を通して認識されるさまを示しているといえる. 日本で最も一般的に用いられる「風景」はこうした, 統合的な意味合いが強いと考えられる.

そして人間の力があまりに強大となり, 人類存続すら危ぶまれるなか, 生活環境から地球環境まで, このランドスケープの視点が改めて評価されねばならない. つまり, 自然と文化のさまざまな要素と栄力の作用による歴史的な産物であるランドスケープの秩序を科学的に解明（科学）し, 持続可能で豊かなランドスケープの保全と創造の技術を開発（技術）し, それぞれの場所と場合に適合した取り扱いのコンセプトや方法を提示（計画）

し，そのコンセプトに形を与え（デザイン），社会的な仕組みのなかで望ましいありかたへと規制と誘導の方法（政策）を探求する分野としての自覚的な展開が必要なのである．

1.2　ランドスケープの生態学＝要素・パターン・プロセスという見方

　ランドスケープの成り立ちを解析し，保全し，創造するひとつの見方が景観生態学である．あるいはむしろ，ランドスケープという見方が生態学の発展に貢献したともいえる．現実の生態系はさまざまな構成要素の階層構造的なモザイク構造から成り立っていて，きわめて複雑であることはいうまでもない．生物の生活の科学としての生態学は，生物種の視点からの種生態学，群集の視点からの群集生態学からさまざまに発展し，ランドスケープの世界にも貢献してきた．しかし，特に日本ではおおよそのところ原生自然の原理追求を大きな課題とし，高度経済成長期の頃までは，二次的自然や都市などは撹乱されて劣った自然としてほとんど研究対象とはならなかった．

　しかし，生物生息環境としての里地里山の重要性の認識や，原生自然環境においても，撹乱プロセスの生物多様性維持機構における意義の認識が進むにつれ，ヘテロジーニアスなランドスケープのモザイク構造への関心が高まった．誤解を恐れずにいえば，景観生態学の特徴の1つはつぎのようにいえる．つまり細部の違いよりは，全体のランドスケープとしての共通性と異質性を例えばパッチ，コリドー，マトリックスのパターンととらえ，自然だけでなく，人為を含むプロセスにともなうそれらの変化を体系的にとらえようとする．こうした見方による現実の土地利用の解析は，ランドスケープの秩序の理解とその変化の予測，計画とデザインに多いに役立つのである．1987年に『*Landscape Ecology*』が創刊され，着実にこの方面からの研究が展開した．フォアマンの『*Land Mosaics* (1995)』はその1つの集大成でもある．

1.3　都市化と砂漠化のランドスケープ＝都市緑化と自然環境保全

　地球環境問題の1つは砂漠化である．1996年に発効した砂漠化対処条約（UNCCD）では，「砂漠化」とは，乾燥地域，半乾燥地域及び乾燥半湿潤地域における種々の要素（気候の変動及び人間活動を含む．）に起因する土地の劣化をいう，と定義されている．中でも我々の関心事は主に近視眼的な土地利用で取り返しのつかない急速な速度で緑に象徴される豊かな生産力と多面的機能にすぐれた環境が失われることである．しかし，砂漠化は今に始まったことではない．

　これまで，この地球上ではさまざまな地域的なスケールで，いく度となく，文明の成長と破綻を繰り返してきた．森を再生不可能なまでに収奪したあげくに滅びた最古の文明が，数千年前の中東のメソポタミアの都市国家であった．紀元前2600年頃と目されるシュメール人による都市国家ウルクの王，ギルガメッシュのフンババ征服の叙事詩が楔形文字で陶板に刻まれている．これは，荘厳な森とともに，都市文明による森の破壊がもたらした大洪水などの祟り，つまり「緑」のランドスケープへの価値観を明示した最古の記録であろう．森の神フンババはギルガメッシュとその友人であった半神半獣のエンキドゥに滅ぼされるが，エンキドゥは死んでしまう．ギルガメッシュは悲しみにくれ，あの世に友を尋ねたりするが，不老長寿の薬も得られず，最後は絶望して死んでしま

う．つまり，都市国家が繁栄するたびにレバノンシーダの神々しい森が消えてゆき，中東は砂漠となったのである．

その古代バビロンには，架空園が存在していた．絵空事の架空ではなく，空に架かるハンギング・ガーデンである．この最古の屋上庭園はテラス群に樹木が植栽された様が，下からみれば空に架かっているかのように見えたため，古代ギリシャの歴史家ヘロドトスが架空園と命名したのである．基底部は一辺が約400mの正方形で，その上に階段状に次々にテラスが設けられ，最上部の面積は約60m²，全高は110mにも達したと記載されている．ギザのピラミッドなどとならんで世界の七不思議の一つとも賞賛されたこの屋上庭園は，ネブカドネザル2世（紀元前604〜前562在位）が，緑豊かなメディア王国から嫁いできた王妃アミューティスのために建造したもの，とされる．現在は，イラクのバグダッドから南に90km，ユーフラテス川の近く，砂漠のなかの遺跡が発掘されている．26m幅の2基の城壁で守られた古代の町にあって，屋上庭園は正に乾燥した炎暑の町に潤いをもたらす文化であったにちがいない．

森の神を滅ぼさない都市はあり得るのだろうか．緑地の環境デザイン学の大きな目的は，都市住民に潤いを与える緑の確保とともに，フンババの住むような森の保全，言い換えれば都市緑化と自然環境保全の両立である．田園都市（E.ハワード，1898）に始まる都市の利便性と都市環境保全の両立のテーマよりも，地球環境時代のいま，はるかに大いなる想像力，グローバルな見方が必要とされる．

1.4　生物多様性の危機＝共生社会の実現へ

もう1つの地球環境問題は生物多様性の危機である．地球の長い歴史のなかで，人類は大幅に種の絶滅率を高めてきており，今後50年間にさらに大きく上昇するとミレニアムアセスメントでは予測されている．

種の絶滅速度のこれまでの大幅な増加の大きな原因は熱帯林の消失であり，近年の現象としては途上国の問題ではある．しかし先進国に大きな関わりがあることから，この危機への対応として「生物多様性条約」が締結（1992）され，2004年1月現在で188ヵ国が加盟している．日本もこれを批准し，地球環境関連閣僚会議のもと，「生物多様性国家戦略」の作成（1995）に至った．単に各省庁の既存環境関連政策をまとめただけとの批判もあったこの戦略であるが，わが国の生物多様性の実態を明らかとするにたいへん大きな役割を果たし，新・生物多様性国家戦略（2002）へと進化し，さらに点検と見直しが進んでいる．

こうした危機への科学的認識の高まりは，ランドスケープの計画や技術に大きな転換をも迫っている．つまり，わが国には従来より指摘されている都市化にともなう生物生息環境の劣化とともに，自然との適切な関係の喪失に伴う里地里山の危機と，外来種など外部から持ち込まれるものに伴う危機が顕著であることが，誰の目にも明らかとなったのである．そこで，土地固有の生物多様性は人間生存の基盤であって，世代を超えた長期の効率性，安全性に寄与し，有用性と文化の源であるという認識のもとに，国土空間における生物多様性の3つの目標が掲げられている．

それは，①地域固有の生物多様性を地域の空間特性に応じて適切に保全すること，②絶滅の恐れが新たに生じないように，また危機に瀕した種を回復すること，③将来世代に利用可能なような持続可能な国土と資源の利用，である．これまでになかった新たな目的のための計画やデザイ

ン，実行の仕組みづくりなどが必要となってきている．

これをうけて自然再生推進法（2003 施行）などのもと，里地里山の保全と持続可能な利用，自然の再生・修復，効果的な保全手法などの開発へむけた多様な取組みが始まっている．そのため，生物生息環境に対するインパクトを最小限とした土地利用や開発のありかた，劣化した自然の効果的な再生の方法などが，ランドスケープの専門領域に課せられたあらたな課題となっている．

また，持続可能性（sustainability）が世界的な課題となり，人口減少時代を迎えたわが国では，開発中心主義の「全国総合開発計画」を策定していた国土計画制度が見直されて，現在，「国土形成計画」の策定が行われており，上述のランドスケープの視点が必要とされている．

1.5　ランドスケープのテーマの広がり

上述のような目的のもとに行われるランドスケープの具体的な仕事，つまり緑地の環境デザインの実践の場は実に多様である．現在の社会に見られるランドスケープ分野が関わっているテーマについて，空間スケールの大小と，そのデザインの力点が空間の表現にあるか，自然志向にあるかという，2 つの軸を設定して，表 1.1 に整理してみた．もちろん分類はあくまで便宜的であって，個々の事例すべてがぴったりあてはまるものではないが，おおよその仕事の広がりが理解できるであろう．

空間スケールが庭園レベルの場合はデザインの要素，パターン，プロセスの操作可能性が高い．しかしそれでも大木などになると動かすことすらままならず，適度な光や水などの自然のプロセスが必須であることが，建築や土木など他の空間デ

表 1.1　空間スケールと自然−表現軸で整理したランドスケープのテーマの例

空間スケール		創造　←→　保全		
		表現指向	中間型	自然志向
小　↑↓　大	庭園	坪庭，茶庭，住宅庭園，敷地デザイン，環境芸術，史跡名勝整備，屋上・壁面緑化	園芸療法	巨樹名木保全，ハビタットガーデン
	地区・サイト	広場・界隈，都市基幹公園，コミュニティ道路，都市美観形成，歴史的風土保存，博覧会，住民参加ワークショップ，ユニバーサルデザイン	風致保全，都市緑化，文化的景観（棚田など）保全，里地・里山保全，森林浴，道路緑化，造成地緑化，グリーンウェイ，パークシステム，世界文化遺産	森林セラピー，多自然型河川整備，保存樹林，社寺林保全，サンクチュアリ，ビオトープ復元，人工干潟，天然記念物，環境林，ミティゲーション（自然環境保全措置），世界自然遺産
	都市・地方	都市再生，博物館都市，農村アメニティ・コンクール	国営公園，観光計画，広域緑地系統，森林都市	緑地保全地区，自然再生，エコロジカルネットワーク，自然共生型流域圏，自然公園計画
	国土・地球		ガーデン・アイランド（国土計画）	緑の回廊，環境法整備（自然公園法，環境アセス法，外来生物法など），国際条約（生物多様性条約，ラムサール条約など），CDM 植林，砂漠化防止

ザイン領域との大きな相違点である．空間スケールが大きくなれば，直接操作することはほとんど困難となり，自治体や国の法令，計画，国際条約などによる「規制」と「誘導」がランドスケープ形成の大きな手段となる．これに加えて近年では，市民社会の成熟にともなって，地域の自発的な活動の重要性が増しており，町づくりや公園作りから生態系管理まで，地域コミュニティや市民，NPOの活躍の支援が大きな課題となっている．

1.6　ランドスケープの専門職能

　中国，明の時代に書かれた著名な庭園書，『園冶』（えんや）第一巻，冒頭の構造論に「三分匠，七分主人」という諺が紹介されている．優れた庭園は優れた庭師を必要とするが，庭を実現しようとする意図をもつ主人の方がはるかに重要な役割をもつという意味である．

　なるほど，主人とその庭師との連携の重要性は京都，無隣庵の例が示している．狭く細長い敷地にもかかわらず，約束事にとらわれない伸びやかな借景庭園が近代日本庭園の幕開けを告げたことへ貢献したのは誰か．主人である山縣有朋の構想なくして，匠，小川治兵衛の技は生まれなかったかと思える．さらに，日本独自のユニークな建築と庭園の様式である茶室と茶庭の関係はもっと主の意味が大きい．この様式の成立に貢献したのは建築家や作庭家ではなく，茶事という，トータルな体験時空間を構想した千利休という茶人であった．

　だが，そうした主人と匠が対象とするその環境，あるいはランドスケープがきわめて重要でないか，という点を指摘したい．庭園はどこにでも無秩序に分布しているわけではない．後水尾上皇が修学院に離宮を営んだ（1659）のは，その立地に大きな理由があった．十四年の歳月をかけて，最高の立地を探し回ったとされる結果がここなのである（図1.3）．

　比叡山の嶺を背景として，山と棚田が交錯するこの地に，修学院離宮庭園は上，中，下の茶屋という3つの部分から構成されている．上の茶屋からは，かの有名な眺望景観と俯瞰景観が広がる．中の茶屋は林丘寺門跡を明治になってから編入したものだが，御茶屋の間を移動中の景観こそが，修学院ならではの特長である．花崗岩山地の裾野の襞に入り込む棚田の風景を取り込むという，類い希な試みは，京都盆地ではここだけでしか成功しなかったであろう．京都盆地を取り巻く東山，北山，西山の三山のほとんどは丹波層群と呼ばれる堆積岩で構成されていて，花崗岩山地のようなきめ細かな地形はできない．後水尾上皇はこの土地のポテンシャルを見いだした．

　では，その優れたポテンシャルを秘めた立地環境とは何か．それは異質のものが出会う推移帯（エコトーン）なのである．この修学院離宮の地は侵食が卓越する山地と土砂の堆積が卓越する平地との境界，山麓部である．森林と棚田の境界でもあ

図1.3　修学院離宮庭園
多重のエコトーンを生かした修学院離宮庭園は，持続的な手入れの結果，シダとコケの宝庫ともなっている．

1.6 ランドスケープの専門職能

る.

このほか，郊外の丘陵地に背山臨池の極楽浄土を再現した浄瑠璃寺庭園が，いわゆる浄土式庭園の最高傑作の1つであることはだれも否定しないが，その優れた特性の1つは，山上の源流の湧水池の立地そのものにある．

このような立地環境，つまりランドスケープを見る目が，ランドスケープの職能にとって必要とされる．

F. L. オルムステッド（1822～1903）は広大なセントラルパークが都市内の交通の障害になるデメリットの解消のために，数本の横断道路を通しつつ，しかも公園利用者にとっては，道路を通すことにより発生する敷地の分断化のデメリットを避けるために道路には掘り割りやブリッジという解を与えた．この空石積み構造は長年の風雪によって味のある風景要素ともなっている．このように矛盾する土地利用に，新たな価値の発生を促すような折合いのつけかたを提案するのが，ランドスケープ専門職能の伝統的な任務の1つである．

これに加えて，身近な樹木から地球環境問題への取組みまで，自然の要素と人間社会の関係を取り扱ってきたランドスケープ分野に期待される領域は近年ますます多様になった．日本造園学会が設立されたときの大きな趣旨には，関東大震災(1923)からの帝都復興を緑地計画の視点から支援する（造園学雑誌，第1巻1号，1925）ということが含まれていた．緑地は市民の日常の生活環境やレクリエーションに資するのみならず，災害非常時の延焼防止や災害復旧拠点など，多様な機能を果たす．そのような観点からの適切な緑地の計画は，阪神淡路大震災（1995）後にも論議された．

都市に世界で初めて，海岸から川岸，湿地を含む樹木園や散歩道ほかさまざまな多様な機能が計画的に配置された緑地系統がアメリカのボストンで受け入れられた背景にも大火の経験があった．

緑地には実に多機能が期待される．オルムステッドは，立地の自然的ポテンシャルを生かし，都市の緑地に要求されるさまざまな機能を折り込み，連続した緑地系統の計画とその実現に力を注いだ．そのコンセプトは「エメラルド・ネックレス」という愛称で親しまれる．特に水辺というエコトーン（推移帯）が極めて重要な生態的かつ文化的資源であることを示し，都市において効果的な緑地配置を示したのである．

以上のような，ランドスケープ分野のいわば伝統的な職能は今も変わらない．しかし，地球環境時代のいま，それを全うするためには，ますます学際的なアプローチが必要となってきている．もともと空間ものづくりという意味で関連の深い土木や建築との境界領域や表現という意味での芸術の領域にとどまらず，生態学との境界領域が大きな意味を持ってきている．なかでも保全生物学や緑化工学，生態工学や景観生態学などの関連専門分野が発達してきており，ランドスケープ専門職能の心得るべき学術は多様化してきている．

しかし，いくら個々の学術，技術が進歩して専門性を高めて行ったとしても，それらを具体的な場所に適用していくには，プランナーやデザイナー，つまりランドスケープアーキテクト（landscape architect）や技能者，庭師（gardener）だけでなく，プロデューサー，ディレクター，住民参加のコーディネーター，ファシリテーターも必要とされる．近年は，人口減少社会や低成長時代を背景に，新たな建設よりはむしろ，すでにある資源や生態系をいかに管理＝マネジメントしていくかという，ランドスケープマネジメントも大きな課題となってきており，新たなランドスケープの領域の展開と専門家の活躍が期待されている．例えば新潟の妻有で2006年に3回目を迎えたサイトスペシフィック（場所固有）な現代アートのトリエンナーレは，中山間地の地域住民と都市の若者を巻き込んだ地域振興に貢献している．矛盾

を抱えた里山ランドスケープの再生として注目される．

参考文献

Forman, R.T.T. (1995) *Land Mosaics: the ecology of landscapes and regions*, Cambridge Univ. Press.
石川幹子（2001）都市と緑地 新しい都市環境の創造に向けて，岩波書店．
Millennium Ecosystem Assessment Board (2005) *Living Beyond Our Means: Natural Assets and Human Well-being* (Statement of the MA Board), UNEP.
森本幸裕・亀山 章編著（2001）ミティゲーション―自然環境の保全創造の技術，ソフトサイエンス社．
森本幸裕・夏原由博編著（2005）いのちの森―生物親和都市の理論と実践，京都大学学術出版会．
森本幸裕・小林達明編著（2007）最新・環境緑化工学，朝倉書店．
岡崎文彬（1981）造園の歴史 I，同朋舎出版．
R.B. プリマック・小堀洋美（1997）保全生物学のすすめ，文一総合出版．
高橋理喜男他（1986）造園学，朝倉書店．
武内和彦（1993）地域の生態学，朝倉書店．
上原敬二編（1975）園冶：解説［復刻版］加島書店．
和辻哲郎（1935）風土 人間学的考察，岩波書店．

第Ⅱ部　ランドスケープデザイン

2

庭園の系譜

2.1　日本庭園の系譜

2.1.1　古墳時代の庭園
a．水濠をもつ古墳

　古墳時代とは，盛土を主たる要素とする首長階級の大型の墳墓が特徴的に築造される時代で，おおむね3世紀後半から6世紀後半をさす．首長階級の成立の基盤として，灌漑などの農業土木技術の発展に基づいた生産力の向上があるが，そうした技術は，農業以外の機能をもつ空間にも転用可能であった．墳墓を庭園概念の範疇に入れるかは議論が分かれるが，大和（奈良県）・河内（大阪府）地方に特徴的にみられる，水濠をもった前方後円墳は，そうした技術を基に空間的・時間的美意識を反映して造形された屋外空間であることは疑いない．立地を選択し土木技術を駆使した水濠の単一水面化や水面に島状の墳丘が浮かぶ形態には，強い美意識がうかがえる．また，こうした大規模な水濠の築造技術をみるとき，『日本書紀』履中天皇2年・3年条にみえる「磐余池」の築造および舟遊の記事は，年代の厳密な考証を免除すれば，5世紀前半の園池の存在およびその形態と機能を示唆するものとみて矛盾はなかろう．

b．水辺祭祀場としての庭園

　古墳時代の庭園として注目すべきものが水辺祭祀場（waterside ritual place）である．水辺祭祀は古墳時代の首長権力と密接に関係するとみられるものの，その実態は不明な部分も多い．しかし，そうした祭祀の場として庭園が築造されたことは，城之越遺跡（三重県伊賀市）の発掘調査成果によって明確となった．この遺跡の4世紀後半の遺構は，3ヵ所の湧水に源を発し順次合流する蛇行流水路を中心としたもので，流水路両側の斜面に小石を敷き詰め，合流部付近など要所には石を立てるなどの造形により，祭祀の場の環境を整えている．この遺構は，技術的にも意匠的にも日本における庭園の先駆をなすものと評価しうるとともに，庭園出現の機能的要請が祭祀もしくは儀式であったことを強く示唆するものでもある．

2.1.2　飛鳥時代の庭園
a．百済の庭園築造技術の伝来

　4世紀後半頃からすでに継続的な交渉があったとみられる百済との関係は，6世紀から7世紀にかけてさらに緊密になり，仏教・暦学・建築など様々な学芸や技術が百済からもたらされた．先進の庭園の築造技術もまた，この時期に百済からもたらされたものの一つであった．612年に百済からの渡来人である路子工が小墾田宮の南庭に須弥山と呉橋を作ったという『日本書紀』の記述がある．須弥山は仏教思想に基づいた石造物，呉橋は中国風の橋と考えられ，先進の文化・技術として推古朝の人々を驚嘆させたものとみられる．

b. 飛鳥の発掘庭園

近年の発掘調査の進展により，飛鳥時代（539〜710）の庭園像が急速に解明されつつある．発掘庭園（excavated garden：発掘によって検出された庭園遺構）に見る飛鳥時代の庭園の最も特徴的な構成要素は，石積み護岸で方形など幾何学的平面形を持つ園池と精密な加工を施された石造物である．石神遺跡（奈良県明日香村）の一辺約6mの石積み護岸の方形池（square pond）は，精巧な石造の噴水（fountain）である「須弥山石」や「道祖神石像」を伴って宮殿の庭園区画をなしたもの（図2.1）．この遺跡は，『日本書紀』斉明天皇6年（660）の記事に比定でき，服属儀礼的饗宴の場として機能したものとみられる．飛鳥正宮の西北で発掘された飛鳥京跡苑池（同）では，東西約70m南北約200mの石積み護岸（stone-piled shore）の園池（garden pond）が中心をなす．園池は南池と北池に区分され，このうち変形扇形の南池には，中島や精巧な石造噴水などを設える．この庭園は，斉明天皇が築造したものとみられ，天武天皇の時代に改修され『日本書紀』天武天皇14年（685）に「白錦後苑」の名で現れる．園池を含む広大な敷地の中には薬草園の存在も窺え，理念的には神仙思想の影響が色濃い唐の禁苑（forbidden garden）をモデルとした複合的機能をもつ庭園であったとみられる．飛鳥京跡苑池と同時期に築造された酒船石遺跡（同）の一画をなす庭園遺構は，石敷き広場に精巧な加工の亀形石槽などを据えた特異な意匠をもち，水に関する宮廷祭祀（court ritual）が執り行われた場とみる説が有力である．こうした発掘庭園の形態は，いずれも百済からの庭園意匠や技術を基盤としたものと考えられる．

c. 曲池への移行

飛鳥時代末期の島宮の庭園を題材とした『万葉集』の歌には，屈曲した平面形をもつ池（曲池，curved pond）や荒磯（rough seashore），滝（cascade）などの描写がみられ，歌が詠まれた時期（689年頃）までには，これまでに発掘された飛鳥時代の庭園とは異なった意匠をもつ庭園が存在したものと想定されていた．飛鳥正宮（奈良県明日香村）の内郭で近年発掘された園池遺構はそれを証するもので，浅い曲池の護岸手法は，緩勾配の斜面に礫を敷く州浜（pebble beach）に類似したものである．その築造がおおむね天武天皇の時代（在位673〜686）とみられることから，統一新羅からの情報に基づいて作られた庭園であったとみるのが妥当であろう．

2.1.3 奈良時代の庭園

a. 平城宮・京の庭園

奈良時代（710〜94）は，律令に則った政治体制・社会制度が整えられた時代であり，そこでは政治としての儀式や政治に関連する饗宴（banquet）

図2.1 石神遺跡方形池（左）と須弥山石（右）（奈良文化財研究所所蔵写真）

が重要な役割を果たした．『続日本紀』の記事から窺えるように，平城宮では庭園は天皇による儀式・饗宴などの場として用いられた．また，『懐風藻』や『万葉集』に見えるように，平城京では上級貴族の邸宅に庭園が造営され，しばしば饗宴の場として利用された．平城宮西池宮の園池（現在の佐紀池付近）は，谷地形を利用して造営された不整形な平面形をもつ曲池で，護岸には緩勾配の斜面に礫を敷く州浜の手法が採用され，汀線付近には自然石の景石（ornamental stone）が据えられていた．また，平城京左京一条三坊十五・十六坪の園池も古墳の周濠を利用した曲池で，古墳の葺石を転用して州浜を作り，汀線付近に石組（arranged stones）を2ヵ所据えていた．これらの発掘庭園はいずれも奈良時代初期の築造で，「曲池」「州浜の護岸」「自然石の景石」を特徴とする園池の形態は，「幾何学的平面形の池」「石積み護岸」「精巧な加工石」を特徴とする飛鳥時代の典型的な園池とは大きく異なり，その間には明らかに大きな転換があった．飛鳥時代の末期，天武天皇の時代には，すでに統一新羅からの情報により曲池の意匠は導入されてはいたが，704年帰国の遣唐使がもたらした唐の長安城大明宮太液池や洛陽城上陽宮の庭園に関する直接的な情報が，その転換の最大の契機と見てよいだろう．唐の庭園を規範とした「曲池」「州浜の護岸」「自然石の景石」という三原則をもとに，庭園の形態は日本独自の発展を開始する．現在われわれがイメージを共有する自然風景式の日本庭園の原型がここに誕生したとみることも可能である．

b．日本庭園意匠の確立

　平城宮東院庭園（奈良市）は，奈良時代の初頭に平城宮の東南隅に造営され，大きな改修を受けながら奈良時代を通じて存続したものである．750年代に行われたとみられる大改修後の庭園は，東西・南北とも最大長約60mの規模をもつ州浜護岸の曲池を中心とするもので，池の北岸には立石（upright stone）を中心に約30個の石からなる石組みを低い築山（artificial hill）上に配置する（図2.2）．また，平城京左京三条二坊宮跡庭園（奈良市）は，750～65年頃に河川の旧流路を利用して築造された延長約55mの蛇行流路状の池を中心とした庭園．池は，底が全面石敷き，護岸に州浜や玉石立て並べの手法を採り，要所に景石を配したものである．この2つの庭園は公的饗宴の場として造営されたものとみられるが，いずれも自然風景式の意匠をもつ．とりわけ大改修後の東院庭園の形態は，飛鳥時代の庭園の形態・技法を完全に払拭したものであり，日本庭園の形態と意匠を確立したものと評価しうる．

2.1.4 平安時代前期の庭園
a．神泉苑とその起源

　平安京は，三方を山に囲まれた地形が平城京と相通じる一方，伏流水が所々に噴出する湧水を園池の水源にできるという点では，平城京に比べて造園上の大きな利点を有していた．平安時代前期（794～10世紀中期）の平安京の庭園はこうした立地を生かし，天皇などにより大規模な池庭が築造されたことが特徴である．文献史料には，京内で桓武天皇（737～806）以来の禁苑である神泉苑をはじめ冷然院や南池院，郊外では嵯峨天皇（786～842）の別業嵯峨院などが現れる．園池の

図2.2 平城宮東院庭園：池北岸で発掘された石組
　　　（奈良文化財研究所所蔵写真）

ごく一部が現存する神泉苑（京都市）は，大内裏の南面東部に隣接した東西約250m南北約500mの敷地を持つ禁苑であった．庭園の形態は，正殿乾臨閣の南面に，自然の湧水を利用して築造した大池を置く前池型形式（front pond type garden）．池の北方の建物配置は，正殿とそこから東西に伸びる廊の先端に閣を配し，さらに池に臨んで釣台を配するというもので，後の寝殿造に連なるものとの見方もある．現在の中国東北地方に所在した渤海国の首都上京竜泉府禁苑は神泉苑とほぼ同時期の造営とみられるが，現存する遺構は推定される神泉苑と相似した形態をもち，共通のモデルとして，唐における園池を含む宮殿の存在が想定される．神泉苑は，平安遷都後間もなく桓武天皇の最初の行幸が行われるなど，平安時代初頭にはしばしば天皇による饗宴の場として用いられ，このうち812年に嵯峨天皇が催した観花の宴は，文献に現れる日本最初の桜の花見として知られる．神泉苑は豊富な湧水量のゆえに9世紀前半から祈雨の場となり，行幸が途絶えた10世紀前半以降には干天時に池水開放が行われることもあった．

b．平安京郊外の別業庭園

嵯峨院は8世紀の初頭に嵯峨天皇の離宮として造営されたもので，その後，大覚寺（京都市）となって今日に至っている．境内東部には嵯峨院時代の園池を踏襲した大沢池が残り，平安時代前期の平安京近郊の別荘の庭園の様相を知る貴重な遺構として知られる．大沢池は北西方から流れ込む谷水を堤でせき止めた大面積の池で，現存の面積は約3万㎡．発掘調査によれば，院造営当初には，池の北方に石組が現存する名古曽滝から素掘りの遣水が大きくうねりながら，大沢池に注いでいた．北嵯峨の穏やかな山並みを背景にゆったりと水をたたえる大沢池は，嵯峨院の時代には饗宴の場であり，『文華秀麗集』に収められた漢詩からはその卓越した環境が窺える．

2.1.5 平安時代中期の庭園
a．寝殿造庭園

藤原氏による摂関政治の全盛期である平安時代中期（10世紀中期〜1086）には，平安京における貴族住宅である寝殿造に伴う庭園，すなわち寝殿造庭園の様式が確立した．寝殿造庭園とは，1町（約120m）四方を基準とした三位以上の貴族の住宅において，正殿である寝殿と東西の対屋，それらを結ぶ渡殿，対屋から南に伸びる中門廊などからなる建物群の南面に，様々な儀式や行事の場に対応して築造された様式をいう．貴族の日記や後世の絵巻物などからうかがえる典型的な形態としては，寝殿の南面に各種の儀式や行事に用いられる白砂敷きの平坦な広庭（南庭）を置き，その南に池を設け，池への導水は北東からの遣水によることを基本とする．池には中島（pond island）を配し，中島には橋を架け，中門廊先端の釣殿（fishing pavilion）が池に張り出すといった構造をもつ．とはいえ，敷地の広さを含め，こうした基本形からはずれる例も少なくなかった．寝殿造庭園は，第一に儀式・饗宴の場であり，その利用実態は貴族の日記や『年中行事絵巻』『駒競行幸絵巻』などの絵画史料によってうかがえる．ところで，寝殿造庭園を念頭に置いた日本最古の作庭書として知られるのが，橘俊綱（1028〜94）の編著によって11世紀後半頃に成立したと見られる『作庭記』である．この書物には，優れた自然景観を規範にし，過去の優れた作例に学ぶという作庭の基本姿勢とともに，石の立て方や滝の形式といった技術論，南庭の広さや中島への橋の渡し方といった寝殿造庭園の規格などが記されている．

b．浄土庭園

平安時代中期は，極楽往生を説く浄土信仰が広まり，末法思想も流布したことから，貴族が邸内に仏堂を建立する動きが生まれ，さらに，現世で自己の極楽往生を祈る装置としての浄土庭園

(paradise garden) が成立する．藤原道長が造営した法成寺がその幕開けであった．続いて，藤原頼通（992～1074）は，1052年，父道長から受け継いだ宇治殿を寺に改め，平等院（京都府宇治市）とする．発掘調査によれば，造営当初の平等院は池周囲や阿弥陀堂の建つ中島の護岸が州浜であり（図2.3），構想としては東方の宇治川やその対岸の山々など周囲も一体的に浄土と見立てるものであったと推定される．浄土庭園は園池を穿ち，原則としてその西に阿弥陀堂を配するのが特徴である．この様式は理念的には浄土変相図の三次元表現であったが，実際の形態としては寝殿造庭園の変型というべきものであった．浄土庭園の造営は以後も各所で行われ，鎌倉時代末に至るまでその命脈を保つ．京都近郊に残る平安時代の浄土庭園としては，幽邃な環境の中に九体阿弥陀堂ともども園池が残る浄瑠璃寺庭園（京都府加茂町）が知られる．

2.1.6 平安時代後期の庭園
a．院御所の庭園

平安時代後期（1086～1192）は，院政期とさらにその後の武家勢力が勃興する時期にあたる．この時期の庭園を語る上で，鳥羽離宮（京都市）に代表される院御所の庭園は見逃せない．鳥羽離宮は，白河上皇（1053～1129）が1086年の院政開始にともなって平安京南方の沼沢地に造営したもの．約120 haの規模をもち，白河上皇・鳥羽上皇に整備された後も，適宜改修されながら14世紀初頭まで200年にわたって存続した．全体の構成は，住居・仏堂・庭園からなる区画（院）5つが広大な池を中心に配される複合的なもので，寝殿造庭園の意匠を基調とした各庭園の状況は，発掘調査の成果や『融通念仏絵巻』などから窺うことができる．

b．奥州平泉の庭園文化

平泉（岩手県平泉町）は奥州藤原氏の拠点として都ふうの文化が花開き，中尊寺，毛越寺，無量光院などの寺院には庭園が造営された．このうち毛越寺の伽藍は，京都の法勝寺をモデルにしたものと見られ，仏堂の南面に大池を穿ち，池には島を配して橋を架ける．池南東部の立石を中心とした荒磯や近年発掘された池北東部に流れ込む遣水が平安後期の庭園の細部意匠を知る貴重な実例として特筆される．また，無量光院は藤原秀衡（？～1187）が平等院をモデルに造営した典型的な浄土庭園．池を穿ち西岸に阿弥陀堂を配する浄土庭園の基本に則ったうえ，自然丘陵の金鶏山を借景（borrowed scenery）として伽藍中軸線の西延長線上に配する．この綿密な計画に基づく占地と伽藍構成は，当時盛行した山越阿弥陀図にみられる山中他界観の視覚化と捉えることもできる．

2.1.7 鎌倉時代の庭園
a．京都近郊の庭園

鎌倉幕府の成立後も朝廷を中心とする政治・文化都市として存続した京都では，平安時代の後期に造営された鳥羽離宮が改修を重ねながら命脈を保ったほか，大規模な庭園の造営も行われた．『増鏡』や『明月記』に記される水無瀬殿は，1200年以降後鳥羽上皇（1180～1239）が離宮として利用したもので，景勝の地に別荘を営む平安時代以来の伝統が窺える．また，平安京北西郊の北山

図2.3 平等院庭園：阿弥陀堂（鳳凰堂）前で発掘された州浜（筆者撮影）

第は，鎌倉幕府との緊密な関係にあった西園寺家が1225年頃に造営したもの．『明月記』には，清澄な園池や大規模な滝の様子が記されている．北山第は後に足利義満の北山殿となり，さらに鹿苑寺へと引き継がれる．

b. 関東の庭園

鎌倉時代（1192〜1333）の関東の庭園で重要な事項が平安時代中期に起源をもつ浄土庭園の盛行と禅宗伽藍の成立である．浄土庭園として注目されるのは，源頼朝（1147〜99）が奥州平泉征伐の際に平泉の寺院の壮麗さに打たれ，鎌倉に造営した永福寺（神奈川県鎌倉市）である．発掘調査の成果によれば，中央の二階堂および左右の阿弥陀堂・薬師堂の3堂からなる仏堂は，背後に山を背負い，前面（東）に園池を穿つ．園池中央には東西方向に大きな橋を架け，池岸には州浜の手法を用いて，要所には景石を据える．こうした庭園の意匠は，おもに平泉の無量光院がモデルとみられる．なお，永福寺は仏事のほか，蹴鞠・花見・月見・雪見などの饗宴の場として用いられたことが文献史料から知られており，当時の浄土庭園の複合的な機能をうかがうことができる．関東での浄土庭園としては，足利義兼の造営になる樺崎寺（栃木県足利市）や金沢貞顕が伽藍を整えた称名寺（横浜市）などが知られる．

栄西の伝えた禅宗は武家に広く受け入れられた．13世紀中頃に南宋から来日した蘭渓道隆（1213〜78）は鎌倉に建長寺を建立し，これが日本における禅宗伽藍の規範となる．『建長寺古伽藍図』からはその伽藍配置がよくうかがえ，庭園の観点からは伽藍背後の山際の池とビャクシンが植栽された仏殿前の中庭が注目される．禅宗の世界観・自然観は禅僧による作庭活動をうながし，夢窓疎石の活躍に結実する．

2.1.8 室町時代の庭園

a. 夢窓疎石の造形

夢窓疎石（1275〜1351）は，生前没後に7つの国師号を贈られた臨済宗の高僧であるとともに，傑出した作庭家として知られる．疎石が参禅の要諦を示した『夢中問答集』からは，景勝地の愛好や作庭は修業求道と一体であり，禅の本質を伝える教化の場である，という彼の作庭思想が窺える．瑞泉寺（神奈川県鎌倉市），永保寺（岐阜県多治見市）など各地に優れた庭園を残すが，代表作とされるのが，西芳寺庭園（京都市）と天龍寺庭園（同）である．西芳寺の庭園は，1339年に疎石が従前の庭園を改修整備したもので，洪隠山の石組を中心とする上部と黄金池を中心とする下部に分かれる．下部の池庭は造営当初は重層の楼閣瑠璃殿をはじめ数々の堂舎が立ち並び，マツ・サクラ・カエデの植栽を施した華麗な空間であった．訪れる貴人も多く，足利義満の北山殿，義政の東山殿の造営にも大きな影響を与えた．また天龍寺は後醍醐天皇の冥福を祈るために造営された寺院で，主要堂舎を一直線上に配置する典型的な禅宗の伽藍配置をもつ．疎石が撰した天龍寺十境によれば，疎石の構想は嵐山や大堰川など周辺景観を包含した地域一帯を庭園とみるもので，疎石が新造した園池である曹源池もその中の一景であった．背後に亀山，嵐山を背負うかたちで穿たれた曹源池は東西35m，南北55m，庭景の中心をなすのは方丈対岸正面の龍門瀑とその前の石橋，池中立石一帯の石組みである．背後の山の豊かな緑と広い水面の中で求心的な庭景の焦点となっており，その意匠と技術は日本庭園史上の1つの頂点をなすものと評価される（図2.4）．

b. 足利将軍の庭園

室町時代（1333〜1573）の最盛期を創出した三代将軍足利義満（1358〜1408）は1378年に室町殿を造営，翌年に造営した北の邸とも合わせ，庭園の花卉・樹草の美しさから「花の御所」と呼

図 2.4 天龍寺庭園：曹源池（筆者撮影）

ばれた．室町幕府では将軍ごとに邸宅が造営されたが，この室町殿は以後の将軍邸の規範となった．六代将軍義教がその跡地を踏襲して造営した室町殿では，公的儀礼の場である寝殿・将軍常住の常御所・社交接遇の場としての会所という3つの建物群に対応して庭園が設けられており，会所の庭園は鴨川の水を引き入れた優れた池庭であったことが文献史料から窺える．邸宅内におけるこうした建物と庭園の関係は，安土桃山時代から江戸時代初頭に確立する書院造庭園につながるものであり，また室町時代後期に地方へ浸透していった庭園文化のありようの根源となるものであった．将軍邸とともに重要なのが，義満の北山殿，義政の東山殿の造営である．北山殿は義満が西園寺家から北山第を買取り，仙洞御所（上皇の御所）になぞらえて造営したもの．また，東山殿は義政（1436～90）が適地を東山山麓の浄土寺の地に見出し，西芳寺をモデルに造営したもの．各々の庭景の焦点である舎利殿（金閣）と観音殿（銀閣）は，庭園自体ならびに周辺景観を眺望する視点を持った点でも特筆される．北山殿は鹿苑寺（京都市），東山殿は慈照寺（京都市）として今日に至るが，いずれも江戸時代初期に大改修を受けており，今日見る姿は室町時代造営時のものとは大きく変貌している点には留意が必要である．

c．枯山水

枯山水（dry landscape garden）の語は，庭園の水のない部分に配置する石組という意味で『作庭記』に現れるが，水を用いず石組を主体に自然景観を象徴的に表現する枯山水の様式が成立するのは，室町時代中期頃のことである．その成立要因は，局部手法としての枯山水の伝統に加え，限られた紙幅のなかに遠大な景を収める中国山水画の伝来などが挙げられるが，それらとともに当時の武家住宅における社交・接待のありようも重要な要因であったとみられる．そこでは室内飾り（床や棚への美術品の飾りつけ）が重要視され，いわばその屋外版として当初は盆景（miniature landscape）が，さらには庭園空間がその役割を担うこととなり，その過程で枯山水の様式が現れたとする見方である．16世紀初期の築造とみられる大仙院書院庭園（京都市）は，書院横の100 m^2 あまりのカギ形の区画に作られた当時の代表的な枯山水である（図2.5）．区画の東北隅に巨石を立てて懸崖となし，背後の刈込（pruned tree）を遠山になぞらえ，懸崖背後の立石を滝と見せる．滝口から落下する水は白砂で表され，白砂は石橋を潜り，堰を越え，次第に幅を広げながら南方へと流れ下る模様を示す．石を懸崖や滝に，白砂を水に見立てるという象徴的手法で空間を一幅の山水画のごとく纏め上げる意匠は画期的なものであるが，自然風景への指向という面では従来の日本庭園と同質である点には留意したい．また，龍安寺庭園（京都市）は，方丈前の約300 m^2 の

図 2.5 大仙院書院庭園（筆者撮影）

白砂敷きの平坦地に，5群15個の石を配置した抽象的ともいえる意匠をもつ枯山水．寺院再建の15世紀末の築造とも伝えられるが，現在の姿に定まった時期はおそらく江戸時代初期に下るものとみられる．枯山水は，立地や広狭を問わず，管理も容易なうえ，観念的な造形も可能であることから，近世以降も寺院庭園などを中心として多様に，かつ多数築造され，日本庭園を代表する様式として知られるようになった．

d．地方への庭園文化の浸透

応仁の乱（1467〜77）以降，幕府権力の急速な衰退により，独立した在地領主としての戦国大名が覇権を争う戦国時代となる．この時代，戦国大名による庭園が多く築造されるが，応仁の乱とその後の混乱期に公家が京都から地方に一時的に避難するなど京都と地方をつなぐ各種の情報網が充実したことが庭園文化の地方への浸透に寄与した一因と思われる．近年，戦国大名の館では，個性ある池庭や枯山水など様々な形態の庭園が発掘されている．このことは，庭園が趣向を凝らして客をもてなす社交の装置として機能していたことを示している．戦国大名の館の庭園としては，江馬氏下館跡庭園（岐阜県飛騨市）・一乗谷朝倉氏遺跡の庭園群（福井県福井市）・北畠館跡庭園（三重県津市）・旧秀隣寺庭園（滋賀県高島市）などが秀作として知られる．

2.1.9 安土桃山時代の庭園

a．露地の成立

室町時代中頃までの茶座敷は書院造の系譜上にあったが，15世紀末から16世紀前半にかけて草庵風の茶が上層町人らの間で流布し，「市中の隠」「山居の体」と呼ばれる数奇屋が営まれ始める．これは市中にあって山里（mountain village）の趣を求めるきわめて都市的な美意識であり，こうした美意識が茶道のための庭園たる露地（tea garden）の以後の発展の基調となる．武野紹鴎（1502〜55）は，そうした数奇屋に付帯する「坪の内」と呼ぶ一種の庭空間を創出する．安土桃山時代（1573〜1600）には，千利休（1522〜91）が草庵風の茶を侘茶として大成し，侘茶のための内部空間たる茶室と外部空間たる露地の構成も整うようになる．飛石（stepping stones）・蹲踞（water basin arrangement）・石燈籠（stone lantern）の導入や常緑樹を主体とした植栽などにより，茶室への通路としての機能を満たしつつ山居の趣を醸し出す装置として確立されるのである．江戸時代になると，大名でもあった古田織部（1543〜1615）は「用」よりも「景」に重きを置いて人工的な美を強調する意匠の露地を考案し，さらに小堀遠州（1579〜1647）は「きれいさび」と称される洗練された美意識に基づく露地のありようを形成する．一方で露地の意匠は，同時代の回遊式庭園の局部として取り入れられるとともに，くだっては町屋の坪庭の規範ともなる．不審庵，今日庵，官休庵（いずれも京都市）の三千家の露地は，江戸初期の作庭時から焼失再建あるいは随時の好尚の加味など幾多の変遷を経つつ，今日に至っている．

b．権力の象徴としての名石

室町時代後期からは会所の接遇社交機能のうち対面機能（高貴な客を応接し，また主人が高位のときは来客を接待する）に特化した対面所が作られるようになる．対面の儀礼は身分関係を明確に規定したものであるため，建物に付随する庭園は視点が着座位置により固定されることになる．こうした視点の固定に対応して庭の中での主景の重要性が増し，その象徴的な役割を名石（celebrated stone）や名木が担う傾向が現れる．そうした名石のうち最も有名なのが藤戸石である．備前藤戸の渡り（岡山県倉敷市）の産との伝承をもつ室町時代からの名石で，細川氏綱旧邸にあったものを，織田信長が足利義昭の二条第へと移動，さらに豊臣秀吉（1536〜98）の所有するところ

となった．1598年春に秀吉は翌春の後陽成天皇の御成りを想定して醍醐寺三宝院の造営を企画，自ら縄張りを行う．縄張りに続き，最初に「主人石」として搬入して据え付けたのが藤戸石であった．三宝院の造営は，同年夏に秀吉が死去し住職の義演准后（1558～1626）が工事を引き継いだため，秀吉の構想どおりに完成することはなかった．最高の視点を用意されるはずの寝殿（現在の表書院）の上段の間から藤戸石が視界に入らないのはこのためである．本来最も重要な視点を予定されたとみられるのは書院（現在の宸殿）の場所とみられ，藤戸石は，敷地の東西二等分線上でもあるその正面に位置している．ここに，権力の象徴たる名石の取扱いをうかがうことができる．

2.1.10 江戸時代の庭園
a. 回遊式庭園

江戸時代（1600～1867）の初頭に，池庭を基盤に露地や枯山水の要素も取り入れながら確立する様式を回遊式庭園（stroll garden）と呼ぶ．回遊式庭園の最初期の作例とされるのが八条宮智仁親王（1579～1629）・智忠親王（1619～62）父子によって造営された桂離宮（京都市）である（図2.6）．智仁親王が桂河畔の景勝地に別荘を営むのが1620年頃．庭園は池と築山を中心に茶屋を適所に配するかたちで順次造営され，1624年頃には『鹿苑日録』に記されるように池・築山・橋などがかなり整った状況になる．この別荘は，公家・僧侶・文人を中心とした社交の場であり，造営当初の「瓜畑の茶屋」の呼称からも窺えるように，茶事（tea ceremony）が社交の重要な要素であった．智仁親王の死後やや荒廃した桂離宮は，ほどなく智忠親王によって拡張造営され，おおむね現状の姿となる．敷地中央に複雑な平面形の大池を穿ち，西岸の平坦部に御殿群と蹴鞠などのための広場を設け，また，池東岸に松琴亭，築山上に賞花亭など，茶屋を絶妙に配置する．庭園が建築を

図2.6 桂離宮庭園：松琴亭と天橋立（筆者撮影）

包含して一体化し，歩行あるいは舟遊びによる視点移動に伴って景色が変化する構成，ならびに庭園意匠の精妙さは日本庭園に新たな形態を与えたものとして高く評価される．京都では，続いて後水尾上皇（1596～1680）により，1630年代には仙洞御所，1660年頃には修学院離宮が造営され，その御殿や回遊式庭園がいわゆる宮廷文化サロンの舞台となった．京都での公家の社交のありようを基盤に成立した回遊式庭園は，茶事を軸にした同様の社交形態をもつ大名により，さらに多様な発展をみせる．

b. 大名庭園

大名が江戸屋敷及び領国の城下町やその近郊に築造した庭園で，一般に池を中心とした回遊式庭園の様式を持つものを大名庭園（daimyo garden）と呼ぶ．大名庭園が本格的に多数造営されるようになるのは，1657年の明暦の大火後に各大名が江戸に複数の邸地を持つようになった頃からで，江戸は庭園都市の様相を呈したという．相前後して，領国で同様の庭園を築造する大名も出現する．大名庭園は，大名自らの娯楽・趣味・休養の場であるばかりでなく，他大名や家臣を接待する装置として，江戸においてはときに将軍家関係者の御成りに対応する饗応の装置として，社交的・政治的役割も大きかったことが指摘される．社交的宴遊の際には，庭園には様々な趣向が凝らされ，庭園の一部改変も種々の記録からうかがえる．ま

た，六義園（東京都文京区）の作庭にあたって和歌がモチーフとされたように，意匠的には和漢の教養に基づいた見立て（likening，象徴的表現）の手法が用いられることが多く，これは社交を授受する双方でそうした教養を共有できることが前提にあったことを示している．現存する大名庭園としては，東京では六義園のほか後楽園（文京区）・旧浜離宮庭園（将軍家浜御殿：中央区）・旧芝離宮庭園（楽寿園：港区），領国の城下町に造営されたものとしては，栗林公園（高松市）・水前寺成趣園（熊本市）・岡山後楽園（岡山市）・兼六園（金沢市）などがある．また，琉球王家の別邸であった識名園（那覇市）も，形態・機能の両面で大名庭園の系譜上にあることが指摘できる．

c．庭園享受の大衆化と広域化

江戸時代は政治的におおむね安定した時期であったため，庭園を様々に享受する風潮が広まった．武家では大名のみならず旗本などの上級武家の屋敷にも庭園が設えられ，また，寺社には池庭，枯山水，露地など各様式の多様な庭園が築造された．江戸時代のこうした庭園のうち特に秀作として知られる現存のものとしては，小堀遠州が作庭に関与した枯山水の金地院，小堀遠州晩年の隠居所であった孤篷庵，比叡山を借景とした円通寺など京都の寺社庭園が多い．その一方，池と築山が端正な構成をもつ龍潭寺（静岡県引佐町），琵琶湖に臨む天然図絵亭の露地（大津市）など各地にも優れた作例が見られ，知覧武家屋敷庭園群（鹿児島県知覧町）の琉球庭園または中国庭園の様相がうかがえる独特の風貌も注目される．また，江戸時代の中後期には印刷技術の進歩に伴い，北村援琴斎の『築山庭造伝（前編）』や秋里籬島の『築山庭造伝（後編）』『都林泉名勝図会』をはじめ各種庭園関連書が出版されるようになる．とくに作庭技法書は庭園意匠の形骸化・画一化を招いたとの批判がある一方，京都を中心とした庭園の意匠や技法の全国的な普及や庭園を見物する文化の成熟に大きく貢献したことも疑いない．

2.1.11 近代の庭園

a．自然主義風景式庭園

明治時代初頭の東京では，江戸幕府の消滅による大名屋敷・武家屋敷及びそれらと一体になった庭園の荒廃・喪失が進んだ．しかしながら，こうした屋敷のなかには，実業家・政治家等の新興有産階級の邸地となったものも少なくなく，そこでは彼らの好尚に適った自然主義風景式庭園（realistic landscape style garden）が築造された．自然主義風景式庭園とは，イギリス風景式庭園の影響も受けながら，従来の見立てなどの象徴的手法や迷信的禁忌から脱却し，山里や渓流などの心地よい景観を実物大で写実的に庭園に取り入れる意匠を基調としたもの．そこには園遊会などにも用いられる芝生の広がりが併置されることも多く，新興有産階級が庭園に求めた快適性や合理性がうかがえる．こうした庭園の早い時期の作例である椿山荘（東京都文京区）の施主であった山縣有朋（1838～1922）が1894～97年に京都に造営した別邸が無鄰庵（京都市）であり，その庭園の施工を担当したのが植治こと小川治兵衛（1860～1933）であった．無鄰庵の庭園は，東山を借景として琵琶湖疏水を水源とする軽快な流れを作り，芝生の広場を配して茶室を設える，という形態をもち，植治はこの作庭で自然主義風景式庭園の理念と構造・意匠の手法を身に付ける．以後植治は，南禅寺一帯で同様の構造・意匠を持つ對龍山荘・有芳園などの作庭を手がけるとともに，慶沢園（大阪市）・旧古河庭園（東京都北区）・有隣荘庭園（岡山県倉敷市）など全国的な展開をみせ，近代庭園の1つの規範を形成する．なお，自然主義風景式庭園の施主であった新興有産階級の多くは，明治時代半ばころから急速に復興・浸透した抹茶の愛好者でもあったため，自然主義風景式庭園は見方を変えれば近代数寄者の庭園でもあった．三渓園

（横浜市）は，原富太郎（1868〜1939）が地形の変化に富む広大な敷地の適所に多数の古建築を移築するなどして造営した壮大な自然主義風景式庭園であるが，原の志向の中心的な部分を占めたのも茶事空間の創造であった．

2.2 東洋の庭園の系譜

2.2.1 中国の庭園

a．秦・漢代の庭園

紀元前221年に中国全土を統一し咸陽（陝西省）を都とした秦の始皇帝（前259〜前210）は，神仙思想に深く傾倒し，渭水から導水した蘭池という広大な池を中心とする蘭池宮を造営した．池には神仙が住むとされる蓬萊・瀛州の2島を築き，石鯨（鯨の石彫）を据えたという．これが神仙思想に基づいた皇帝庭園（Imperial garden）の造作について文献史料で確認できる初例である．

秦に替わった前漢（前202〜8）で大規模な建築や土木工事あるいは造園を好んだ皇帝として知られるのが武帝（前156〜前87）である．武帝が築いた上林苑は周囲数百里に及ぶ巨大な禁苑であった．そこには数々の宮殿臺榭が築かれ，10ないし15ヵ所ほどの池が穿たれて風致を高めるとともに，周辺諸国から貢納あるいは征服地域から収集された珍しい植物が植えられ，同様の由来をもつ珍禽奇獣が飼われていたという．禁苑は，饗宴の場，狩猟娯楽の場あるいは軍事訓練の場として用いられたが，同時に広大な帝国の縮図として皇帝の権力を顕現する機能も有していたわけである．武帝は，また，建章宮の北に太液池を造営し，そこに蓬萊・方丈・瀛州などの島を築いたことが知られる．これは，秦の始皇帝と同様に神仙世界の具現を目指したもので，庭園に込められた楽園願望がうかがえる．なお，この漢代の太液池は陝西省西安市郊外に今もその遺構が残る．

秦・漢代の周辺諸国の庭園を白日の下に明らかにしたのが，近年発掘調査で検出された南越王宮の庭園遺構である（図2.7）．広東省広州市の中心部に所在する遺構は，秦の滅亡に伴い紀元前203年に建国された南越国の宮殿遺跡内にあり，在位67年にわたったと伝えられる初代王の超佗による築造と推定されている．検出されたのは，約4000 m^2 の方形池とそこから流れ出す延長約150 mの曲流（蛇行水路）．池は傾斜のある岸に割石をモザイク状に隙間なく敷き詰める．曲流は，側壁が割石積み，底が玉石敷きで途中2ヵ所に水流をコントロールする落差を設けるとともに，曲流が湾曲する部分で大きく外に張り出す小池を付設している．池や曲流の周辺は空閑地であり，そこには亜熱帯の植物が植栽されていたものとみられる．この発掘庭園は，中国における優れた庭園の文化と技術がこのような早い時期から地方に伝播していたことを実証するきわめて貴重なものである．

b．魏晋南北朝の庭園

魏晋南北朝時代（220頃〜581）の諸王朝による庭園のうち最もよく知られているのが洛陽の華林園である．三国魏の華林園（当初は芳林園）は，文帝が224年に天淵池を穿ち，237年に明帝が景陽山という築山を築いて完成させたもの．三国魏に続く晋は北方異民族の圧迫を受けて洛陽から建康（現在の南京市）に遷都，その宮城に造営した庭園を華林園と命名した．晋以後の南朝諸王朝もこの庭園を華林園として引き継ぎ，宋の文帝は446年に天淵池と景陽山を築造したという．一方，北朝では495年に洛陽に入城した北魏の孝文帝が天淵池の改修を行い，続いて宣武帝が景陽山を修理して華林園が蘇り，南朝・北朝にそれぞれ華林園が名園として名をはせることになる．

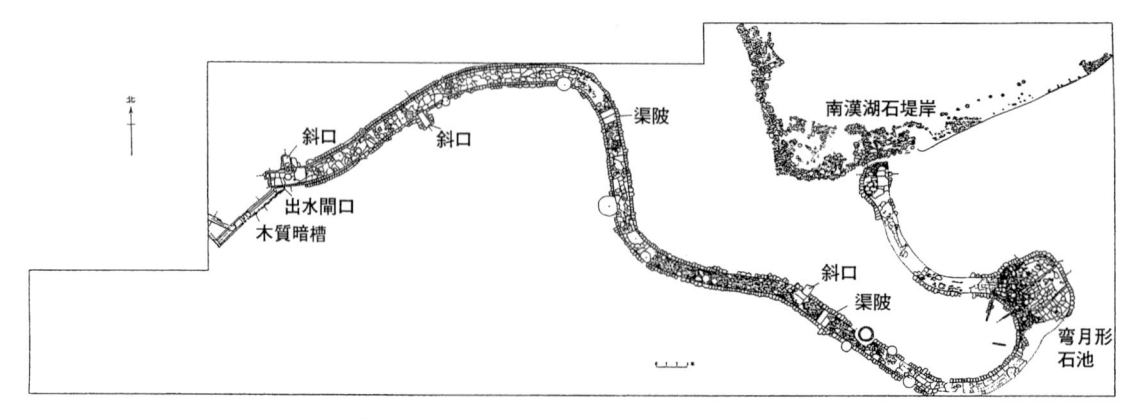

図2.7 南越王宮庭園遺構平面図（中国社会科学院：文物，2000-9）

　ところで，魏晋南北朝の庭園の利用のうえで見落としてならないのは，曲水の宴（meandering stream banquet）である．曲水の宴の始まりについては諸説あるが，明帝は華林園天淵池の南に流杯渠を設けて群臣と曲水の宴を開いたことが知られ，この後，流杯渠が曲水の宴の装置となったことは，11世紀末に著された建築書『営造方式』からうかがえる．さらに，353年3月3日に東晋の王羲之（307?～365?）が蘭亭（浙江省紹興市）で開いた曲水の宴は，書の大家であった彼自身が記した『蘭亭序』によってその名が高い．曲水の宴は朝鮮半島や日本にも伝えられた．朝鮮半島では慶州の鮑石亭跡に曲水の宴に用いられた流杯渠と見られる9世紀頃の石組の溝が残っているが，これは『営造方式』にみるような石板に溝を彫りこんだものではなく，短く加工した石溝を地上で繋ぎ合わせたもの．曲水宴は，日本でも文献史料上に古くよりみられ，奈良時代に行われていたことは確実である．具体的遺構としては，平城宮東院庭園の曲流が曲水の宴に用いられたかと推測されるが，実態は明らかではない．

c. 隋・唐代の庭園

　中国を再統一した隋の煬帝（596～618）は，605年，洛陽（河南省）の西に西苑を造営し，そこには蓬莱・方丈・瀛州の3つの神仙島を配した広大な池を穿った．前漢の武帝以来の池と神仙島をモチーフとする大規模な池庭の復活であった．隋に続く唐でも，7世紀半ば頃，長安（陝西省西安市）の大明宮に太液池が造られ，蓬莱山が池中に配される．太液池は，近年発掘調査が実施され以下のような実態が解明されている．池は，最大で東西484m，南北310mの規模の不整形な平面形の曲池で，従来から遺存していた池北部の蓬莱山の西にはもう1つ長方形の平坦な島がある．池の東南岸には池に張り出す建物がある．また，蓬莱山の南岸では，園路や小池，景石群や州浜状の護岸といった細部意匠をもつ．もう1つの注目すべき唐代の発掘庭園が洛陽の上陽宮である（図2.8）．この宮殿は675年に造営されたもの．庭園の中心をなす幅広い流れ状の曲池は，岸の一部を緩勾配に玉石を貼り付けた，日本庭園の洲浜に類似する「卵石護岸」で造作するとともに岸辺の要所には景石群を配し，池畔のいくつかの建物からこれらを鑑賞する構造であったとみられる．こうした隋唐の皇帝の庭園は，皇帝自らの楽しみに供せられるとともに，饗宴の場でもあった．隋唐の皇帝はまた，離宮を営んだことが知られる．隋の文帝に始まり，唐代には太宗・高宗が行幸を重ねた仁寿宮（九成宮・万年宮：陝西省）は，周辺の景観も取り込みながら壮大華麗な殿舎と庭園が築造されたものとして知られる．これら唐における皇帝庭園の形態と機能は，同時代の朝鮮半島や日

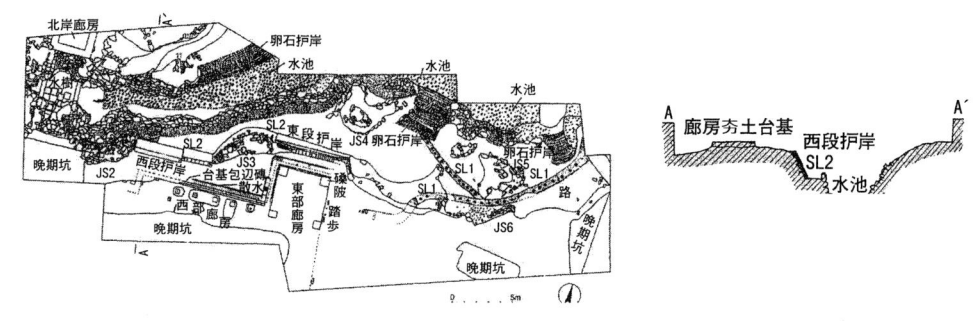

図 2.8 洛陽上陽宮庭園遺構平面図・A-A'断面図（中国社会科学院：考古，1998-2）

本の宮廷庭園の規範となったと考えられる．

ところで，唐代に中国東北地方に成立した渤海国の首都上京竜泉府（黒龍江省寧安市）には，宮殿に隣接して禁苑と見られる遺構が良好に残存している．この遺構は，主殿とそこから東西両側に張り出す廊の礎石が残り，全体としてコの字形を示すこれら建物群の南には大きな池が穿たれている．池には北部に高い島が 2 島，南部に低平な島が 1 つ配される．この庭園は 8 世紀後半から 9 世紀初頭の造営と推定され，前述したように平安京の神泉苑との形態的類似が指摘でき，共通のモデルとして，唐における園池を含む宮殿の存在の可能性がうかがえる．

d. 宋・元の庭園

東京（汴京：河南省開封市）を首都とした北宋（960～1127）では，12 世紀初頭に第 8 代皇帝徽宗が造営した艮嶽が知られる．艮嶽は，徽宗が道士の勧めにしたがって，都の北東に造営した大規模な築山で，太湖（江蘇省）から運河を用いて搬入した多量の太湖石を用いながら，池を穿ち楼閣亭榭を建てたことが文献史料に記される．また，北宋末に李格非が著した『洛陽名園記』は，宋代のみでなく隋唐代の庭園も含めた洛陽の庭園を知る上で貴重なものである．首都を西湖畔の臨安（浙江省杭州市）に移した南宋（1127～1279）では，古くより風光明媚で知られた西湖を中心として作庭上の新たな展開がみられる．すでに北宋の時代にこの地の長官を務めた蘇軾（1036～1101）が蘇堤や三潭印月といった，人造空間化の装置を導入することで，西湖自体を人間の領域たる庭園とみなす操作を行っていたが，南宋の時代には，湖の周囲の富商・顕官などの私邸庭園で，西湖の景勝に意味を付与しながらの作庭が行われることになる．なお，南宋時代の寺院伽藍形式が日本の禅宗寺院伽藍に導入され，中世日本における庭園の展開の基盤の 1 つとなったことも忘れてはならない．

モンゴル帝国皇帝フビライが大都（北京市）を首都とした征服王朝の元（1271～1368）では，禁苑として萬歳山と太液池が造営された．萬歳山の造営にあたっては太湖石が多く用いられ，太液池では皇帝の舟遊が行われるなど，形態・機能両面において歴代王朝の禁苑を踏襲しており，征服王朝が中国文明のなかに組み込まれていく状況が庭園の側面からもうかがえる．

e. 明・清の庭園

明の時代において伝統的な皇帝庭園は，元代のものを大改修するなどして元代をはるかに凌ぐ隆盛をみせる．一方，この時代は各地の私邸庭園の発展が注目される．小運河が網の目状に張り巡らされた蘇州（江蘇省）では，その水系や地下水を利用してすでに宋代より私邸庭園が造営されており，明代に入るとその風潮はいよいよ盛んとなる．太湖石の飾り石や太湖石などを積み上げ洞窟なども組み込んだ築山，また池・築山・園路・橋などの構成要素と亭榭・回廊・門などの建造物が複雑

に絡み合う構成は清代にも継承・発展し，明代末期から清代のものには現存するものも多いことから，現代における中国庭園の類型的イメージを形成している．創建は宋代に遡るとされる滄浪亭，16世紀中頃の造営で『拙政園記』で知られる拙政園のほか，獅子林・留園・芸圃などがとくに知られる．蘇州以外では無錫（江蘇省）の寄暢園や上海の豫園などが有名である．ただし，こうした庭園は，庭園の本質的なありようにたがわず，度々の改修を受けて今日の姿に至っていることへの留意を忘れてはならない．なお，明代末期に計成が著した『園冶』は総合的な造庭書として，以後の庭園に大きな影響を与えた．

清（1616～1912）は満州族による王朝で，最初期をのぞき北京を首都とした．清の最盛期は，17世紀中頃から18世紀末の康熙帝・雍正帝・乾隆帝の時代で，この時期，北京の北西郊には円明園や清漪園（頤和園）などの皇帝庭園が造営され，また承徳（河北省）には避暑山荘が造営された．これらはいずれもきわめて大規模なもので，清の国力と皇帝たちの志向が窺える．このうち清漪園は，元・明代からの景勝地であった万寿山・昆明湖一帯を乾隆帝が大改修整備したもので，19世紀末に英仏軍によって破壊された庭園を西太后（1835～1908）が再整備して頤和園と改名した．200 haを超える昆明湖と万寿山を中心に様々な構成要素を組み入れており，江南の庭園をモデルに園中園として築造された諧趣園などは，清漪園の壮大さを際立たせるものとなっている．一方，熱河離宮とも呼ばれる避暑山荘は，周囲を山に囲われた高原の景勝地に営まれた夏の離宮である．560 haに及ぶ規模の大きさは歴代の皇帝庭園のなかでも最大．ほぼ18世紀を通じて造営されたもので，宮殿を造営し，川から水を引き入れて園池を築き，山地部分に寺廟を点在させる手法は風景造営計画とも称すべきものである．

2.2.2 朝鮮半島の庭園

a. 百済の庭園

朝鮮半島において，西南部の百済，北部の高句麗，東南部の新羅の三国が鼎立した時代（4世紀～668）を三国時代，この三国を統一した新羅が朝鮮半島を領有した時代を統一新羅時代（676～935）と呼ぶ．三国時代の百済における園池として有名なのが宮南池である．『三国史記』には，634年に武王が宮南に池を穿ち，四周に楊柳を植栽した，との記述があり，池には神仙島たる方丈を築いたことが記されていることから，この庭園が隋唐の神仙思想の影響下で造営されたことがうかがえる．現在，扶余の南郊の田園地帯の中に「宮南池」が整備されているが，発掘調査では明確な園池遺構は検出されておらず，ここが宮南池と断定することはできない．しかし，池東岸にある花枝山では中腹の池を一望する場所で礎石建物遺構が見つかっている．これが『三国史記』に見える望海楼の一部とも考えうることから，現在整備された池一帯が宮南池であった可能性はある．百済の首都であった扶余で発掘された園池としては，官北里遺跡（王宮跡南方）における方形の池，定林寺における長方形の2つ一組の池がある．前者は一辺6m余の石積み護岸の方形池と見られ，蓮が植栽されていたことが確認されている．後者は定林寺の中門跡の南にあり，西池は一辺約11mのほぼ方形，東池はそれよりやや横長で，いずれも西岸と北岸のみに石積が施されていた．

b. 新羅の庭園

新羅の庭園として最も有名なのが首都であった慶州の市街地に今も残る雁鴨池である（図2.9）．『三国史記』によれば，文武王は統一新羅の初頭679年に東宮を創建しており，東宮の園池である雁鴨池もこの頃に築造されたものと考えられる．雁鴨池は臨海殿という建物を伴っていたが，『三国史記』には臨海殿での饗宴等の記事が691～931年の間に散見し，雁鴨池も一体的に饗宴の場

となったことがうかがえる．雁鴨池では全面的な発掘調査が行われ，以下のような実態が明らかにされた．池の規模は東西・南北とも最大 185 m．平面形は西岸と南岸は直線，東岸と北岸は出入りの多い曲線で構成され，護岸は切石積み，池中には大・中・小の 3 島が配される．池岸や島などの要所に自然石の景石が据えられ，池の西岸では切り立った切石積み護岸上に建物が建つ．こうした園池の形態は，神仙思想に基づく唐の庭園の影響を受けたものとみられる．慶州では，近年，龍江洞遺跡，九黄洞遺跡などでも統一新羅時代初期にあたる 8 世紀の大規模な池庭が発掘されている．なお，慶州の鮑石亭には，曲水の宴に用いられた流杯渠とみられる 9 世紀頃に築造された石組溝が残っている．

c. 高麗・李朝の庭園

高麗時代では 12 世紀中期の毅宗の治世のもとで宮廷庭園の隆盛が文献史料で知られるが，むしろ注目したいのは自然の景勝そのものを庭園とみる庭園観の確立である．両班と呼ばれる貴族の中には官職を退いたのち景勝地の山荘に隠棲して文芸や書画の世界に没頭する者も多かった．彼らは大々的に庭園を築造することなく自然の景勝そのものを庭園の主景とする立場をとったため，山荘の立地選択こそが最も重要な課題であり，風景に対する審美眼がおのずと培われることとなったのである．

李朝時代の庭園としては，当時漢陽と呼ばれたソウルの宮廷庭園が幾多の変遷を経ながら今も残る．李朝の正宮であった景福宮は中国起源の風水説に基づき，北岳山を守護とした吉地を選んで立地している．景福宮では，15 世紀に整備され 1866 年に復興された饗宴の施設である慶会楼が北岳山などを背景として六方池に配された島の上に建ち，建物と園池および園外景観との関係性に李朝時代の庭景の好尚がうかがえる．また，李朝末期に造営された香遠亭の方池円島は朝鮮半島における伝統的庭園形態を引き継ぐものであり，離宮であった昌徳宮の芙蓉池もまた方池円島の事例として知られる．一方，李朝でも両班の間には高麗時代以来の山荘に隠棲する文化が踏襲された．瀟灑園・鳴玉軒・臨対亭（いずれも全羅南道）などが方形池もしくは曲池を庭内に伴いつつ，周辺の景勝を主景とした事例として知られる．

2.2.3 南アジアの庭園

a. シギリヤの王宮庭園

スリランカのシギリヤ（Sigiriya）に所在する王宮遺跡は，華麗な壁画・岩山に築かれた「空中宮殿」・ライオンの階段室で有名である．それとともに，宮殿と一体的に造営された壮大な庭園が発掘調査によって明らかにされている．宮殿・庭園・都市域を含む一連の地域は，477〜95 年にカスヤパ（Kasyapa）1 世によって造営されたものである．庭園は，おもに宮殿のある岩山の東側に広がる東西約 800 m 南北約 900 m の内堀で囲まれた区画に築造されている（図 2.10）．西下がりの地形をもつこの区画は南北を二分する東西軸をもち，これを対称軸に 4 つの水景園（water

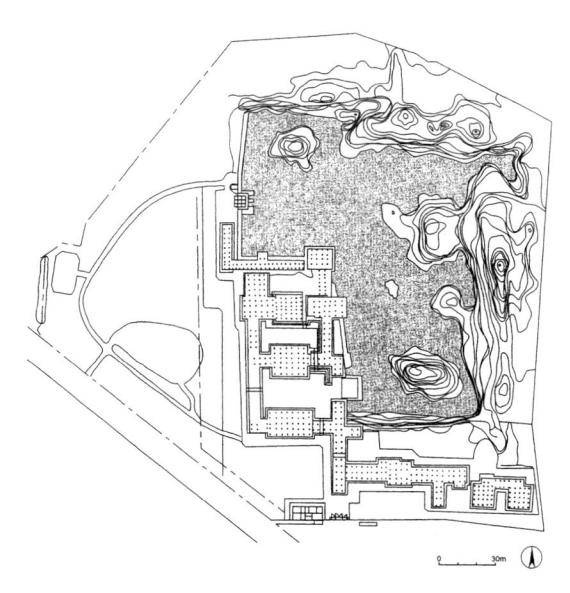

図 2.9　新羅雁鴨池遺構平面図
（東潮・田中俊明：韓国の古代遺跡 1　新羅編，1998）

garden）が展開する．それらは地下に張り巡らされた水路網で内堀なども含めて相互に連結されており，水を制御するすぐれた技術がうかがえる．西端に位置する小水景園はタイル張りの小亭や湾曲水路を持つ複雑な構成で，その東に隣接する第一水景園は一辺約120 mの方形池を4分割し各辺中央から中央の方形の島に通路を渡すという整然とした意匠をもつ．さらにその東の第二水景園は，頂部に建物を持つ島を配した大池によって南北を挟まれたかたちの細長い区画で，東西軸上に細長い池や高低差による水圧を利用した噴水などを配している．また，西端の城域入口に位置する第三水景園は，東西軸の南北に配されたL字型の2つの池や八角形および長方形の池で構成される．この庭園は，南アジアにおける傑出した古代庭園であり，その構成や細部デザインには当時盛行した仏教思想が反映されていると考えられる．方形池や水路網，水圧を利用した噴水などの構成要素は，日本の飛鳥時代の庭園との比較の上でもきわめて興味深い．

b．イスラム庭園の精華

　ムガール帝国は，もとはサマルカンドに本拠を置いたバーブルが北インドに侵攻して建国したインドにおける最後のイスラム王朝（1526～1858）．この帝国では，イスラム文化において「楽園」の象徴とされた庭園が王侯貴族によって造営された．ムガール帝国時代の庭園は，イスラム世界で「4分割された庭」の意をもつチャル・バーグ（char bagh）という様式を特徴とする．この様式は，ペルシアのパーリダエサ（pairidaeza）という四角形の平面を十字形の水路で4等分する庭園に起源をもつ．ちなみに，パーリダエサは西方に影響を及ぼしてはヨーロッパ中世の教会・修道院に見られる建物に囲まれた中庭のデザインの根源となったとされる．チャル・バーグは，帝国の保護のもと300年にわたり，周辺の小王国も含めたインド亜大陸における庭園形態の規範となった．こうした庭園は，王侯貴族が生存中には外国施設との謁見などの儀式や様々な社交・娯楽の場として楽園的機能を果たし，その死後には墓苑とされるのが常であった．しかし，タージマハル（Taj Mahal）は，皇帝シャージャハンが当初から亡き愛妃の霊廟として計画，1631年から20年前後の歳月をかけて建立したもので，装飾美術の粋を集

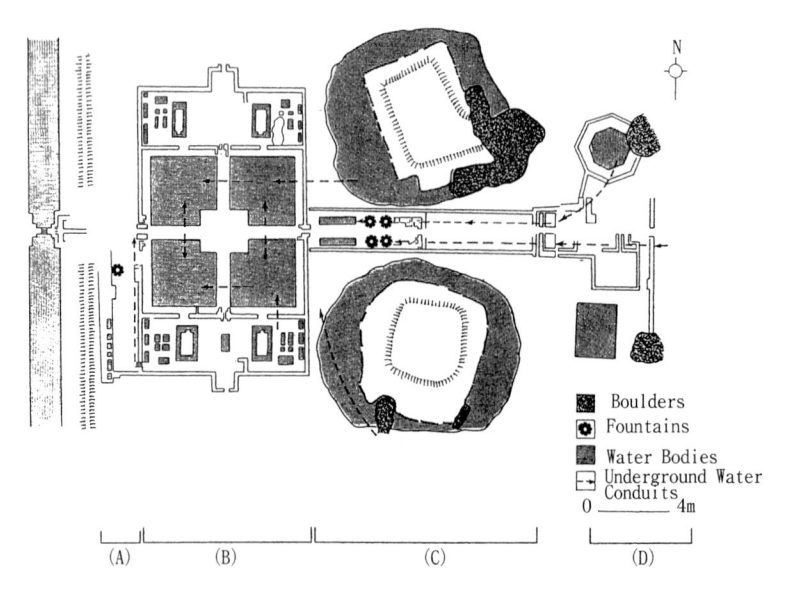

図2.10　シギリヤ王宮庭園遺構平面図（Bandaranayake Senake : Sigiriya : reseach and management at a fifth-century garden complex, *Journal of Garden History* Vol 17 No 1, 1997）

めた白い大理石の華麗な建築および長い水路が直交するチャル・バーグ様式の庭園で知られる．近年の研究では，そうした中心部の施設のみならず，南はタージガンジ（Taj Ganj）から北はヤムナ川対岸のメタバーグ（Mehtab bagh，月光庭園），さらに周辺の景観までもその構成要素として取り込んで自然との一体化を目指す壮大な構想であった点が注目されている．そして，南門から見るタージマハルの全景と北のメタバーグから川越しに眺めるタージマハルこそが皇帝専用に設定された2つの最重要景観であり，庭園内の通路は移動による景観の変化を入念に計算したものであったことが指摘される．なお，タージマハルの庭園がイギリス植民地時代に幾多の改変を受け，とくに芝生を中心とした植栽には濃密な植栽を重要な構成要素としたムガール庭園としての面影すらない，という点には留意が必要である．

2.3　西洋の庭園の系譜

2.3.1　古代ローマの庭園
a．ポンペイ周辺の発掘庭園

　紀元前8世紀建国の都市国家にはじまり，地中海世界はもとよりヨーロッパ各地に版図を広げた古代ローマは，道路網や水道網，都市建設など建築・土木の分野では独自の圧倒的発展をみせた．庭園に関しては紀元前2世紀頃から発展し，他の諸文化と同様に紀元前後から2世紀末ごろまでがその最盛期とされる．古代ローマの住宅庭園やヴィラ（villa，別荘）の庭園については，79年のヴェスヴィオ火山の噴火で埋没し20世紀にいたって発掘されたポンペイ（Pompeii）周辺の庭園遺構によってその実態が明らかになっている．その成果によれば，住宅はかなり多数の部屋で構成され，玄関に近い位置にアトリウム（atrium），その奥にペリステリウム（peristylium）という二つの中庭が配置される（図2.11）．さらに，パンサ（Pansa）の家のようなとくに大規模な住宅では，後方にクシュストス（xustus）という実用的な空地がみられる．アトリウムは床面にモザイク舗装が施され，中央には水盤が置かれた戸外室ともいうべき前庭で，接客や商談に用いられたものと見られる．ペリステリウムは柱廊に四方を囲まれ，アトリウムよりも面積が大きく，舗装はされていなかった．そこには植栽が施され，水盤が置かれるとともに，柱廊内側の壁に植物や鳥などを描いて庭園の広がりを表現しようとする場合もあった．ペリステリウムは，稠密で閉鎖的な都市住宅に潤いを与える水と緑の空間であったわけである．また，ポンペイの東方に位置するオプロンティ（Oplontis）で発掘されたヴィラは，皇帝ネロの妻ポッパエア（Poppaea）の所有とみられる．このヴィラにはアトリウムやペリステリウムといった中庭が複数備わるとともに，建物の北裏手と東側面に大きな庭園が設けられていた．北裏手の庭園は花壇や樹木植栽といった緑の空間に噴水彫像を配したものであり，一方，東側面の庭園は東西17m南北60mの長方形のプールを中心とするもので，その西辺に沿うように半身半獣などの彫像がプラタナスなどの植栽と組み合わされて並んでいた．都市住宅とは違ったこうした開放的な庭園の存在からも，ヴィラでのローマ貴族の生活の一端を知ることができる．

b．皇帝の別荘庭園

　ローマ東郊ティヴォリの丘に遺構が残るアドリアーナ荘（villa Hadriana）は，ハドリアヌス帝（在位117～138）が皇帝就任直後から造営した70haに及ぶ広大な別荘である．この別荘は，ローマ帝国内の古代遺跡の建造物や風景をモチーフとした建物と庭園群で構成されるところに特色があ

図2.11 ポンペイ・ヴェッティの家のペリステリウム（筆者撮影）

る．例えばギリシャ劇場やアテネのアカデミーをモデルとしたアカデミー，エジプトの古代都市をモデルとしたカノプスなどである．こうした形態は，中国の皇帝の禁苑などにも見られ，庭園が帝国の版図の縮図として象徴的機能を担うという，洋の東西を問わぬ皇帝庭園の理念がうかがえる．

2.3.2 イスラム世界の庭園
a. 楽園としてのイスラム庭園

イスラム教は7世紀にアラビア半島のメッカでムハンマド（570～632）によって創始された一神教で，西南アジアを中心に熱烈な信仰を受け，世界の三大宗教と呼ばれるに至った．中世のイスラム教勢力はヨーロッパのキリスト教勢力との激しい攻防を繰り返し，そのなかでイベリア半島は8世紀から15世紀にいたるまでイスラム教徒の支配下に入る．イスラムの庭園は，イスラム教成立以前からペルシアで成立していたパーリダエサという庭園様式を踏襲する．これは，建物で囲われた四角形の平面を十字形の水路で区切るもので，西南アジアの乾燥・炎暑の風土のなか，そうした厳しい外界の環境から隔絶された楽園を志向した空間であり，イスラム教の聖典コーランでも理想的な庭園空間とされた．

b. アルハンブラとヘネラリーフェ

イベリア半島を支配下におさめたイスラム教徒は，イスラム様式の中庭を展開し，これをパティオ（patio）と呼ぶ．ヨーロッパとはいえ，高温・乾燥の風土をもつスペインでは，この様式は楽園と呼ぶにふさわしい空間を提供した．グラナダはイベリア半島における最後のイスラム王国であったナスル朝の首都で，そこには13世紀中頃から造営された王宮アルハンブラ（Alhambra）と離宮ヘネラリーフェ（Generalife）が残っている．アルハンブラで特に有名なパティオは，いずれも14世紀に築造されたテンニンカのパティオとライオンのパティオである．前者はコマレスの塔に隣接するもので，パティオの中央部を占める長方形の池の畔にテンニンカを列植したもの．上方にアラベスク模様の繊細な模様を持つコマレスの塔前面の柱廊と水面の広がりが好対照をみせ，テンニンカの緑が全体の調子に潤いを与える．後者は王のハーレム内に造られたもので，装飾的な柱廊に囲まれたパティオ．十字形の水路で4分割されたイスラム伝統の形態で，中央には12頭のライオンの彫像に囲まれた水盤状の噴水を据える洗練された意匠をもつ．また，ヘネラリーフェには，噴水が並ぶ細長い池を中心にイトスギやオレンジなどの植栽が施されたアセキアのパティオとその上段の同じく池と噴水を中心としたイトスギのパティオがあり，夏の離宮らしい様相をみせる（図2.12）．

2.3.3 中世ヨーロッパの庭園
a. 教会・修道院の庭園

ヨーロッパ史では，9世紀から15世紀頃までの封建制の時代を中世と呼ぶ．この時代の庭園としては教会・修道院に附属する庭園と城館に築造された庭園があるが，いずれも優れた造形を生むものではなかった．その理由は，中世ヨーロッパの規範となった，風景の享受さえ忌むべき快楽とするキリスト教の禁欲的な価値観である．こうしたなか，教会・修道院で庭園的な取り扱いがなさ

図 2.12 ヘネラリーフェ離宮：アセキアのパティオ
（筆者撮影）

2.3.4 イタリア式庭園
a. イタリア式庭園

イタリアでは，12世紀頃から北・中部イタリアの諸都市が繁栄をみせ，市民勢力も台頭してきた．こうした状況のもと，13世紀末から15世紀末にかけて，ギリシャ・ローマの古典文化の再評価と人間中心主義を謳った芸術上および思想上の革新運動，いわゆるルネッサンスが勃興し，こうした風潮は次々と全ヨーロッパに拡散することになる．イタリアでは，各種芸術において誇張の多い技巧的様式が顕著であった16世紀頃をルネッサンスからバロックへの移行期として，文化史上はマニエリスム（manierisme）の時代とする．そして，ルネッサンス後期からマニエリスムの時代にかけてイタリアで成立した庭園様式をイタリア式庭園（Italian style gardens）またはその形態を加味してイタリア露壇式庭園と呼ぶ．上層市民などから転じた土地貴族の別荘として丘陵地に立地することが多かったイタリア式庭園の特徴としては，斜面に数段の平坦面すなわちテラス（terrace，露壇）を造成して上段のテラスから下段のテラスに向けてヴィスタ（vista，見通し線）を通すこと，各テラスには池や花壇（border; flower bed）を設けるとともにテラス間を階段やカスケード（cascade，段落ちの滝）で繋ぎ両側にはボスコ（bosuco，樹林）を設けること，上段のテラスなど庭園各所から園内外の眺望を楽しめる開放的な造りとすることなどが挙げられる．

れたのが，聖堂を中心とする建物の柱廊に四方を取り囲まれたクラウストリウム（kraustrium）である．建物との関係では古代ローマのペリステリウムに似るが，ペリステリウムが柱廊のどこからでも庭園に入れたのに対し，クラウストリウムでは柱廊に胸壁が取り付けられるなど庭園への入口が特定されていた．形態的には四角形の平面を十字形の園路で区切るもので，ペルシア起源のパーリダエサという庭園様式に由来するとされる．クラウストリウムの出現が10世紀頃からと見られることに鑑みれば，イスラム教徒との交渉がこうした庭園形態の根源であったことがうかがえる．直行する園路の交点に水盤などを置き，4分割された区画に常緑低木の植栽や芝生などを配置する意匠は簡素なものであった．なお，自給自足的を原則とした修道院では，実用的な菜園や果樹園あるいは薬草園などが別区画で営まれた．

b. 城館の庭園

中世城館の庭園については，文献史料・絵画史料で知るほかないが，建物に接する中庭は芝生で覆われることが多く，花壇や園路が設けられ，水盤や鉢植えが置かれたようだ．教会・修道院の庭園に比べると，草花の種類も多く，華やいだものであったとみられる．

b. ボボリ園とエステ荘

ボボリ園（Giardino Boboli）は，フィレンツェの中心部，アルノ川の南の丘陵に立地する（図2.13）．もとはピッティ家の庭園として造営を開始したが，1549年にメディチ家（the Medici）に譲られコジモ1世がニッコロ・トリボロらに命じて庭園を完成させたもので，その後17世紀に西側に大きく拡張されるなどいく度かの改修を経て今日に至っている．当初築造部分では，宮殿から

図 2.13 ボボリ園（1599年ジュリオ・ウテンス画）

上部までまっすぐにヴィスタが通り，大きな噴水を配した馬蹄形の円形劇場や宮殿横のグロット・グランデと呼ばれる人口洞窟などがみられる．また，16世紀に造営されたローマ東郊ティヴォリのエステ荘（villa d'Este）は，ルネッサンスからマニエリスムの時代を代表するイタリア式庭園として知られる．枢機卿イッポリート2世によって1560～75年頃に造営されたもので，斜面地にテラスを造成しヴィスタを通すというイタリア式庭園の基本形態をもつ．顕著な特徴としては，最上部の建物下のテラスからの眺望のほか，百噴水の道やオルガンの噴水などの水の仕掛け，近くのアドリアーナ荘から持ち込んだ古代ローマ時代の彫刻などが挙げられる．

2.3.5 フランス式庭園
a．フランス式庭園

15世紀後半から16世紀前半にかけて，フランスにもイタリアのルネッサンスおよびマニエリスムの影響が及び，その影響を受けた城館や庭園が営まれるが，17世紀中頃にイタリア式庭園とは違った様式の庭園が生まれる．この様式は，宮廷造園家アンドレ・ル・ノートル（1613～1700）の設計により，ルイ14世の財務長官ニコラ・フーケが1656年に造営した城館ヴォー・ル・ヴィ・コント（Vaux le Vicomte）で確立され，フランス式庭園（French style gardens）あるいはフランス幾何学式庭園と呼ばれる．その形態的な特徴は，以下の点に集約される．敷地が平坦で広大であること．城館を基点に庭園の中央を貫くヴィスタを通すこと．ヴィスタの周辺は左右対称の構成を持つが，その両側にはボスケ（bosquet, 樹林）等を配し，全体としては左右対称が破られていること．城館に近いほど刺繍花壇（parterre de broderie）などの緻密な意匠を用いること．園外の眺望を得るという観点がなく，庭園が自己完結的であること．こうした形態的特色は絶対主義権力の中枢にあって莫大な財力をほこる権力者を施主としたことを背景に，ル・ノートルの天才的技量が発揮されたものといえるが，そこには，中世のキリスト教世界の重圧を完全に克服した絶対主義の時代の美的志向とともに自然への愛好の萌芽も看取できる．

b．ヴェルサイユ宮園とその影響

ヴォー・ル・ヴィ・コントについで，ル・ノートルが手がけたのがフランス式庭園の最大にして最高の作例とされるヴェルサイユ（Versailes）宮園である（図2.14）．この宮園は，ルイ13世時代に狩猟地であった場所に，ルイ14世が1661年から造営を開始，以後55年間終生にわたってその改修等の工事を続けたもの．その面積は300 haに及び，宮殿に近いジャルダン，その外側のプティ・パルク，さらにその外側のグラン・パルクに分けられる．ジャルダンの花壇・噴水などの諸施設の華麗で濃密な意匠，宮殿から一直線に伸びて地平線に消えるヴィスタなど，全園的に見所はつきない．そして，宮殿を中心とした統率的で自己完結的な構成は絶対主義の記号化とも評しうる

図 2.14 ヴェルサイユ宮園（筆者撮影）

もので，ヨーロッパ諸国の宮廷に約1世紀にわたって多大な影響を与えた．イギリスのハンプトンコート（Hampton court），オーストリアのシェーンブルン（Schönbrunn），スウェーデンのドロットニングホルム（Drottningholm），ロシアのペトロドヴォレッツ（Петродворец）などがその事例である．こうした大庭園の重要な機能は各種饗宴の場としての使用であり，同時代の日本の大名庭園との共通性もうかがえる．なお，フランス式庭園は，17世紀から18世紀中頃までヨーロッパを風靡した雄大荘重な様式を指すバロックの語を用いて，バロック庭園（Baroque garden）と称されることもある．

2.3.6 イギリス式庭園

a. 風景式庭園の誕生

古代ローマの庭園からフランス式庭園に至るまで，ヨーロッパにおける庭園の形態・意匠の基調は四角形や円形・直線などを用いた幾何学的構成であり，そうした観点からは「整形式庭園（formal garden）」と総括できる．ところが，18世紀にイギリスで出現した庭園は自然風景を規範とした曲線が意匠の基調になる「風景式庭園（landscape style garden）」であった．それまでのヨーロッパでは見られなかった，この様式をイギリス式庭園（English style gardens）もしくはイギリス風景式庭園（English landscape style gardens）と呼ぶ．

その成立の基盤にあったのは中世末期以降イギリスで顕著であった領主・地主による牧羊業などのための土地の囲い込み（enclosure：エンクロージャー）であり，また，清教徒革命と名誉革命を経て確立された絶対主義王政との訣別・立憲君主制への移行という思想的・政治的状況であった．そして，イギリス式庭園の誕生の直接的な端緒は，18世紀初頭，ジョセフ・アディソン，アレクサンダー・ポープらによって，自然な風景の美しさを庭園に導入すべきという主張がなされたことであった．そうした理論に基づき，実際の庭園様式において，整形式から風景式への橋渡しをしたのがチャールズ・ブリッジマン（? ～ 1738）であった．彼はストウ（Stowe）の庭園の設計において，庭園内の各要素は従来どおり直線や幾何学的形態を中心とする一方，左右対称性は大きく崩し，敷地の境界をハハー（ha-ha）と呼ぶ空堀で仕切ることで庭園外に広がる田園風景を視覚的に庭園内に取り込んだのである．

b. ケントとブラウン

イギリス式庭園を確立した造園家とされるのがウィリアム・ケント（1685 ～ 1748）である．画家としてローマ留学した彼は，フランス人風景画家であるクロード・ロランやニコラ・プーサンらがイタリアの風景を描いた風景画に感銘を受ける．そして，帰国後に造園家として活動するようになると，それらをモチーフとした「風景」を表現しようとする．ケントの庭園に導入された曲線園路・蛇行する小川・土地の起伏は確かに整形式庭園とは訣別した風景式庭園の様式をもつが，それらは必ずしもイギリスの風景をモデルとしたものではなく，庭園内の建物も含めてむしろイタリアの理想的風景画の風景をモデルとしたものだったのである．絵のように美しい庭園を目指すこうした流儀は，ピクチャレスク（picturesque，絵画）派と呼ばれる．ケントの設計した庭園で良好に保存されているものとしては，オックスフォード

シャーのラウシャムハウスがある．これに対し，ケントの次世代のイギリス式庭園の旗手となったランスロット・ブラウン（1716～83）は，土地の穏やかな起伏を基盤として樹林，小川，池などを作為を感じさせない調和的手法で造り上げ，地表面は芝生で処理して，周囲の景観と一体化した意匠を導入する．イギリスの風景の美しさを庭園に表現したブラウンの手法は人気を博し，彼は多数の庭園を手がけることになる．ブレニム宮殿（Blenheim palace）の庭園はその代表作とされる（図2.15）．しかし，館前の花壇まで廃するブラウンの手法はあまりに単調であるとの批判もなされ，後にハンフリー・レプトン（1752～1818）らによって方向修正がなされる．なお，ブラウンが活躍していた頃，イギリス式庭園に現れるもうひとつの風潮がシノワズリー（chinoiserie，中国趣味）である．これはピクチャレスク派が中国趣味を得て成立したもので，キューガーデン（Kew Gardens）に，こうした風潮のもとで築造された中国風の塔が残る．

c．イギリス式庭園の展開

イギリス式庭園の風景式庭園としての理念と様式は，イギリス国内での流行にとどまらず，18世紀後半から19世紀にかけて，ヨーロッパ各国で一世を風靡した．ヴェルサイユでも，ルイ16世の王妃マリー・アントワネットがヴェルサイユのプティ・トリアノン（Petit Trianon）に農村と田舎屋をモチーフとした風景式庭園を造営し，そこで自らがその田舎屋の女主人であるかのような仮装を楽しんだという．また，ドイツでは，フランツ大公が1770年前後にデッサウ郊外に造営したヴェアリッツ（Wörlitzer）の庭園，ブラウンとも交際のあったフリードリッヒ・フォン・シュケルの設計によるミュンヘンのイングリッシャ・ガルテン（Englisher Gartden）などが知られる．さらに，風景式庭園の理念と様式は，フリデリック・オルムステッド（1822～1903）が設計したニューヨークのセントラル・パーク（Central Park）をはじめ19世紀後半以降の世界各地の公共造園に大きな影響を及ぼした点でも，庭園史上重要な意味をもつことが指摘できる．

図2.15 ブレニム宮殿庭園（筆者撮影）

参考文献

森　蘊（1984）：日本史小百科・庭園，東京堂出版．
岡崎文彬（1969）：ヨーロッパの庭園，鹿島出版会．
岡崎文彬（1981-82）：造園の歴史1～3，同朋舎．
小野健吉（2004）：岩波日本庭園辞典，岩波書店．
アンヌ・スコット－ジェイムズ（1983）：庭のたのしみ—西洋の庭園二千年，鹿島出版会．
白幡洋三郎（2000）：庭園の美・造園の心，NHK出版．
武居二郎・尼崎博正監修（1998）：庭園史をあるく，昭和堂出版．
田中正大（1967）：日本の庭園，鹿島出版会．
飛田範夫（2002）：日本庭園の植栽史，京都大学学術出版会．
横山　正（1988）：ヨーロッパの庭園—歴史・空間・意匠，講談社．

3

近代ランドスケープ・デザイン

　現代の都市空間には様々な形の公園や広場が存在するが，形について深くかえりみられることはほとんどないのではないか．しかし，現代ランドスケープの礎を成した近代のデザイナー達の空間論や作品を分析すると，その形に様々な意味や機能がこめられていることがわかる．我々はそこから何を学ぶことができるのだろうか．また，現代の空間デザインにとっていかに有意なことなのだろうか．

　狭義の近代ランドスケープ・デザイン（modern landscape design）は，19世紀末から20世紀初頭にかけての欧米における近代芸術や近代建築に触発され連動していった動きととらえることができる．その動きは主に欧州各国や米国で展開され，今日の都市における屋外空間の形に少なからず影響をおよぼしたと考えられる．近代のデザインは，合理主義や機能主義を背景に均質な空間を生み出したという単純な解釈に陥りやすいが，先駆者達の著作や作品を詳細に分析すると，その源流には豊かな空間に向けての多様な視点があったことがわかる．

　本章では，後世のデザイナー達に影響をおよぼしたトマス・チャーチ（1902〜1978），ガレット・エクボ（1910〜2000），ジェームズ・ローズ（1913〜1991），ダン・カイリー（1912〜2004）に注目し，彼らの空間論と作品事例から，屋外空間の形にとって重要な考え方を抽出し解説する．

3.1 場の可能性をいかす

　ランドスケープとは，諸事象の相互作用の結果として，その時，その場に立ち現れる空間の様相である．したがって，そこに介入しようとするデザイナーにとって，その場の諸事象と仕組みをよく知ることは必須条件である．彼らはそのことをよく認識し，場の可能性として形にいかすことを考えていた．

　エクボは，空間を形づくる固有条件として，施主の要求とともに，地形，植物・石・水の分布，日照などの自然条件や，近隣コミュニティの特徴などの社会条件を挙げた．例えば，住宅敷地の位置や方位による風や日照条件，温熱環境の違いを重視し，屋内の日照条件までも考慮した屋外空間のデザインを行った．また，もともとはセイヨウナシの果樹園だった敷地に住宅を計画するにあたり，住戸・車庫・主庭の部分を除いて，既存の果樹をそのまま用いた．セイヨウナシの格子配列が庭園空間の基本を構成している（図3.1）．ここから少し東にいくと，今でも梨や桃の果樹園が延々と続く．この地方の主要な風景である果樹の格子配列という形を，家族の生活空間としていかしたといえる．なお，樹木の格子配列（grid

第3章　近代ランドスケープ・デザイン

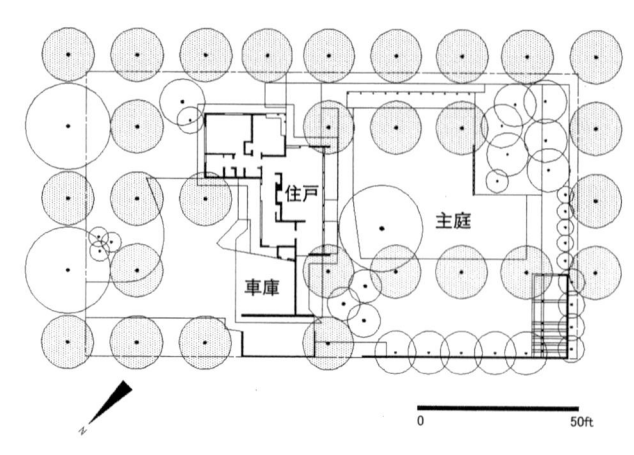

図3.1　ライド邸庭園（エクボ，1940年，パロ・アルト，カリフォルニア州，筆者作図）

グレーの円が，もともと果樹園だったこの敷地に既存のセイヨウナシを表し，それ以外の円は，エクボによって新たに植栽が計画された樹木を表す．

(a) 敷地南端から周囲の草原地帯の眺望（チャーチ，1948年，ソノマ，カリフォルニア州，1994年筆者撮影）

(b) プールテラスから南を望む
両側の既存オークが遠景の額縁となる．
（1994年筆者撮影）
図3.2　ダーネル邸庭園

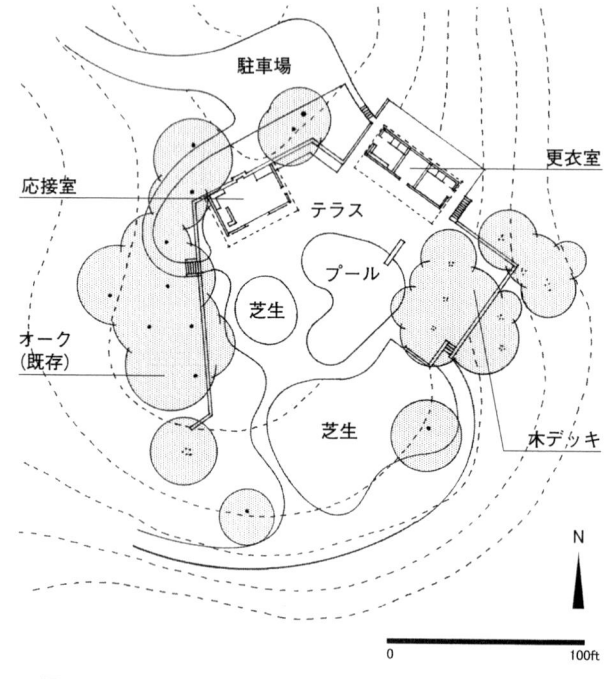

図3.3　ダーネル邸庭園　プールテラス平面図（筆者作図）
グレーの円が，敷地に既存の樹木（オーク）を表す．破線は等高線．丘の頂付近，南側にテラスが配置されていることがわかる．

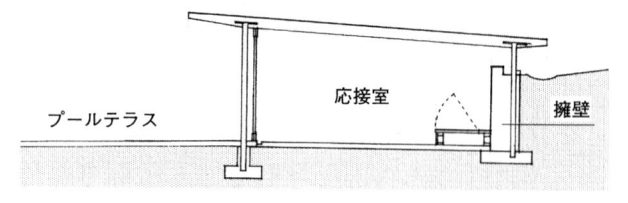

図3.4　ダーネル邸庭園　プールテラス応接室付近の断面図（筆者作図）
南向き斜面を一部テラスにし，生じた擁壁に沿う形で応接室を設けた．

図3.5　ダーネル邸庭園　プールテラス木デッキの断面図（筆者作図）
オークの生える既存地盤の攪乱を低減するために，盛土によるテラス形成でなく，木デッキを斜面上に組んだ．

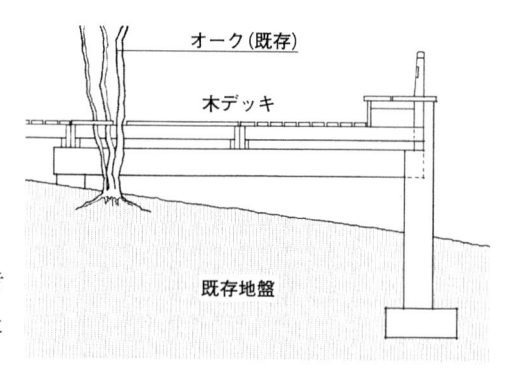

pattern）という形については，別節で詳しくとりあげる．

場の地形と植生を巧みにいかした作品としては，チャーチによるダーネル邸庭園（1948）がある．サンフランシスコ湾岸地域の北方，オークの点在する緩やかな起伏の草原が広がる中（図3.2 a），南向き斜面の頂部付近に敷地がある．南向きにプールテラス，応接室，更衣室を，そしてその前面には芝生平坦面を配置した（図3.3）．テラスの造成により，既存斜面との間に最大で約2mの擁壁が生じたが，それを利用して屋根を架け，テラスに面する応接室とした（図3.4）．

チャーチは，この場所にもともとあったオークを極力残すようにテラスの造成を行い，オーク林がこのテラスを囲むようにした．その結果，テラスからプール越しに南を遠望すると，サンフランシスコ湾方面の眺望が両側のオークによって縁取られてみえるようになった（図3.2 b）．また，駐車場を応接室の背後に配置し，来訪者がオーク林の中を歩いてテラスに到達した瞬間，眺望がひらけるという演出を可能にした．一方，テラス西側のオーク林は，隣接する主邸とこの来客空間とを分ける効果もある．

さらに，既存樹木を残しながらテラスの面積を確保するために，盛土をするかわりに木デッキを用いた（図3.5）．デッキに開口部を設けてオークの樹幹がデッキを貫通するようにし，デッキの手すり部分は腰掛けられるようにして，オークの木陰で憩える空間を造りだした．ソノマ地方の明るい太陽に照射され，木デッキの格子パタンに投影されるオークの濃い樹陰が美しい．

3.2　ヒトの生息空間

樹木やベンチの配置，舗装面のパタンが格子にもとづく場合を，現代の屋外空間で目にすることがある．格子配列という形の意味を近代デザイナー達はどう考えていたのだろうか．

前提となるのは，屋内のみならず屋外もヒトの生息空間として重要だという考えである．エクボは，庭園が舞台だとすればヒトは役者だという．また，ローズにとっては，屋外だけれども，あたかも屋内で感じるのと同様に何かの中にいるような感覚が重要であった．そうして彼らは，屋内だけでなく屋外も生活空間として明確にし，屋内外を一体的にとらえて敷地内の機能分節をする住宅計画を行った．

カイリーは，樹木の格子配列という特定の形を用いて，屋外の生活空間を明確にした．この形の発想は，彼自身が米国東北部のサトウカエデの林の中を分け入った時の体験に由来する．それは，歩を進めるごとに樹幹が重なり，ずれ，動いて見えるというダイナミックな体験であったという．さらにその発想は，欧州旅行の際に体験したバロック様式庭園の植栽により，格子配列という明確な形となった．

カイリーは，格子配列によって数多くの屋外空間を構成した．しかし，格子配列と一言で表現できても，1つとして同じ形ではない．ここでは，1999年に出版された作品集の中から8点の代表例を抽出し図示しながら解説する（図3.6）．

a．ミラー邸庭園（コロンバス，インディアナ州，1955）

氾濫原に隣接し川への眺望がひらけた立地の住宅庭園．エーロ・サーリネン設計の屋内空間構成を屋外に拡張するかたちで，果樹園や芝生広場といった特定の空間ごとに，リンゴ，アメリカハナズオウ，ホワイト・オークといった別々の樹種，ロの字・列といった格子配列のバリエーションを適用した．空間は樹木の格子によって明確に区切

第3章　近代ランドスケープ・デザイン

ミラー邸庭園（部分）
- アメリカハナズオウ
- 住戸
- リンゴ
- ホワイト・オーク
- リンゴ
- プール
- トチノキ

ダル・セントラル（部分）
- プラタナス
- 歩行デッキ

リンカーン・センター（部分）
- 建物
- 彫刻池
- 建物
- 植桝
- プラタナス
- 建物

ダラス美術館
- ライブ・オーク
- 屋外
- 屋内
- ライブ・オーク
- ライブ・オーク
- 屋外
- 屋外

シカゴ美術館（部分）
- 池
- 植桝
- セイヨウサンザシ

ファウンテン・プレイス（部分）
- 建物
- 段滝
- 噴水
- ラクウショウ
- 舗装
- 建物

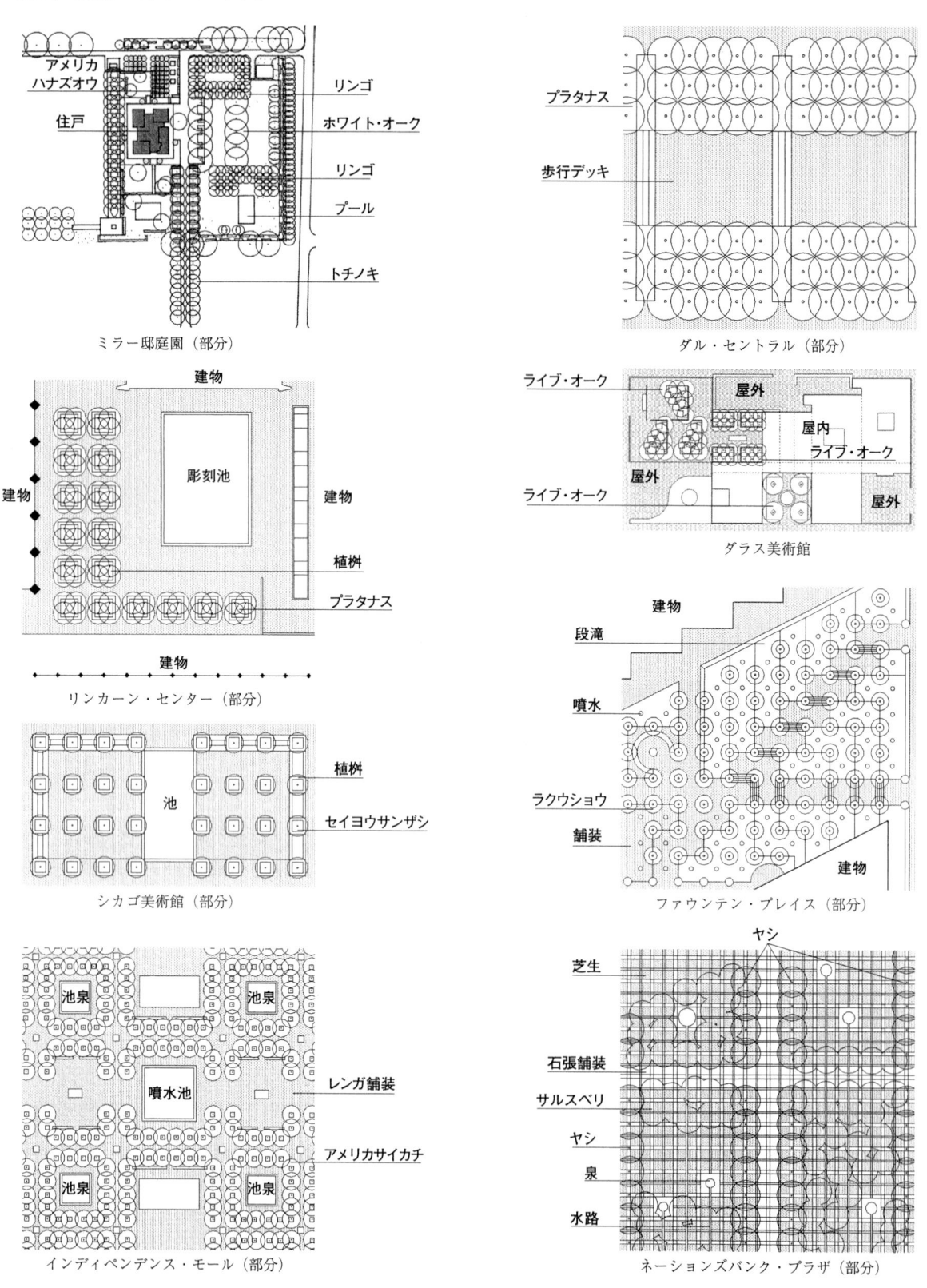

インディペンデンス・モール（部分）
- 池泉
- 池泉
- 噴水池
- レンガ舗装
- アメリカサイカチ
- 池泉
- 池泉

ネーションズバンク・プラザ（部分）
- ヤシ
- 芝生
- 石張舗装
- サルスベリ
- ヤシ
- 泉
- 水路

図3.6　ダン・カイリーの空間作品にみる格子配列（著作掲載の図面をもとに，筆者が作図）

られるが，樹幹の隙間により連続性が確保される．

b．リンカーン・センター（ニューヨーク，1960）

大都会の只中にある巨大な演劇ホールの建物に囲まれた広場．一角を彫刻の池が占め，他をプラタナスが4本ずつ植えられた75cm高の植桝の列が並ぶ．樹種の選定および植栽間隔の狭さにより，周囲の建物のヴォリュームとつりあう空間となっている．

c．シカゴ美術館南庭（シカゴ，イリノイ州，1962）

駐車場の屋上に位置し，植栽基盤厚をさらに75cm～1mかせぐために植桝を格子状に配置した．植桝のセイヨウサンザシが枝を横に広げ全体を覆う．

d．インディペンデンス・モール（フィラデルフィア，ペンシルヴァニア州，1963）

米国独立運動の歴史に関わりのある地区のレンガ舗装の大通公園．植民当初に計画された格子街区および5つのスクエアを想起させる意匠という．約13mも吹き上がる噴水がある13m四方の池を主要素とし，その四隅に正方形の池泉を配した．これらの正方形を囲むように，アメリカサイカチが規則正しく配置された．列植は泉空間を囲い込むとともに間で並木道を形成する．

e．ダル・セントラル（ラ・デファンス，パリ，1978）

シャンゼリゼ通の延長にある歩行デッキ．通りの両側にプラタナスを格子配列し，中を休憩スペースとした．

f．ダラス美術館（ダラス，テキサス州，1983）

美術館の彫刻庭園やエントランス・コート．屋内外一体的に，敷地全体が格子状に分節．屋外にはライブ・オークが植えられているが，格子状・列状・単木と植え方を変えることで，それぞれの場所を差別化している．

g．ファウンテン・プレイス（ダラス，テキサス州，1985）

60階建てのオフィス棟周囲の広場．乾燥した都市の只中に水が流れ落ちる「都会の沼地」を造ったという．敷地両端約4mの高低差を利用して，段状の滝とテラスや階段の歩行空間を実現した．同じ間隔の格子パタンで，ラクウショウと噴水が全体にわたって配置されている．

h．ネーションズバンク・プラザ（タンパ，フロリダ州，1988）

オフィス棟周囲の広場．高層棟の窓割を地面に投影した石と芝生による格子パタン．通路部分と植栽部分で石と芝生が逆になる．格子の植桝にランダムに植えられたサルスベリが，ヤシ列植の下層を成す．一部の格子は石造の泉で，そこからのびる水路が遠近感を醸し出す．

3.3 透明な部屋

前節で述べた樹木の格子配列による空間は，建物の屋内空間と同様にとらえることができる．すなわち，床面は樹木の生える地面，柱や壁は樹幹やその連続，天井は樹冠の連続である．ヒトの生息空間として屋内と同様に明確な空間構成を重視した彼ら近代のデザイナーは，このように屋外空間を床，壁，天井からなる3次元ヴォリューム（3D volume）として考えていた．一方，不特定多数のヒトによる空間の共有すなわち公共性や，自然現象の積極的な取り込みという観点から，ヒトの動線や視線あるいは太陽光や風が自由に透過できることも重視していた．

エクボは，樹木の列植に囲まれた部屋の連続という考え方で空間を構成した．それぞれの囲みの性質が明確に違うことで，多様な囲みの対比が生まれ変化のある空間体験が得られるとした．では

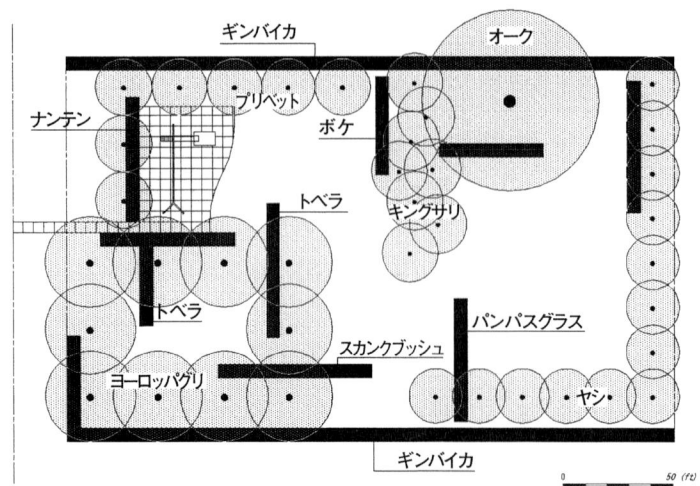

第3章　近代ランドスケープ・デザイン

図 3.7 農業安定局による集合住宅内の小公園（エクボ，1939年，サクラメント盆地，カリフォルニア州，筆者作図）

低木列植（黒色）の直交配置によって，公園敷地が複数の囲みに分割されている．列植相互に隙間があり，囲みの間を自由に移動できる．一方，高木列植（灰色）の直交配置により，敷地が複数の囲みに分割されている．高木の場合は，樹幹相互に隙間があり，列植自体を通り抜ける囲み間の移動が可能である．上からみると低木による囲みと高木による囲みは一致せず，ずれていることがわかる．

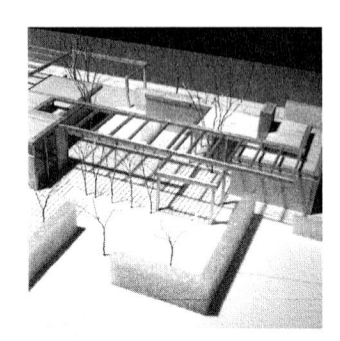

(a) エントランスコート

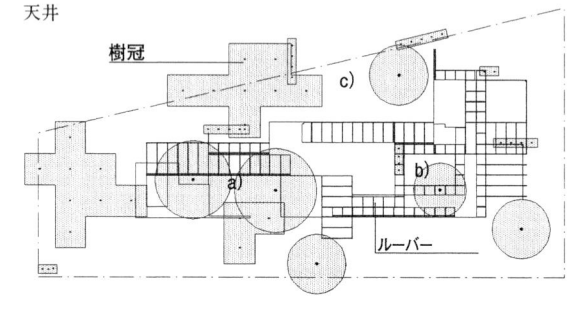

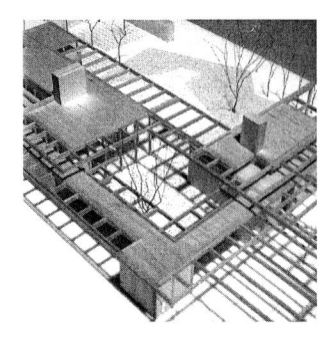

(b) ベッドルームガーデン

(c) メインガーデン

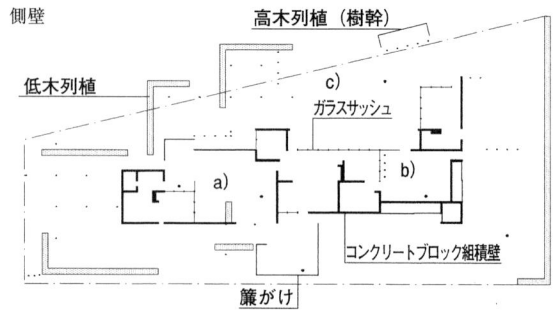

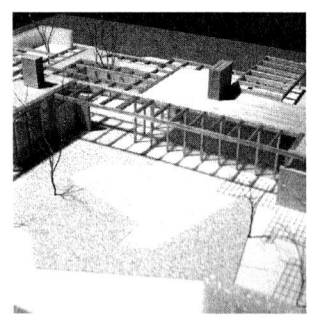

図 3.8 ローズ邸模型写真
筆者の製作模型．4庭園のうちキッチンガーデンを除く3庭園．場所はa, b, cで図3.9に示す．

図 3.9 ローズ邸平面図
（ローズ，1953年，リッジウッド，ニュージャージー州，筆者作図）

36

どのように囲みの違いを作り出したのだろうか．

エクボは，ヒトの標準的な目線より高い要素による囲みと，目線より低い要素による囲みを明確に分けて用いた．具体的には，高木列植，低木列植それぞれの囲みを1つの敷地に共存させた（図3.7）．低木列植の直交配置によって公園敷地が複数の囲みに分節されたが，列植相互に隙間があり，不完全な囲みの間を自由に移動できるようになっている．同時に，高木列植の直交配置によって敷地が複数の囲みに分節されたが，樹幹相互に隙間があり，列植自体を通り抜ける囲み間の移動が可能である．当然ながら樹幹の間を通して視線も透過する．つまり，高木・低木という明確に違う囲みがあり，しかもそれらが相互に透過性をもつ部屋として共存する．このような空間特性を彼自身自由な矩形性（free rectangularity）と呼んだ．さらに，囲みを形成する樹種の違いにより，囲みの多様性を強調した．

一方ローズは，空間体験にとって有意な形を，要素の相互関係によって生じる3次元ヴォリュームとし，そのヴォリュームは，ヒトの動きや営みを浸透させ内包するとした．著作によって使われる言葉は違うが，彼のヴォリューム単位を定義するのは，床，壁，天井の3要素であった．屋外空間の床として土，舗装，水，地被を，壁として幹，構造物を，天井として，空，枝葉，屋根を挙げた．

ローズの空間に対する考え方は，1953年に自らの手で完成させ1991年に没するまで住み続けた自邸および庭園に最もよく現れている（図3.8）．郊外住宅地を流れる小川に沿う敷地で，母親，姉，自分用の居室（居室合計面積は敷地の約1/10）を独立棟とし，間に庭園を設けて，屋内と屋外が互い違いとなるようにした．

床面では幾何学図形状に素材が分けられた．ブラックトップ（透水性アスファルト舗装）が4庭園および北側アプローチに敷かれた．そのうちエントランス・コートには平板舗装も敷かれた．敷地の周辺部は植桝として広く空けられた（図3.9下）．

壁の要素は屋内外共通して直交配置となっている．北・西側の道路や南側の隣地に対してはコンクリートブロック組積壁を配しプライバシーを確保した．反対に，東側の川岸に対しては全面ガラスとし，屋外に対して開放的とした．屋外空間は，簾を吊った木枠，低木列植による囲み，格子配置・列植・孤立の樹幹で構成された（図3.9中）．

天井要素のうち屋根は木造で各居室に高低2通りの天井高が設定され，その差を利用して水平窓が設けられた．屋根の骨組みが露出した格子状のルーバーが各居室をつなぎ，間にある庭園を覆う．ローズは樹木を自然樹形で用いたが，格子状に配されている樹冠は図面上で矩形に描かれていた（図3.9上）．

このように分析してみると，床素材の透水性，ガラス面・簾・樹木列植の透明性，水平窓やルーバーの透過性と，ヴォリュームを構成する要素の透過性に対する意識が強かったことがわかる．さらに，図3.9の床，壁，天井の図面を1枚に重ね合わせてみると輪郭がお互いにずれ，3要素によるヴォリュームの個々が完結したものではなく，相互に貫入するものであることがわかる．

3.4 素材のコラージュ

前節では3次元ヴォリュームの構成要素の質によって変化のある空間体験を創出しようとしたことに触れた．それでは，近代デザイナー達は構成要素の素材をどのように組み合わせたのだろうか．ここでは，近代絵画の技法であるコラージュ（collage）との共通性という観点から考察する．

第3章　近代ランドスケープ・デザイン

図3.10 庭園床面の素材による区分
（左：サリバン邸庭園1935年，右：カークハム邸庭園1954年，カリフォルニア州）

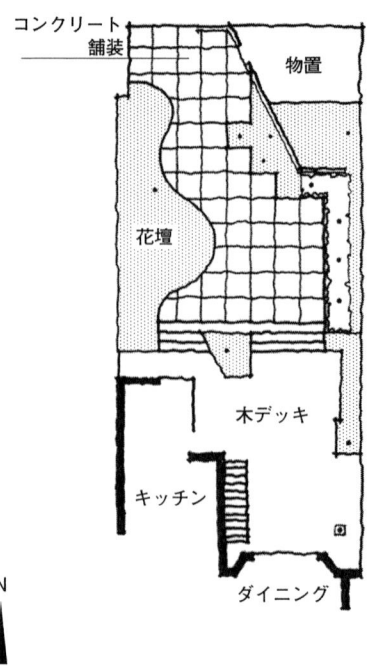

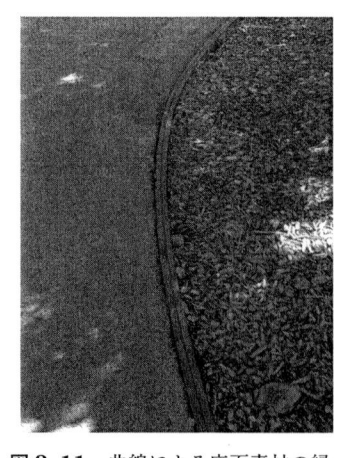

図3.11 曲線による床面素材の縁
（チャーチ，サンセット庭園，カリフォルニア州）
1/2インチ厚レッドウッド板材2枚の貼り合せによる縁．
カークハム邸庭園のコンクリート舗装と花壇の間の曲線にも用いられている．

図3.12 ローズ邸
（ローズ，1953年，リッジウッド，ニュージャージー州，上：居間，下：屋上庭園，いずれも著者が2000年3月に撮影）

3.4 素材のコラージュ

コラージュとは，新聞や広告の断片，布片，針金など絵の具以外のものを様々に組み合わせて画面に貼り付け，加筆構成する表現技法である．20世紀初頭の近代芸術において，ピカソらによって創始されたキュビスムの動向から生み出された．

異質の要素を組み合わせて新しい表現を行うこの試みに注目し，自らの空間作品に応用したのがチャーチである．しかし，それは単に素材の対比を見せようとしたものではなかった．サリバン邸庭園（図3.10左）の意匠についてチャーチの説明を引用してみよう．

「明確ではあるが完結しない形があると，その形を見る人は意識の中でそれを完成させようとする．（例えば長方形の1角が斜めに欠けている図形は実際には5角形なのだが，長方形として意識される：著者注釈）L字型の芝生面の角は斜めに切れていて敷地の外にあるようになっている．池やテラスの不完全な形が意識の中で完成されると2倍の大きさになる．このようにどの部分も完結した形でないので，解釈が落ち着かない．この錯覚効果をさらに増すために，敷地を仕切る壁の足元は黒く塗られ，床面と壁とが離れているように見せている．」

つまり，限られた広さの屋外空間をより広く感じさせることを意図したものだった．そのために，明確だが不完全な形の芝，草花，水，コンクリート平板という異質の素材を用いた．

カークハム邸庭園でも，明確だが不完全な形をもつ異質の素材の組み合わせが認められる（図3.10右）．この場合，格子状の目地の入った現場打ちコンクリート舗装の床面が，曲線によって中途で切られ，花壇に接している．目地の格子パタンが曲線で途切れるようにしてあるので，チャーチの考え方に従えば，格子パタンは花壇の部分まで続いているかのように表現されたと解釈できる．さらに，前述の例では壁の足元を黒くして縁の存在感を弱めようとしていたことがわかるが，この場合も縁自体は薄く目立たない．厚さ約12mmの板材2枚を貼り合せてあらかじめ曲線に加工したものを設置しコンクリートを打設した．

異質で異形の要素を組み合わせるということでは，水，土，植物といった自然要素と，舗装や構造物といった人工要素を組み合わせる，という考え方が4デザイナーには共通していた．エクボは「人為要素の幾何学形態と，自然要素の不規則形態を，ひとつの敷地でひとつのものにする」「軽やかかつ精巧に仕上げられた木・鉄・コンクリートの構造物が，原野に配置されてこそ，人の自然への回帰や人と自然の協調をより強調する」という．

さらにローズは，構造物と植物との対比に，前節で述べたヴォリューム構成要素の透過性を用いた．彼は1953年に完成させた自邸に住み続けながら，ルーバー，障子，アクリル板といった様々な透過性をもつ仕切りと植物との対比を試した．彼が残した現在のローズ邸でもそのことを確かめることができる（図3.12）．

居間西側の庭園にはシャクナゲが植えられている．一方，ガラス・サッシュの内側には，障子戸が設けられている．隣接道路からの視線を遮るため，障子戸は普段閉められている．夕暮れ時，西日が障子戸のスクリーンにシャクナゲの樹影を浮かび上がらせる（図3.12上）．

また，地上階から屋上庭園に上がる階段には，木製の屋根が架けられており，側面と天井に半透明のアクリル板が固定されている．夕暮れ時，庭園のシナノキの樹影が側面に浮かび上がる（図3.12下）．

これらに共通するのは，障子戸，木格子，アクリル板の規則的な格子パタンと，樹木の複雑な分枝パタンとの重なり合いである．しかもその状態が常に継続するのではなく，特定の方位からの太陽光によって一時的に現れ，そして消えていくのである．

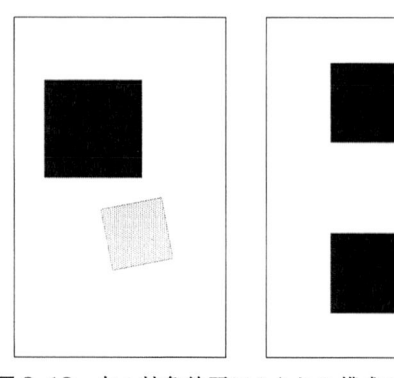

第 3 章 近代ランドスケープ・デザイン

図 3.13 左：抽象絵画にみられる構成の例（マレヴィッチ作「黒い正方形と赤い正方形」（1915年）をもとに筆者が作図），右：比較対照として，同じ大きさの正方形を画面の中心線を軸に対称となるよう構成したもの

図 3.14 抽象絵画にみられる構成の例（カンディンスキー作「コンポジション 8」（1923 年）の一部をもとに筆者が作図したもの）

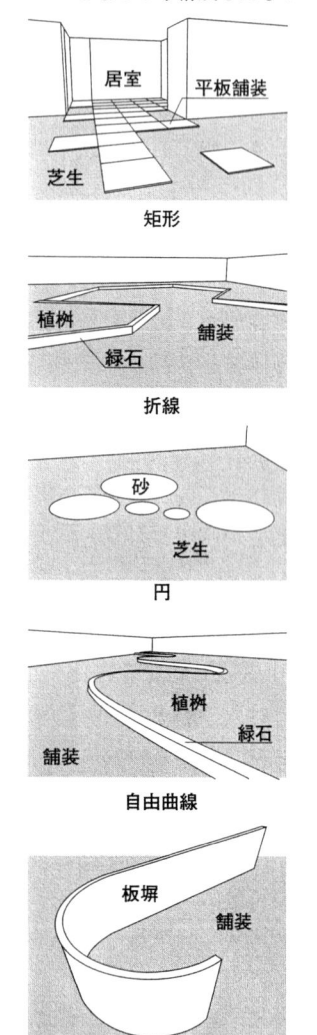

矩形

折線

円

自由曲線

弧＋直線

図 3.15 エクボによる屋外空間を構成する要素の 5 つの基本形（著作より筆者がトレースし作図）

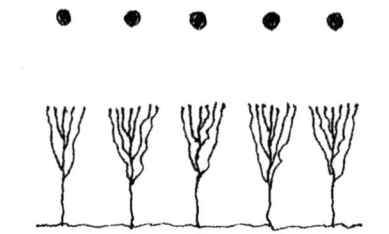

図 3.16 列植すなわち同樹種の繰り返しによりリズムが生まれる（筆者作図）

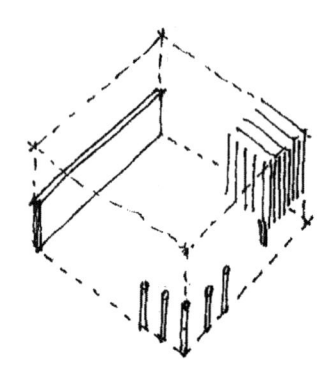

図 3.17 異種要素による 3 次元ヴォリュームの構成（筆者作図）

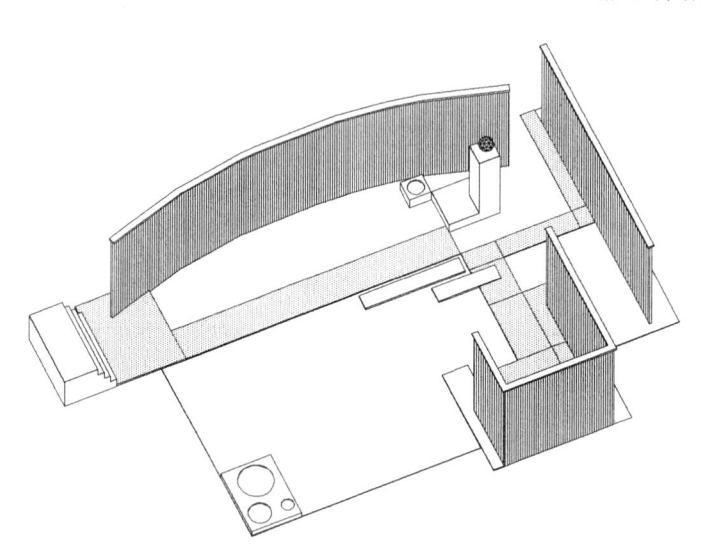

図 3.18 ボールディンガー邸庭園
（エクボ，建築年および立地不詳，1958 年の著作に掲載の図面をもとに筆者が作図）

40

3.5 構成主義の空間

前節では，近代デザイナーによる構成要素の素材の組み合わせ方を，近代絵画のコラージュという技法との共通性という観点から考察した．ここでは，近代絵画における形の組み合わせ方との共通性という観点から，近代デザイナーがいかなる空間体験を創出しようとしたか考察する．

19世紀末から20世紀初頭にかけて，時代性を反映し物事の本質を表現しようと試行を続けていた欧州の画家の中には，風景や人物といった表現対象から離れて，画面上での幾何学図形の構成を表現するという抽象絵画に至ったマレヴィッチ，カンディンスキー，モンドリアン，モホリ・ナギらがいた．画家たちの重視したことは，静止画面で要素がいかにも動いているかのような感覚を起こすことであった．例えば，マレヴィッチの作品「黒い正方形と赤い正方形」(1915) では，長方形の画面に黒・赤2つの正方形が描かれているが，画面の中心からずれた位置，大きい黒正方形が上，約11度下にふられている赤正方形の角度といった要因により，動的な表現となっている（図3.13左）．試しに同じ画面の中心線を軸に線対称となるよう同じ大きさの2正方形を構成してみると，安定し静的な表現となることがわかる（図3.13右）．また，カンディンスキーの作品「コンポジション8」(1923) では，直線，折線，弧，自由曲線，円といった様々な形，大きさ，色の幾何学図形によって構成され，画面全体が動いているような感覚をおぼえる（図3.14）．

このような動的表現を可能にする抽象絵画の構成手法を，近代デザイナーは空間の構成に応用した．例えばエクボは，空間要素を幾何学形としてとらえ，それらの組み合わせが動的となることを重視した．屋外空間を構成する5つの基本形として，矩形，折線，円，自由曲線，弧＋直線を示し，それらを成す具体的な要素の例として，地表や舗装のパタン，植桝の立ち上がり，プールの縁，トレリスの支柱，板塀といったものを挙げた（図3.15）．

矩形：　最も単純な形であり，空間を計画する際にごく自然に用いられ，屋内空間の形を直接投影するものである．したがって，屋内外の空間の連続性を創出するのに最も簡潔な形である．

折線：　建物や敷地とは異なる角度（例えば30度や60度）の線は，屋内から屋外に向かう視線や歩行に明確な方向性を与える．巧みに角度を設定すると，動的な空間となる．

円：　屋外空間にアクセントや変化をもたらす．また，円弧は空間の囲みを表現するのに最もいい形である．

自由曲線：　連続して半径が変化する曲線．最も美しい線であるが，素材を用いて実体化するには，繊細な感覚が必要である．

弧＋直線：　機械的に作図できる擬似自由曲線．

エクボは，これら明確な形の要素に加えて，自然要素の配列による形も重視した．1列の樹木や石，ひとつづきの階段のような，規則的あるいは不規則な要素の繰り返しとしてリズムを考えた．例えば，同じ動作が繰り返された結果のように，同一の樹木が等間隔で複数存在する場合である（図3.16）．複雑多様な要素関係の展開するランドスケープの中に見いだされた反復がリズムを生む．さらに，繰り返される要素の形，大きさ，色，それに数や間隔が変われば，リズムも変わり，複数のリズムが空間に共存することとなる．

またエクボによれば，バランスとは，大きさ，形，色，意味において等価となるように，複数箇所に要素を配することとしていたが，それは線対称のような安定したバランスのとり方ではなく，マレヴィッチやカンディンスキーの絵画にみられるような，非対称で動的なバランスのことであった．

第3章　近代ランドスケープ・デザイン

図3.19　ローズ邸
(ローズ, 1953年, リッジウッド, ニュージャージー州, いずれも著者が2000年3月に撮影)
1953年の建設当初, 寝室に隣接する庭園に植えられていたリンデン・ツリー. 樹木の成長と, 寝室および2階部分の増築にともなう庭園の屋内化によって, 樹木の一部が屋内に取り込まれ, 相互に空間を共有するようになった.

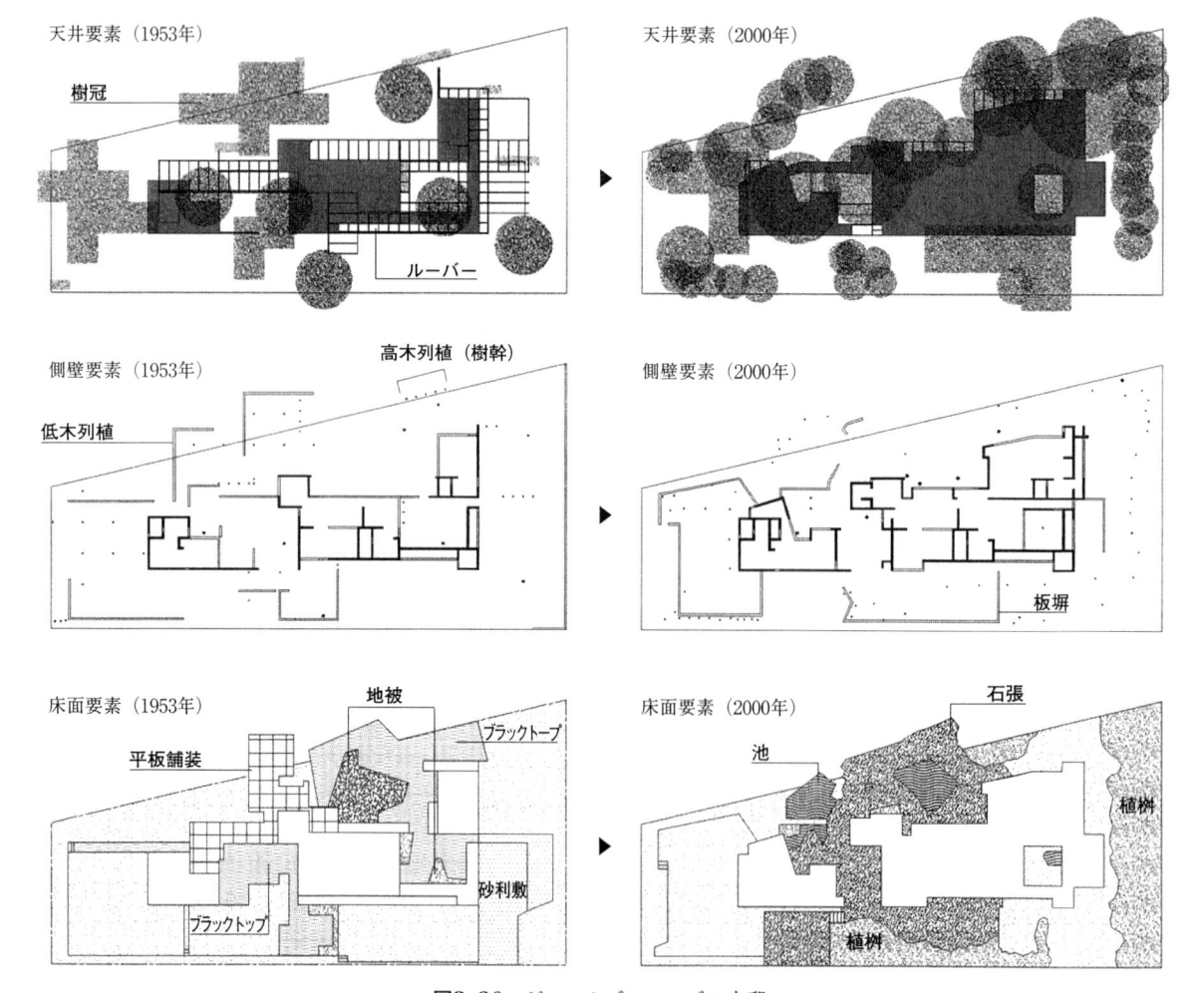

天井要素 (1953年)
樹冠
ルーバー

天井要素 (2000年)

側壁要素 (1953年)
高木列植 (樹幹)
低木列植

側壁要素 (2000年)
板塀

床面要素 (1953年)
地被
平板舗装
ブラックトップ
ブラックトップ
砂利敷

床面要素 (2000年)
石張
池
植栽
植栽

図3.20　ジェームズ・ローズの自邸
1953年当時と現在の平面図による比較. 天井, 側壁, 床面のそれぞれで, 要素の配置や形が相当異なることがわかる.

さらに日本の庭園における要素の構成について「神秘的バランス」とし注目した．共通して感じたのは異形要素の間に生じる緊張感だったのであろう．このような仕方で3次元ヴォリュームを構成すると，例えば図3.17のように模式化できる．

完全に空間を囲い込むのではなく，角のような要所をおさえるように，異形・異種の要素を配置するのである．図3.18はこのような構成手法が顕著なエクボの作品例である．

3.6 空間のモルフォシス

抽象画家は，静止画の中で動的な感覚を表現することで，時空間の本質にせまろうとした．それに対してランドスケープ・デザイナーは，場の自然現象との相互作用をとおして空間を造っていくので，元々時間の経過という課題を常に意識してきたといえる．近代デザインの実践の中で，時間経過にともなう空間変化を特に強く意識してきたのがローズである．彼の空間論や作品からは，1日の中で繰り返しおこる一瞬の事象，季節変化から，経年変化まで，様々な時間スケールでの空間変化を顕在化させようとする意図が読みとれる．ローズは，メタモルフォシスという生物の変態に擬す言葉で空間の変化を表した．空間はゆるやかで不安定であり，生物と同じように，成長，熟成，再生していく空間をデザインするという．

利那的な空間変化としては，「シルエットを浮かび上がらせる障子を用い，光と戯れる」という言葉からもわかるように，特に太陽光に対する意識が強かった．著作には，床面に投影された樹冠やメッシュ椅子の日影パタンの写真のように，太陽光による空間の時間変化に関する記述が多数認められる．前出のローズ邸の空間を分析すると，屋外では，天井要素のルーバーの影や樹冠の影が床面に投影され，太陽の動きに伴い移動することがわかった．ルーバーが格子状であり，その影が投影されると床面のパタンも格子状に変化するのである．また，不規則なパタンの樹影も，床面の形に影響する．影響を受ける床面の部分が太陽の動きとともに変わる．つまり，時間経過にともなっ

て床面の形が変化するのである．変化は屋外だけでなく，太陽高度の低い朝夕には開口部をとおして屋内の床面にももたらされる．

変化は床面だけでなく，側壁や天井でも現れるよう造られた．ローズ邸で街路側に設けられた障子戸や半透明アクリル板は，外部からの視線の遮断のためだけではなく，西日が周囲に植えられた樹木のシルエットを浮かび上がらせるためでもあった．また，屋内天井の間に設けられた水平窓からは，特定の時刻にだけ，一筋の光が暗めの屋内に線となって差し込んでくるようになっている．屋上には屋根が架けられ，やはり半透明アクリル板に樹木のシルエットが映し出される．さらに，東向きの居間に隣接する池の水面が噴水で揺れ，朝の間だけ屋内天井に映し出される．「常に太陽の動きにしたがって（空間が）再生され続ける．」というローズの言葉はこのようなことを指している．

一方，年単位の空間変化には，植栽された植物の成長，構成素材の経年劣化，それに住人の成長や家族構成の変化といった要因が関係する．1953年に自らの手で完成させたローズ邸には，当初家族2人とともに住んでいたが，1991年に没する際には1人であった．彼は空間思考を実現する場として自邸を位置づけていたようで，改変の経緯を複数の著作で紹介した．約40年にわたるデザイナー自身の改変に，植物材料の変化が加わり，建設当初と2000年現在の空間を図面で比較すると，その変化の大きさがわかる（図3.20）．

天井要素では，かつて屋外空間の天井を形成し，格子状の影を床面に投影していたルーバーの大部分が，屋内空間の拡張にともない屋根に取り込まれた．また，当初はかなり疎であった高木が成長し，鬱蒼とした天蓋を屋外に形成している．

側壁要素の変化をみると，当初は屋内空間の間に存在した屋外空間を取り込むように，屋内空間が増殖したことがわかる．同時に，外部に対して不透過な要素が増え，開口部にも障子戸が入れられ，さらに当初は平屋だった屋上に膜で覆われた瞑想室が設けられて，外部から閉じた内部空間が増殖した．

床面要素では，当初のアスファルト舗装や平板舗装による幾何学形が姿を消し，板石張による不規則なパタンが占めるようになった．また，当初は屋外での活動のため主庭は平坦なテラスであったのが，レベル差および水面の導入により平坦部分が少なくなった．

これらの変化を受容する仕組みが建設当初の空間に備わっていた．屋根の屋外延長として居室をつなぐルーバー，居室と屋外空間の交互配置，屋外における機能重視の簡易舗装である．

3.7 近代ランドスケープの先にあるもの

この章では，近代ランドスケープを代表するデザイナーの空間論と作品を6つの視点から考察し，屋外空間の形について解釈を深めてきた．最後に本節では，近代ランドスケープに認められるそれらの視点の延長上にある現代の事例を紹介し，今後のランドスケープ・デザインの方向性を展望する．

3.7.1 再生

場の可能性をいかすという視点の先には，近年頻繁に聞かれるようになった再生という概念がある．その代表事例としては，ガス・ワークス・パーク（シアトル，ワシントン州）が挙げられる．1906年に建設され，カナダからのパイプライン設置にともない1956年に閉鎖されたガス製造工場の跡地を，1962年に公園用地として市が購入した．リチャード・ハーグは，当初撤去される予定だった工場遺構をいかすよう計画し，当局や市民を説得して1973年に開設した．屋根や骨組を利用し，木デッキを追加して，工場を屋内の遊び場に改装した．工場内の機械や配管を様々な原色で塗装し，説明板を付け，触れられるようにした．敷地全体を芝生とし，屋内遊び場と反対側に丘を造成，園路で結んだ．園路沿いには施設が残され，モニュメントとして点在する．

また，エムシャー川流域計画（ノルトライン・ヴェストファーレン州，ドイツ）は，産業遺構の再生により地域全体の再生をめざす．かつて炭鉱と製鉄で栄えたものの，環境汚染と地域経済の衰退に悩むこの地域で，1989年に公社IBAエムシャー・パークが設立され，1999年までに100をこえるプロジェクトが推進された．下水システムで川の水質を改善するとともに，工場跡地を公園化しオフィスや住宅をつくり，運河を余暇空間として，そして，産業遺構を交流施設やスポーツ施設として再生させた．例えば，ボタ山でのレーザーショーや製鉄所でのコンサート，ガスタンクに注水してダイビング・スクールのプールとして活用，水門や運河を巡る近代遺産ツアー等である．

近代社会の産物も含め，当初の役割を終えたものに，いかなる空間的可能性を発見し，新たな空間として再生させるか，形に対する観察眼と創造性，そして実現のための技術力が，これからのデザイナーには求められる．

3.7.2 非予定調和性

ヒトの生息空間，透明な部屋，素材のコラージュ，構成主義の空間といった視点には，近代の美の表現という側面と，あらかじめ想定した機能や体験にもとづき空間を構成するという予定調和の側面とがある．透明性，コラージュ，構成主義といった近代芸術の技法を用いながらも，予定調和でない空間の形を提示したのが，ラ・ヴィレット公園設計競技（1983，パリ）の当選案（ベルナール・チュミ）と2等案（レム・コールハース）である．本設計競技では，従来のものと異なる新しい都市公園を提案することが求められた．審査の過程で最終まで比較議論された両案に共通したのは，利用形態を想定するゾーンとして空間を分節し形を決めるのではなく，予測不可能な行為や出来事を誘発し得る形を探究したことである．

チュミは，偶然の出来事に遭遇する都市の現実を，点（フォリーと呼ぶ10m立方体で中身可変の建物），線（園路，並木），面（広場，グランド，芝生，池）の重ねあわせで生じる様々な組み合わせという形で表現した．そうすることで，例えば，ジャズバーのフォリーと園路が2階部分で交差し，ジャズの演奏中にジョギング中の人が目の前を横切る，といった偶然の出来事が起こるよう期待した．一方，コールハースは，畑作，釣り，乗馬，凧揚げといった自然を対象とする体験を徹底的に案出し，それらの体験できる空間を帯状に連続させ，敷地いっぱいに帯を並べた．そうすることにより，トラクターで畑を耕している横ではプールで水泳を楽しむ風景が，さらにその横では丘の上で凧揚げを，といった異種体験が隣接する状況が生じることを期待した．オフィス，オイスター・バー，ボクシング・ジム等の異種空間が鉛直方向に積層するニューヨーク・マンハッタンの超高層ビル群から想起された形である．

従来型の計画による形と比較して，両案が非予定調和的であるかどうか，検証は難しい．むしろ，形を最初から造り込んでいくと，どんな形であれ予定調和性が強まる可能性がある．両案の試行から学ぶべきことは，魅力的なドローイングによって示された完成形ではなく，いかなる関係性や状況をどのような形で創出するかということである．そのためには，場の観察からはじめて，具体的に空間の形を変える段階に至っても，一気に完成までもっていくのではなく，継続して空間と関わり続けることがデザイナーに求められる．

3.7.3 プロセス

空間に対する関わりが継続し形が変化するプロセスこそ，ランドスケープ・デザインの本質だといえる．ローズが示した空間のモルフォシスという視点の先には，不特定多数の市民が空間との関わりをもつプロセスのデザインがある．ダウンズヴュー・パーク設計競技（1999，トロント，カナダ）では，市に長期貸与される128 haの空軍跡地を対象として，生態，歴史，余暇の視点から，長期的かつ柔軟な公園形成プロセスの提案が求められた．170余の提案の中から以下の5案が最終選考に進んだ．立ち現れるランドスケープ（ブラウン・アンド・ストーニー・チーム），立ち現れる生態（コーナー・アンド・アレン・チーム），新たに統合されるランドスケープ（エフ・オー・エー・チーム），樹木都市（オー・エム・エー・チーム），デジタルとコヨーテ（チュミ・チーム）．後者2案は奇しくもラ・ヴィレットの最終2案と同じデザイナーによるものである．

これらの案のタイトルが示すように，各案とも跡地の景観変化の長期シナリオを描いている．各チームは生態や水文の専門家と建築家やランドスケープ・デザイナーの混成である．例えば，凹凸の地形を造成し，水分条件の違いを造り出して，湿地，草原，落葉樹林などの多様な植生と環境を創出する（コーナー・アンド・アレン・チーム），クローバーを蒔いてすきこんだ後に麦を育て土作

りをするところからはじめる（オー・エム・エー・チーム）といった土地の継続的な管理を前提として，スポーツ，文化，余暇プログラムの育成を描いている．

　これらの案を示した，建築やランドスケープの領域で最先端をいくデザイナー達が，完成形を描いてみせるのではなく，土地への継続的な関わり方と結果としての形の変化を示したことは特筆すべきである．つまり，空間との関わりを深めるほど，形の意味も深まるという認識が，これからのデザイナーには必要である．

参考文献

ガレット・エクボ，久保　貞他訳（1970）アーバン・ランドスケープ・デザイン，鹿島出版会．

ガレット・エクボ，久保　貞他訳（1972）景観論，鹿島出版会．

ガレット・エクボ，久保　貞他訳（1986）風景のデザイン，鹿島出版会．

ガレット・エクボ（1990）ランドスケープの思想，プロセス・アーキテクチュア 90．

ダン・カイリー（1982）ランドスケープ・デザイン，プロセス・アーキテクチュア 33．

ダン・カイリー（1993）ランドスケープ・デザインⅡ：語りかける自然，プロセス・アーキテクチュア 108．

landscape network901 編（2001）ランドスケープ批評宣言，INAX 出版．

佐々木葉二，曽和治好，村上修一，久保田正一（1998）ランドスケープ・デザイン，昭和堂出版．

ピーター・ウォーカー，メラニー・サイモ，佐々木葉二，宮城俊作共訳（1997）見えない庭－アメリカン・ランドスケープのモダニズムを求めて，鹿島出版会．

4 博覧会とランドスケープ

19世紀半ばにはじまった万国博覧会は産業革命の申し子であり,各国の近代産業の進展を広く喧伝する装置でもあった.また,近代都市空間に市民が新たに体験できる非日常空間を創出した.その会場は都市内の主要な位置に,広大な面積を必要とした.また,都市構造にも,あるいはその後の都市計画にも影響を与えた.例えば1867年パリ万博はシャン・ド・マルス(練兵場)をメイン会場として開催されが,この時期,ナポレオン三世はセーヌ県知事オースマンをして,パリの大改造を断行している.オースマンのもとで実務を担当した土木技師アルファンはトロカデロの丘を博覧会場にするため土地を造成した.このパリ万博は都市改造の機会を提供したといえる.

博覧会は都市に新たなインパクトを提供し,様々な技術者,専門家が登場し,博覧会という"場"を求めて活躍する.造園家,建築家,都市計画家,土木技術者たちは博覧会で新たな発想を具現化する.

表4.1 主な万国博覧会一覧(第2次世界大戦以前)

博覧会		会場
1851	ロンドン万国博覧会	ハイド・パーク
1853	ニューヨーク万国博覧会	ブライアント・パーク
1855	パリ万国博覧会	シャンゼリゼ/トロカデロ広場/シャン・ド・マルス
1862	ロンドン万国博覧会	ケンジントン・ガーデン
1867	パリ万国博覧会	シャン・ド・マルス
1873	ウィーン万国博覧会	ブラーター公園
1876	フィラデルフィア万国博覧会	フェアモント・パーク
1878	パリ万国博覧会	シャン・ド・マルス/トロカデロ広場他
1889	パリ万国博覧会	シャン・ド・マルス/トロカデロ広場他
1893	コロンブス万国博覧会	ジャクソン・パーク(シカゴ)
1900	パリ万国博覧会	シャン・ド・マルス/トロカデロ広場/アンバリド他
1904	ルイジアナ購買記念万国博覧会	フォレスト・パーク(セントルイス)
1915	パナマ太平洋万国博覧会	フォート・メーソン/金門公園他(サンフランシスコ)
1926	フィラデルフィア万国博覧会	リーグアイランド・パーク
1930	リエージュ産業科学万国博覧会	ムーゼ河畔広場(ベルギー)
1933	シカゴ万国博覧会	ミシガン湖畔
1937	芸術及技術近代生活パリ万博	トロカデロ広場/セーヌ河畔
1939	ニューヨーク万国博覧会	フラッシング湾岸

4.1 造園家と博覧会

18世紀，イギリスでは風景式庭園が流行し，ウイリアム・ケント，ランスロット・ブラウン，ハンフリー・レプトン等多くの造園家が活躍した．19世紀になり，イギリス各地で産業革命後の工業化と都市の急速な人口増加が都市環境を悪化させた．資本主義の発展に伴って，市民社会が形成される一方，新たな環境問題の惹起により公園の必要性に迫られる．造園家も新たな分野である公園設計を目指すことになる．当時この分野で著名な造園家としてジョン・クラウディウス・ラウドン（1783～1843）とジョゼフ・パクストン（1803～65）がその先達として活躍する．ラウドンは1822年に出版した『園芸百科』（Encyclopedia of Gardening）で早くも公共緑地（public open space）の必要性について述べている．

1843年にラウドンが没した後，パクストンは公園設計者として，最も重要な人物となる．パクストンは1851年，ロンドンのハイド・パークで開催されたロンドン博のクリスタル・パレス（水晶宮）の設計を行い，その功績により，サーの称号をビクトリア女王から授けられる．後にシデナムにこのクリスタル・パレスを移築し，人気を博するが，残念ながら1936年に火災で失われる．

クリスタル・パレスについて述べる前に彼の経歴について少し触れておきたい．パクストンは1803年8月3日，ロンドンの北西にあるベッドフォードシャー，ウォバーン近くのミルトンブライアント村の小農の七男に生まれる．15歳の時にウォバーンに近いバトルスデン・パークで兄の元で見習いの庭師として働いていた．このバトルスデン・パークは貴族のプライベートな庭園であった．当時，貴族たちが庭園を屋敷内に設け，そこに珍しい植物を蒐集栽培することが1つの趣味として定着していた．

その後，1823年，チズウィックに新しく作られた園芸協会に職を得る．チズウィック・ハウスに隣接するこの園芸協会（後の王室園芸協会）の庭はデボンシャー公の広大な屋敷の小さな庭の一つであった．このデボンシャー公にその実力を認められ，造園家としてその第一歩を踏み出す．3年後にパクストンはデボンシャー公のチャッツワースの庭園の総監督となる．そこで彼は温室を造っている．最も大規模なものは奥行83 m，間口37 m，高さ20 mに及ぶものであった．パクストンは当時，産業革命で量産が可能となった鉄とガラスによりクリスタル・パレスを造り上げたが，すでに彼は温室の設計でこの材料を用い実験を試みていたのである．それまでの温室は煉瓦造の構造で重厚で高価であるのに対し，鉄とガラスの温室は軽量で，光量が十分に入り，その上安価であった．さらに彼の名を一層高めたのは，1849年11月，ヨーロッパで初めて南米産のオオオニバスを彼の設計した温室で花を咲かせたことである．

さて，世界初の万国博覧会の開催は王室芸術協会会長でもあったヴィクトリア女王の夫君，アルバート公が輝かしい大英帝国の文明国として，その威信を世界にアピールするため，1850年1月に王立委員会を組織したことからはじまる．会場は当初レスター・スクエアが候補にあがったが，最終的には王室所有のハイド・パークが選定された．博覧会の目玉である会場建物の設計は公募し，入選作がない場合にはいくつかの応募作品の合成も視野に入れていた．しかしながら採用に値する設計は現れなかった．建築委員会でも自前で設計案が検討されたが，レンガ建築でしかも開会予定日まで10ヵ月しかなく，ほとんど不可能な状況に陥っていた．たまたま，この状況を知ったパクストンは大温室案を提示した．建築委員会では反対意見が多かったが，パクストンは設計案を『イラストレイティッド・ロンドン・ニュース』に公

表し，世論は彼の案に好意的であり，最終的に採用された．1850年7月30日起工，5ヵ月後に完成した"クリスタル・パレス"（この愛称は『パンチ』誌が名付けた）は王立委員会に引き渡された．工法は部材の規格化によるもので，今で言うプレハブ方式であった．建物の規模は長さ563 m，幅124 m．使用した材料，鋳鉄材3800 t，錬鉄700 t，30万枚のガラス，60万立方フィートの木材であった．1851年5月1日，ヴィクトリア女王臨席のもと開会式が行われた．会期は141日間であった．博覧会終了後，建物は取り払うことになっており，世論は保存派と解体派に分かれ一時議論が沸騰したが，結局は解体することとなった．パクストンはクリスタル・パレス会社を設立し，水晶宮を王立委員会から買い取り，ロンドン郊外南東約13 kmの住宅地シデナムの丘陵地に移築した．彼はここで新しいタイプの遊園地を造る意図をもっていた．ヴィクトリア女王も臨席し，1854年6月10日に開園式を行った（図4.1）．ここではパクストンはイタリアのバロック様式のデザインを採用し，周囲を眺望できる連続した大テラスにヴェルサイユをしのぐ大噴水，カスケード，水の神殿を設け，大規模の花壇を集中させた．そして水晶宮は規模を拡大し，丘陵の最上部に再建された．ロンドンの新しい名所として人気を博し，花火大会，花や犬の品評会など様々な催しが行われた．死後，1869年にはパクストンの彫像が建てられた．現在もクリスタル・パレス公園内にある．パクストンはその後，1853年のニューヨーク万博の水晶宮の設計もしている．

フレデリック・ロー・オルムステッド（1822～1903）は建築家カルバート・ヴォーとともにコンペに参加し，ニューヨークのマンハッタン島にあるセントラル・パークの設計者となったことで有名であるが，彼がまだ造園家として活躍する前，農場経営のために農業技術先進国のイギリスを訪れたことがあった．当時，イギリスはロンドン，リヴァプール，マンチェスター等の都市で次々に公園が設置され，公園事業でも最も進んでいた．オルムステッドはパクストンが設計し，1847年にオープンしたバークンヘッド公園を農場事情視察の1850年と1859年の二度訪れている．バークンヘッド公園は初めて公的資金投入により，公園の周囲に住宅地開発をし，自治体自身が設置した公園であった．そこに用いられた都市交通と公園を分離するシステムは独創的であった．公園の周

図4.1　シデナムの丘に移築されたクリスタル・パレス
(Conway, H. : *Public Parks.*, Shire Publication, 1996.)

辺道路，公園を横断する道路は厳しく公園へのアクセスが制限される一方，公園内の馬車道と歩道は明確に分離され利用者に便宜がはかられた．オルムステッドが後に設計することになるセントラル・パーク内の歩車道分離，横断道路の交通システムを導入するにあたって，バークンヘッド公園の実見は大いに役立つものであった．また，オルムステッドはこの公園ではあらゆる階級の市民がその恩恵を享受できることに驚き，民主主義を標榜するアメリカにはまだこういう考え方はないと衝撃を受けた．オルムステッドはこの1850年のイギリスと欧州大陸の6ヵ月の徒歩旅行を，かれの最初の著作『アメリカ農夫のイギリス徒歩旅行話』(Walks and Talks of an American Farmer in England) として1852年に出版し，その中でリバプール近くのバークンヘッド公園について記し，また，造園家アンドリュー・ジャクソン・ダウニングが主宰していた『園芸人』(Horticulturist) にも熱心にその詳細を投稿している．

さて，オルムステッドが万国博覧会に関係するのは，彼の晩年になってからである．オルムステッドはシカゴ博覧会の計画設計に参画する．この万国博覧会はコロンブスのアメリカ大陸発見400年を記念するものであった．

会場はミシガン湖畔の湿地であった「ジャクソン公園」．この公園は博覧会開催時には公園として整備されていなかった．このジャクソン公園は1870年にオルムステッドとかれのパートナーであった建築家カルバート・ヴォーがシカゴ南部公園委員会から委託され公園計画案を練り上げたものであった．シカゴ市は1869年2月までに3つの公園系統（北部・西部・南部）に分割する議案が成立していた．この3つの公園系統は残念ながら統一したデザイン的な考え方が取られず，各公園委員会がそれぞれの地区を担当することになり，南部公園委員会からオルムステッドに委託されたわけである．ところが翌1871年10月9日，シカゴ大火が発生し，中心市街地730 haが焦土となった．2つの公園をつなぐ公園系統計画が失速した．それに関する記録，契約書，南部公園のプランが失われたが，後のワシントン公園の一部と4本のパリ風のブールバールは建設された．しかし，ジャクソン公園は手を付けられることはなかった．この土地自体はイリノイ・セントラル鉄道の所有地であったが，その後，市はこの地を公園用地として買収した．

この土地が1893年のコロンブスのアメリカ大陸発見400年記念の会場として選ばれることになる．1889年，博覧会の開催地に立候補したのはニューヨーク，フィラデルフィア，セントルイス，シンシナティ，ワシントンそれにシカゴであった．パリが1889年に第4回の万国博を開催することが伝わると，国の威信にかけてそれに対抗できる都市はニューヨークかシカゴしかないと両都市の誘致合戦が激しさを増したが，設立資本金500万ドルを用意したシカゴが1890年2月に選ばれた．当初1892年開催予定であったが，準備期間があまりにも短いため，開催は翌年の1893年に変更された．オルムステッドにとって，今回の博覧会開催は公園整備の絶好の機会となった．当初博覧会協会は会場にワシントン公園を充てようとしたが，南部公園委員会は「ジャクソン公園」を含む，当時まだ荒涼として，土地改良もされていないミシガン湖畔の敷地を博覧会場地にするよう働きかけた．もちろん委員会の要求はオルムステッドの意見が反映したものであった．会場はミシガン湖畔の自然環境を生かし，また，湿地を浚渫し人工湖を造り，その周囲に展示館が配置された．オルムステッドと旧知のシカゴの建築家ダニエル・ハドソン・バーナムとジョン・ルートが会場責任者となった．会場の建築は新古典主義様式で白一色に統一された．人工湖の中島 (Wooded Island) の北の端には日本館の展示である日本茶屋と鳳凰殿が建てられている．鳳凰殿は日本建築の粋をあ

つめ，国宝の平等院鳳凰堂を模し，一連三棟の建物で建築内部の装飾は平安期，室町期，江戸期の三期のデザインを取り上げ，貴族大名の生活，風俗を展示した．その周囲に日本庭園が造られた．

博覧会終了後に鳳凰殿を含めた日本庭園がシカゴ市に寄贈された．また，このシカゴ博会場はホワイト・シティーと呼ばれ，その後の都市美運動の発端ともなった（図4.2）．

4.2 万国博覧会の日本庭園

著書によって日本庭園が広く知られるようになるのは，お雇い外国人の建築家ジョサイヤ・コンドル（1852～1920）が1893年に英文で書いた本格的な日本庭園の解説書『日本の造庭術』（*Landscape Gardening in Japan*）が出版されてからであろう．それまでは断片的な情報が日本見聞記に記されているにすぎなかった．ところが万国博覧会を契機に仮設の日本庭園が造られ，外国人たちは日本に行かなくても博覧会場で日本庭園を実見できる機会を得た．かれらにとってエキゾチシズムを満足させることができた．では，はたして海外の博覧会場に設けられた日本庭園が本来のものかどうかは疑問を抱かざるを得ないが，少なくとも日本にとって日本文化，あるいは日本を世界にアピールする上で日本庭園は非常に効果的であったことは間違いない．19世紀後半にヨーロッパ美術に日本趣味（ジャポニスム）が影響を与えたことはよく知られているところではあるが，日本庭園はそのエキゾチシズムの一端を博覧会で披露したといえるであろう．本節では万国博覧会開催時に築庭された日本庭園をいくつか取り上げたい．

日本政府が初めて万国博覧会に参加したのは1873年（会期：5.1～11.1）のウィーン万博であった．オーストリア皇帝フランツ・ヨーゼフ一世の治世25年を記念する万国博である．会場はドナウ川河畔のプラーター公園であった．この公園は王の所有地であり，元は狩猟地として利用されていた．会場を整備するに際し，ドナウ川運河の改修工事も並行して行われ，万博が都市改造の契機となった．会場敷地約183ha，建物総面積約25ha，これは1867年のパリ博の会場シャン・ド・マルス会場（約16.5ha）の10倍以上の規模であった．会場中央にはドーム型の「産業宮」が位置し，各国のパビリオンはメルカトールの世界地図をもとに配置された．このドームはローマのサン・ピエトロ大聖堂のドームの直径の2倍という巨大なものであった．会場周辺は樹木に囲まれ，視覚的な観点から会場配置が行われ，壮麗な会場となり高い評価を得た．

この博覧会で日本は神社風の庭園を造った．そのデザインは農学者津田仙が主任となり，東京の庭師宮城忠左衛門，内山半右衛門，佐久間芳五郎が作庭にあたった．面積は約1300坪，白木の鳥居を設け奥に神社を一宇建てた．神社に至る道の両側には売店が設けられた．神社の前には池が穿たれ，金魚，小亀を放ち，池に架けられた反橋には欄干が付けられた．博覧会終了後，鳥居や神社，木石等庭園のすべてがイギリスのアレキサンドル・パーク商社に600ポンドで売却される（図4.3）．

1876年（5.10～11.10），独立百周年を記念して，独立宣言の地でフィラデルフィア万国博覧会が開催された．会場はフェアマウント公園であった．この公園は大きさだけ比べればウィーンのプラーター公園を遙かに凌いでいる．スクールキル川の両岸に拡がりその面積は1100haを越えている．博覧会の会場面積は約115ha，建物面積は約29haであった．この博覧会は理化学と教育部門の展示が強調された．また，機械時代の到来したアメリカを象徴するように，ベルの電話機，エジ

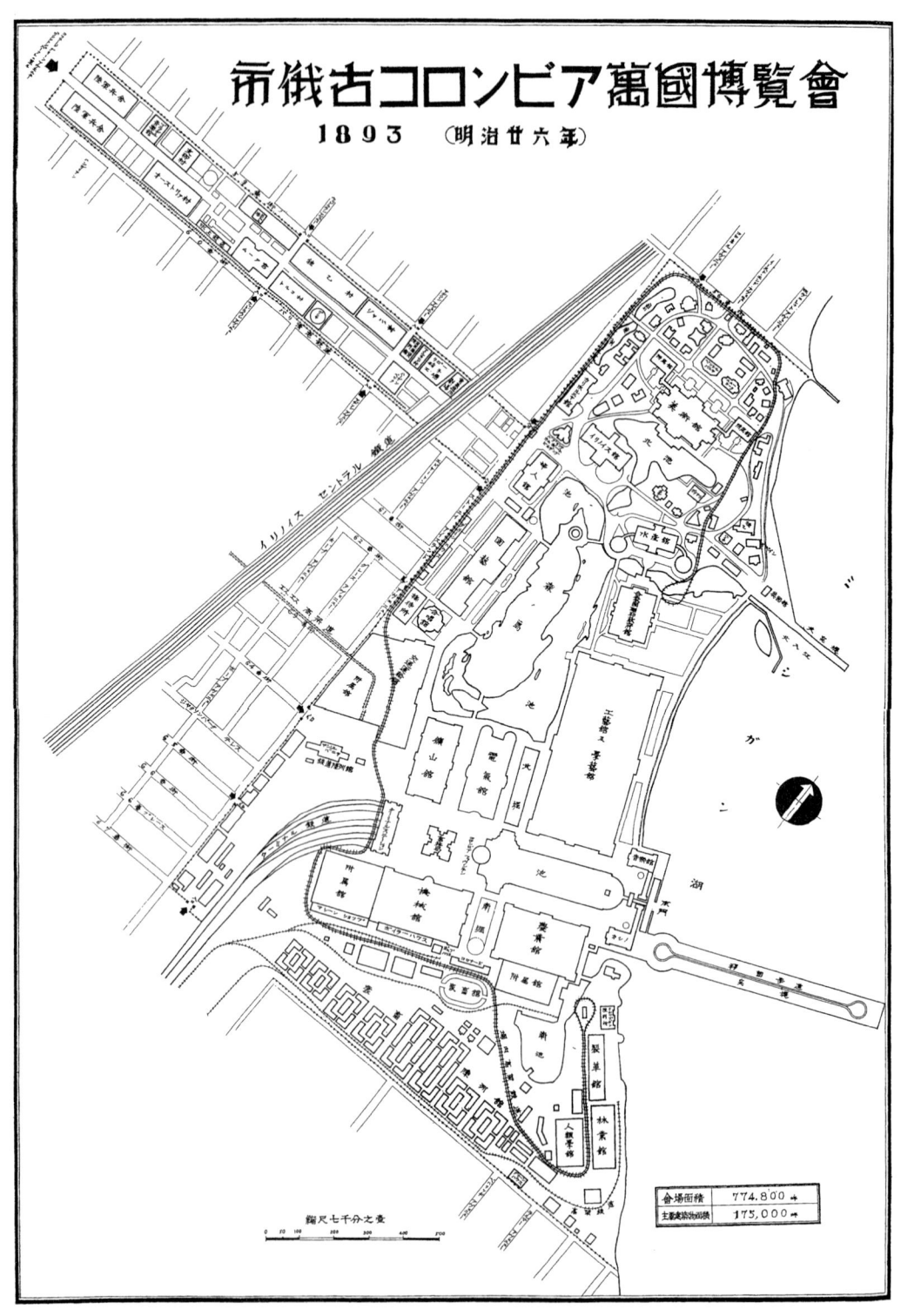

図4.2 コロンブス万国博覧会会場（1893，シカゴ）
◎：鳳凰殿（商工省商務局：重要万国博覧会会場配置図，1937）

4.2 万国博覧会の日本庭園

図 4.3 ウィーン万国博覧会（1873）の日本庭園
(Bordaz, R., Janicot, D. 他：*Le livre des expositions universelles* 1851–1989, Paris, 1983)

ソンの二重電信，ミシン，タイプライター，空気制動機などが出品され人気を博した．

日本は内務省の勧業寮がその事務局となり，内務卿大久保利通が総裁，陸軍中将西郷従道が副総裁となった．さて，日本庭園の方であるが勧業寮が出品している．日本の売店の周囲に樹木，灌木，草花を配し，日本庭園を作ったのは，ウィーン博にも派遣された庭師宮城忠左衛門である．石灯籠，景石を据え，竹垣を作っている．日本のお雇い外国人であるドイツ人のゴッドフリード・ワグネルが日本庭園について報告書に一文を記している．

19 世紀最後の 1900 年のパリ万博までに，パリ万博は 1855 年，1867 年，1878 年，1889 年の過去 4 回開催された．会場は年により多少異同はあるが，パリの中心であるトロカデロ広場，シャン・ド・マルスがその主会場となっている．わが国は 1867 年のパリ万博に徳川幕府，薩摩・佐賀両藩が若干の出品をして参加している．1878 年の第 3 回パリ万博ではセーヌ川に架かるイエナ橋を過ぎ，左手のトロカデロ広場に日本庭園と茶室が造られた．トロカデロ宮殿はこのときに建築されたものである．1889 年の第 4 回パリ万博はフランス革命百年を記念して開催され，その記念として建設されたエッフェル塔で話題を呼んだ．この博覧会でも日本庭園が造られている．1900 年の第 5 回目となるパリ万博（4.15〜11.12）では，日本庭園はトロカデロ庭園の東隅に造られた．この庭園内に法隆寺金堂に模した特別館が建設された．間口 24 m 余，奥行 18 m，高さ 20 m の日本古来の建築美を表現しようとした．ただし，材料はすべて現地調達し，例えば瓦は亜鉛板で作られた．館内には古美術品を展示した．政府はこの博覧会の園芸部門に新宿植物御苑（後の新宿御苑）掛長の福羽逸人を事務官として派遣した．福羽の指導のもと彼の部下であった宮内省内匠寮技手の市川之雄と園丁の相田春五郎がフランス産の菊で「千輪造り菊花」を作り，大賞を受賞した．市川は前年に会場準備のため渡仏し，日本庭園を築造している（図 4.4）．

1925 年のパリ万博では日本館まわりに庭師の蘆川理三郎が日本庭園を築造した．

1893 年のシカゴ博での日本庭園については前

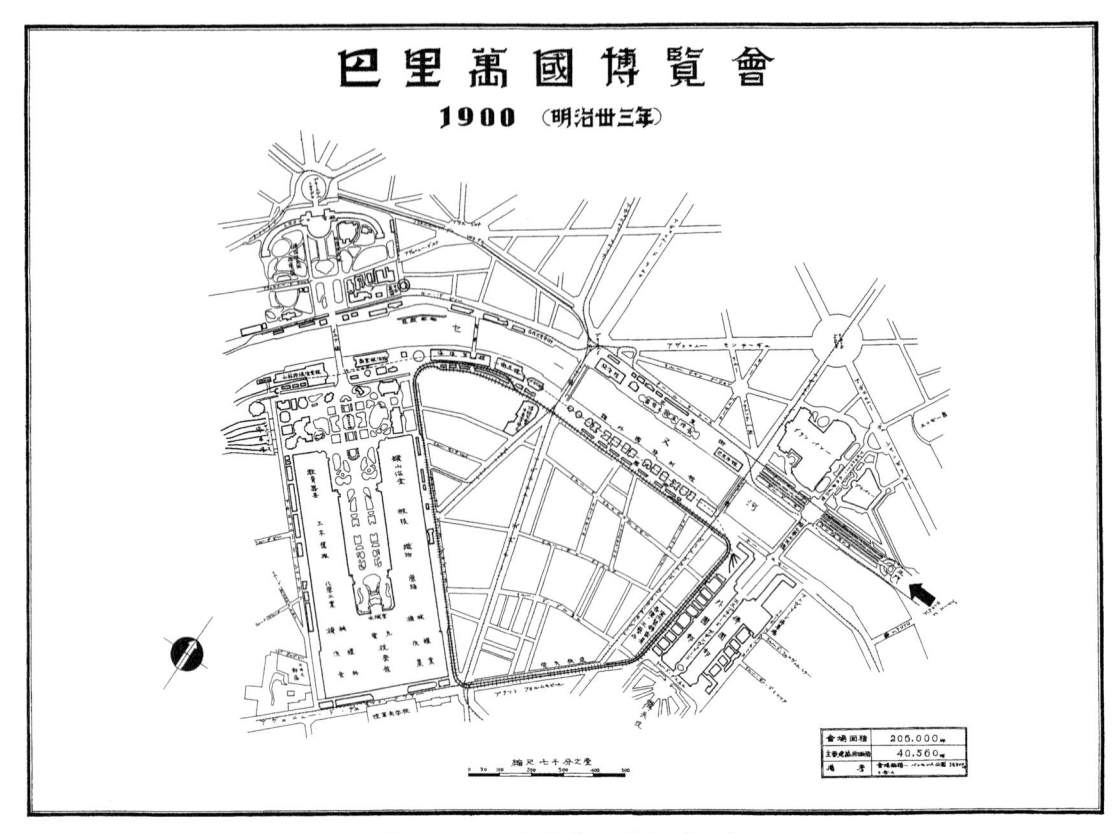

図4.4 パリ万国博覧会会場図（1900）
◎：日本庭園（商工省商務局：重要万国博覧会会場配置図，1937）

節ですでに触れたが，市制施行百年を記念して1933年にもシカゴで万国博覧会が開催された．この博覧会で初めて開催のテーマが公式に採用され，「進歩の一世紀」と名をうった．会場は1893年の会場であるジャクソン公園は使われず，その北方のミシガン湖畔，イリノイ・セントラル鉄道に隣接する土地であった．日本庭園は東京市公園課長井下清が指導し，現地での実施はシカゴ在住の川本政助，フロリダ在住の大塚太郎が築造にあたった．春日灯籠，雪見灯籠，五重塔は日本から運んだが，樹木はアラバマ州の日本人の植木屋から購入し，景石などは擬岩で間に合わせている．庭園面積は約500坪，本館周りは平庭とし，茶室，茶庭も造られた．

1904年（4.30～12.1）のセントルイス万博への参加は前年の第5回内国勧業博覧会の開催，対外的には日露間が緊張をはらんできた時期であり，政府は一時は参加を見合わせたが，アメリカからの熱心な誘致で参加することになった．この万博はフランスからルイジアナ州を買収して百年を記念して開催された．会場はフォレスト・パークの西部，約480 haの広大な面積である．日本庭園も約1.4 haで，宮内省内苑局の福羽逸人が博覧会開催の前年に渡米し，現地調査を行い，庭園の設計案を提出した．現地での築造は農事試験場技師となっていた元福羽の部下であった市川之雄が委嘱され，園丁の吉野竹次郎を伴い行った．園内には金閣に模した喫茶店，平安期の寝殿造風の本館などが配置された．雪見形，春日形，利休形，大仏形の石灯籠は大阪の山中商会から出陳させ，また，樹木は横浜植木商会から取り寄せた（図4.5）．

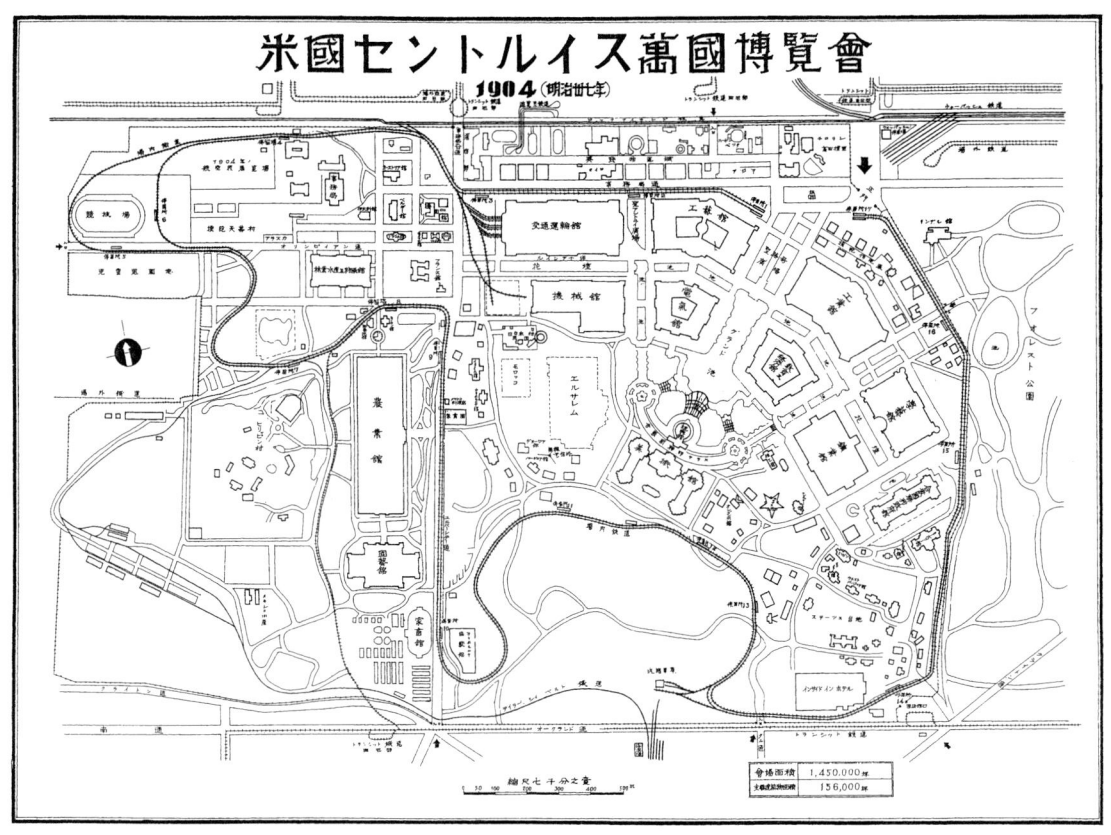

図4.5 ルイジアナ購買記念万国博覧会会場図（1904）の日本庭園
◎：日本庭園（商工省商務局：重要万国博覧会会場配置図，1937）

表4.2 日本庭園が造られた主な海外の博覧会（第2次世界大戦以前）

1873	ウィーン万国博覧会
1876	フィラデルフィア万国博覧会
1878	パリ万国博覧会（第3回）
1889	パリ万国博覧会（第4回）
1893	コロンブス万国博覧会（シカゴ）
1894	サンフランシスコ市博覧会
1900	パリ万国博覧会（第5回）
1901	イギリス万国博覧会（グラスゴー）
1904	ルイジアナ購買記念万国博覧会（セントルイス）
1909	アラスカ・ユーコン太平洋博覧会（シアトル）
1910	日英博覧会（ロンドン）
1915	パナマ太平洋万国博覧会（サンフランシスコ）
1925	万国装飾美術工芸博覧会（パリ）
1930	ベルギー独立100年記念リエージュ産業科学万国博覧会
1933	進歩の世紀博覧会（シカゴ）
1937	芸術及技術近代生活パリ万国博覧会
1939	ニューヨーク万国博覧会
1939-1940	ゴールデン・ゲート万国博覧会（サンフランシスコ）

万国博覧会ではないが，1910年（5.14～10.29）に日英博覧会が開催された．会場はロンドンの西，シェパード・ブッシュ地区で，この博覧会では2つの日本庭園の設計がなされた．1つ

第4章 博覧会とランドスケープ

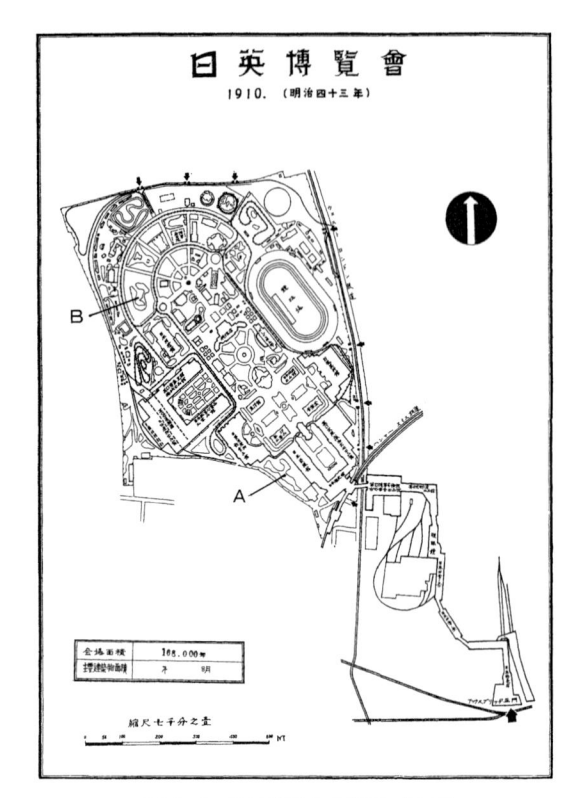

図4.6 日英博覧会会場図（1910）
（商工省商務局：重要万国博覧会会場配置図より一部編集）

は庭園史家の小澤圭次郎が設計（図4.6のA地区）し，面積3020坪，築山泉水造で平安時代の庭園様式を擬したものであった．もう一つは洋画家の本多錦吉郎の設計（B地区）で面積3260坪，周囲が建築物に囲まれているため，箱庭盆景的な発想からどこから見てもいい庭園を築庭した．敷地中央に池を穿ち蓬莱島を屹立させ，険しく切り立った崖から瀑布を落とすというアイデアである．もちろん園内には茶室，茶庭も設けている．2つの庭園は井澤半之助が主任技術者として，植木職3名を伴い渡英し，築造にあたった．この後も表4.2にあるように万博での日本庭園の築造は続けられた．

以上みてきたように，日本政府は主要な万国博覧会には"日本庭園"を出品している．そこでは多くの造園家，庭師が腕を振るってきた．博覧会での日本庭園は日本人の目からみると必ずしも満足する庭園ができたわけではない．1901年のイギリス万国博覧会では「我邦人ノ眼ヨリ見ルトキハ，実ニ植木屋ノ一庭園ニモ劣」ると多少自嘲気味に『出品同盟会報告』に記されている．しかし，後進国日本がエキゾチシズムを前面に出し，外国と対峙できるものが日本庭園であったことも容易に推察できる．

また，国内で開催された博覧会においてもまた，その開催記念のため日本庭園が造られている．戦後初の大阪万博においてもしかりである．対外的に見て，日本庭園というものが価値あるものとして，認識されていることは明らかである．

4.3 日本における博覧会開催と公園

博覧会開催と公園についてはすでに前節でも触れているが，この節では日本の状況について検討したい．近代都市が発展する過程で，都市計画を考える場合，社会資本として公園緑地を配置することは避けて通れない．その1つの契機となったのが産業振興をアピールする博覧会開催であり，その会場となったのが公園であった．日本は欧米諸国に追いつくために，様々な近代化政策を行ってきたが，公園設置もそれに含まれる．明治6（1873）年1月15日の公園設置に関する太政官第16号により，これ以降，各地で社寺境内地が公園地に指定され，いくつかの公園では博覧会が開催された．例えば，明治9（1876）年の宮城県博覧会が仙台の桜ヶ丘公園で，明治12（1879）年の長崎博覧会が長崎公園で開催されている．しかし，地方の博覧会は概して小規模的なもので，以下に述べる公園と比較すると都市に対する影響は少なかった．

国をあげての内国勧業博覧会は5回開催されたが，第1回から第3回までは帝都東京の上野公園で開催された．上野公園は国の殖産興業の啓蒙のための施設となる．まず，上野公園開設の経緯について少し述べたい．

上野公園は東京府が元寛永寺境内を太政官第16号に基づき，明治6 (1873) 年5月に申請を行い，その結果誕生した公園である．しかし，それ以前は陸軍省と文部省用地であった．東京府の申請により，陸軍省用地は東京府へ引き渡されたが，文部省用地については返還されることなく，明治6年8月時点でも主要部は文部省用地となっていた．ところが，明治政府は先に述べた1873年のウィーン万博参加を経験し，勧業政策にとって上野の地が重要な場所であるとの認識がなされる．文部省用地であった中堂跡は一時東京府に渡され府の公園となったが，明治9 (1876) 年1月，公園の所管が東京府から内務省博物局に移る．また，明治11 (1878) 年1月には文部省所管の本坊跡も内務省に引き渡され，博物館用地となる．第1回内国勧業博覧会開催の地均しがなされたことになる．2ヵ月後の明治11年3月から内国博覧会が開催される．ちなみに第2回が明治14 (1881) 年，第3回が明治23 (1890) 年の開催である．

国家的な殖産興業振興の公園となった上野公園は博覧会開催により新たなレイアウトの機会を提供した．もちろん多くの博覧会建物は仮設であったが，そのいくつかはその後も教育施設，啓蒙施設に利用され存続した．大正12 (1923) 年9月1日の大震災で博物館が崩壊し，当初の建築物は姿を消したが，翌年の1月，上野公園は東京市に下賜され，「上野恩賜公園」となる．大正15 (1926) 年には東京府美術館，学士院会館，昭和6 (1931) 年には東京科学博物館，昭和12 (1937) 年には帝室博物館が竣工される．上野公園が近代的な公園として生まれ変わる契機となったのは博覧会の開催であるといっても過言ではない．内国博以降

も数々の博覧会が上野公園で開催される．明治40 (1907) 年の東京勧業博覧会は入場者約680万人（上野公園の内国博で最も多かった第3回が102万人余），大正3 (1914) 年の東京大正博覧会では750万人近い入場者を記録している．大正7 (1918) 年の電気博覧会（約115万人），大正11 (1922) 年の平和記念東京博覧会 (1103万人余) などが続いている．イベント的には賑やかな様相を博覧会時にはたもってはいたが，しかし，上野公園は明治中期から昭和戦前期にかけて，明治21 (1888) 年日本美術協会列品館，同39 (1906) 年上野帝国図書館，同41 (1908) 年帝室博物館表慶館（現存），先に述べた東京府美術館，学士院会館，東京科学博物館，帝室博物館等が竣工し，徐々に当初の産業振興的な公園から文化的な公園へと変貌し，諸施設を充実させてゆく．

さて，以下に述べる3つの公園，京都の岡崎公園，大阪の天王寺公園，名古屋の鶴舞公園は博覧会終了後に公園として整備されたものである．京都，大阪，名古屋の各都市はそれまで公園らしい公園はまだ存在せず，博覧会を契機にその都市の中央公園を設置したといえる．

第4回内国勧業博覧会は明治28 (1895) 年 (4.1～7.31)，京都の岡崎の地で開催された．当初博覧会誘致は大阪と競っていたが，平安遷都1100年記念祭といわば抱き合わせで京都に開催が決まった．会場面積は6万坪，内1万坪に平安神宮が建立された．敷地デザインは平安神宮の大極殿，応天門を主軸とし，左右対称に博覧会の各陳列館が配置された．平安神宮の社殿の背後の東西に位置する神苑は小川治兵衛（植治）の作庭である．その後，植治は明治30 (1897) 年に西神苑と東神苑をつなぐ流れを造り，さらに明治44 (1911) 年から大正5 (1916) 年にかけて美術館跡地に栖鳳池を穿ち，現在の東神苑を作庭した．博覧会場の南側と西側には京都近代化の象徴でもある明治23 (1890) 年に完成した琵琶湖疏水が引水された．

第4章 博覧会とランドスケープ

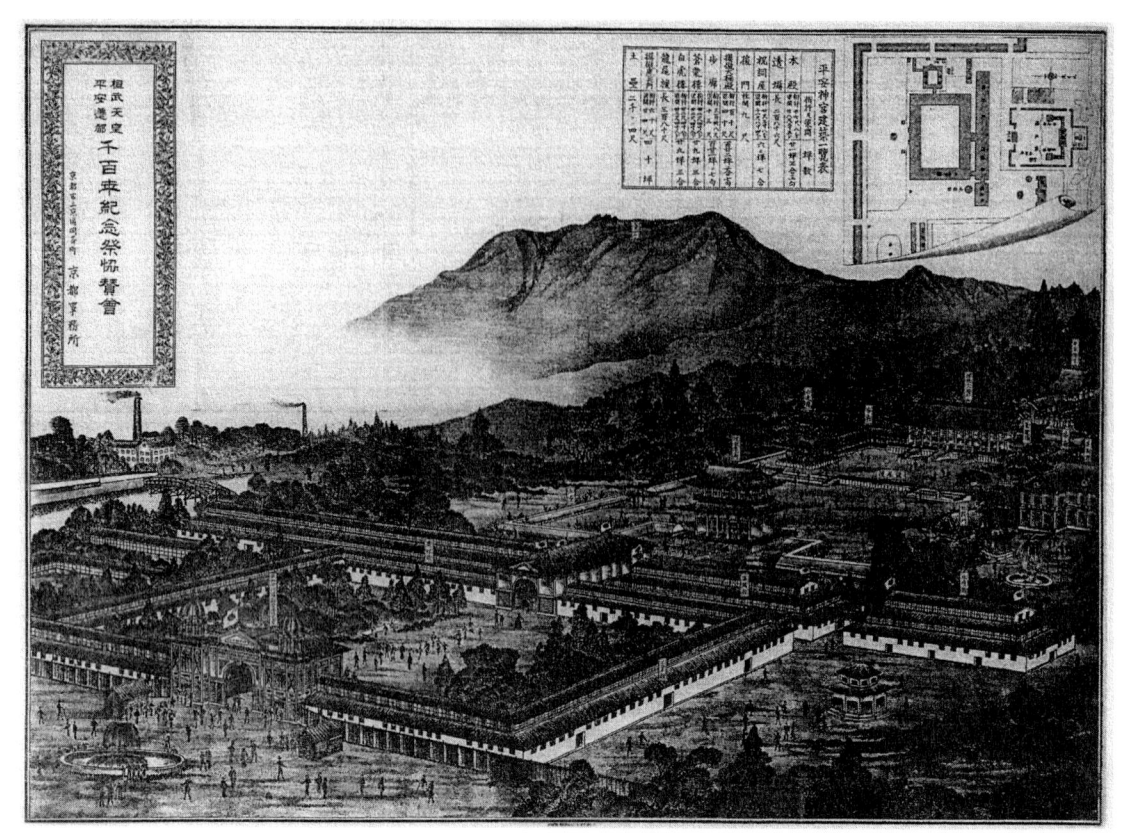

図4.7 第4回内国勧業博覧会会場と平安神宮
（橋爪紳也監修：日本の博覧会（別冊太陽），平凡社，2005）

明治36（1903）年5月に会場跡地の約26000坪が公園地に編入され，岡崎公園となった（図4.7）．

第5回内国勧業博覧会は明治36（1903）年（3.1〜7.31）に開催された．それに先立つ2年前に天王寺今宮の約10万坪が買収された．会場敷地の主要部に斜めにビスタを通し，新宿御苑から下賜されたプラタナス240本が2列，中央に帯状に3ヵ所設けた花壇の両側に列植された．会場の造園関連のデザインは洋風デザインが採用され，宮内省内匠寮技師福羽逸人と同寮技手市川之雄が設計，博覧会事務局嘱託の今中信義監督の下に行われた．

博覧会終了後，10万坪に近い会場は東西に二分された．西側は売却予定地として，東側は公園地として整備されることになっていた．しかしながら，明治37（1904）年日露戦争勃発に伴い，公園地は陸軍省の借地となった．陸軍省から変換されて，約37800坪が天王寺公園となったのは明治42（1909）年10月のことである．売却予定地も陸軍省に貸付けていたが，返還後，明治44（1911）年売却予定は中止され，公園地に編入される．この土地の大半が大阪土地株式会社に貸付，地代を公園改良費に充てた．大阪土地は明治45（1912）年，新世界を開業，エッフェル塔を模した通天閣が建てられた．公園地の内，東側に突き出た美術館の前庭には西洋風花壇が設けられた．花壇の設計は大阪府立農学校長井原百介である．また，美術館の西側には日本庭園が庭園史家小澤圭次郎によって造られた．日本庭園の北側には運動場が設けられた．

名古屋で明治43（1910）年，第10回関西府県連合共進会が開催された．会場敷地は名古屋市の公園予定地であった．名古屋市は明治40（1907）

図 4.8　第 10 回関西府県連合共進会時に築造された噴水塔（鶴舞公園）

年から公園新設のため用地買収を始め，精進川改修（現新堀川）に伴う浚渫土砂で公園地の造成にかかっていた．敷地面積は約 32.5 ha で，埋立によりおおむね平坦地であったが，中央にはマツ林が鬱蒼と繁っている小丘があった．その背後には龍ヶ池と称する溜め池があり，周辺は田圃という状況であった．博覧会の敷地割りのデザインは刺繍花壇も作られ洋風であるが，奏楽堂の背後にある龍ヶ池，蝶ヶ池を中心にその周辺には日本庭園がつくられ，全体的には和洋折衷のデザインとなっている．博覧会終了後，敷地の北部の約 6 ヘクタールが病院敷地となり，残りが公園敷地となった．博覧会時の主軸線上にあった噴水塔，奏楽堂を残し，軸線を強調するため平行してヒマラヤスギの並木が設けられた．本多静六が設計顧問となり，名古屋高等工業学校（現名古屋工業大学）教授の鈴木禎次が設計し，明治 45（1912）年から 9 ヵ年継続事業として整備された（図 4.8）．

4.4　万国博覧会と環境問題

戦前の 1940 年に皇紀 2600 年を記念して日本で万国博覧会を開催すべく博覧会協会が設立されたが，国際情勢も不安定となり中止となった．戦後の復興期が一段落し，国内経済の高度成長期を迎え，日本はアジアで初めての万国博覧会を開催することになる．

1970 年 3 月 15 日から 9 月 13 日の半年間，大阪の千里丘陵で開催された日本万国博覧会は戦前戦後を通じ，日本で初めての国際博覧会の開催となった．博覧会開催のテーマは「人類の進歩と調和」であった．

日本に博覧会国際事務局から国際博覧会条約に加盟の勧奨があったのは 1963 年のことである．翌 1964 年に条約が批准され，会場候補地が千里丘陵に一本化したのは 1965 年 4 月のことであった．当時，会場敷地は地形的に西高東低で起伏のある丘陵地であった．低地部分には田畑があり，大部分はモウソウ竹林とアカマツ林であった．土質は悪く，粘土層も多く，植物にとってはあまりいい環境ではなかった．造成を行うとともに客土を行い，さらに土壌改良がなされた．特に，高木植栽については植穴を大きくとり，根鉢には淀川中流産の砂質土を客土，土壌改良を行い，滞水個所にはコンクリート透水管による盲暗渠が入れられ，下水管に導水し排水を図った．

会場全体の敷地面積は約 330 ha，北側には日本庭園，中央部には外国展示館と企業館の 116 のパビリオンが並び，その中央にはお祭り広場を設け，南側には遊園地エキスポランドと管理施設が建設され，会場の北西部と南東部に駐車場を配した．入場者は約 6422 万人で，以後日本で開催された万博でこれを越える入場者数を記録したものはない．この大阪万博でも政府出展の日本庭園が築造された．面積約 26 ha の東西に長細い敷地を，西から東へ，上代庭園地区（平安時代），中世庭園地区（鎌倉室町時代），近世庭園地区（江戸時代），現代庭園地区と連続した庭園空間がデザインされた（図 4.9）．

第4章　博覧会とランドスケープ

　万博終了後はその跡地を緑に包まれた文化公園にする方針が決められ，現在，万博記念公園となっている．パビリオンを解体した廃材は現地に埋められ，覆土されたのち植樹によって自然復元が試みられた．現在では鬱蒼とした樹林地になっているところもある．公園内には日本庭園，自然文化園，ソラード（森の空中観察路）などの自然文化施設，国立民族学博物館，日本民芸館（既設パビリオン），鉄鋼館（既設パビリオン）などの文化施設，他にはスポーツ施設，エキスポランド（遊園地）などのレジャー施設がある．会場自体の造成も大規模なものであったが，大阪万博開催のため交通アクセスの整備がはかられ，地下鉄工事を含む建設工事によって公共残土が発生した．その処理のため後に述べる鶴見緑地の造成にこの残土が使用される．残土処理といういわば今日的にいえば環境問題を残しながら大阪万博が開催されたのである．

　さて，万国博で地球環境をテーマに開催されたのは1974年のスポケン国際環境博が最初である．アメリカ合衆国独立200年記念行事の一環として開催され，ワシントン州の小都市スポケン市で「汚染なき進歩」のテーマで開催された．1984年開催されたニューオーリンズ国際河川博覧会のテーマは「川の世界，水は命の源」であった．日本でもこうした環境問題に対し，1984年に政府は「緑の三倍増構想」を唱え都市の緑環境の改善を射程に入れ，建設省（現国土交通省）が取りまとめた「21世紀緑の文化形成を目指して」の中で「緑の国際フェスティバル」の開催を提案した．一方，大阪市は市制百周年記念の1989年に記念行事として鶴見緑地で国際的な規模で都市緑化フェア「花の博覧会」開催計画の準備を進めていた．大阪市は建設省の構想を知り，規模を大きくし国際博の開催を誘致したい旨を表明した．1985年には「花と緑の国際博覧会」を大阪で開催すること

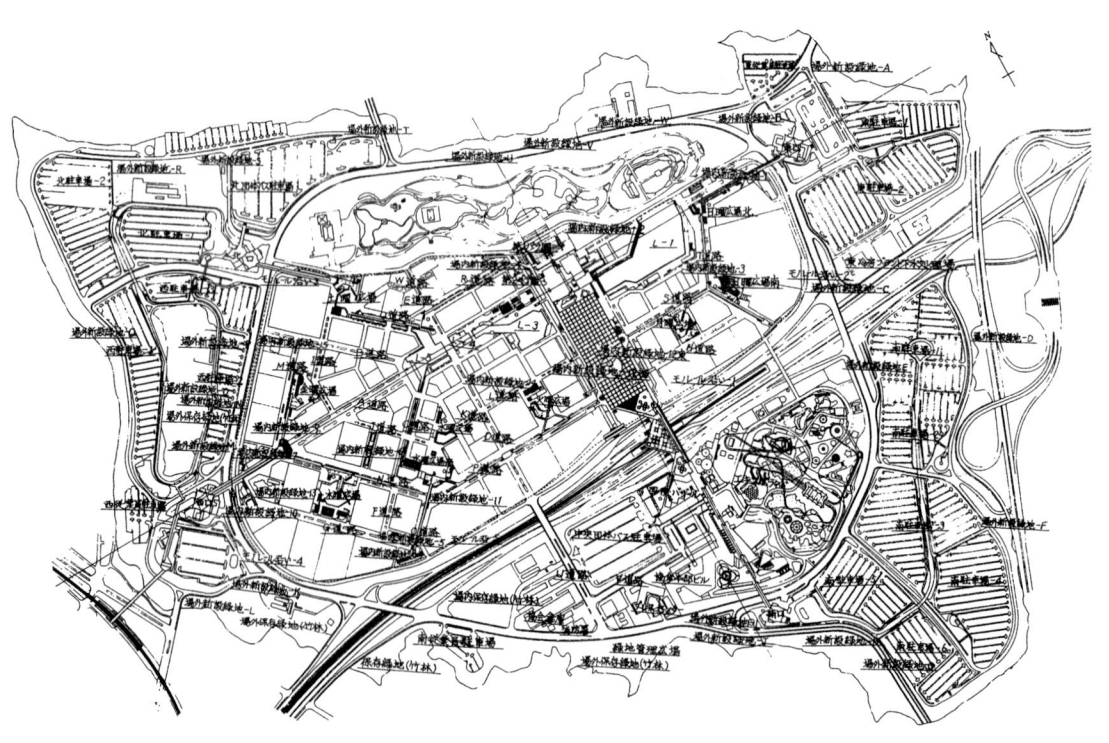

図 4.9　日本万国博覧会会場の緑地位置図
（日本万国博覧会公式記録資料集 K, 1971）

が閣議で決定される．同年，国際園芸家協会に（社）日本造園建設業協会が加盟申請を行い，翌年の1986年に認可される．1988年に博覧会国際事務局総会において，1928年に制定された国際博覧会条約に基づく特別博覧会として，アジアで開催される初めての国際園芸博覧会開催が承認された．

1990年4月1日から9月30日の半年間，大阪の鶴見緑地を会場に「国際花と緑の博覧会」が開催された．そのテーマは「自然と人間の共生」であった．1990年代以降，地球環境問題の高まりから，"緑"が博覧会の主役となった．もともと万国博覧会は産業技術，科学技術が中心であったが，「花の万博」は自然の造形物である植物が主役となり，それをサポートするものとして科学技術が存在する構図となった．このため開発途上国でも参加が可能となったことは特記すべき点である．

さて，会場となった鶴見緑地について以下述べる．鶴見緑地は戦前，防空緑地として1941年，大阪市の四大緑地の1つとして都市計画決定されていたものである．その面積は約162 haであった．しかし，戦後，農地解放よりその多くが低廉な価格で払い下げられた．この地域はもともと低湿地でレンコン，クワイ等の栽培が盛んなところであった．1960年代から市街地の拡大により，周辺地域が宅地あるいは工場用地に造成されてきたため，市民のための快適なレクリエーションための緑地確保が急がれた．そのため，鶴見緑地は1962年から再び事業に着手され，1986年に至り，土地の買収が完了した．しかし，一方で鶴見緑地はゴミの処分場としても注目される．1960年代半ばには当時の廃棄物処分場であった南港埋立地が満杯となり，大阪市は新たなを鶴見緑地に求めたのである．行政上やむを得ぬ判断ではあったが，公園建設と並行してゴミの埋立地として使用されることになる．当初の公園造成計画では高さ10～15 m程度の丘陵地であったが，廃棄物処分のため20～45 mと計画が変更された．1969年夏から1973年12月まで，ゴミが搬入され，1970年の大阪万博に向けて行われる地下鉄延伸のために生じた工事残土と交互に，ゴミの一層の厚さ3 m，残土の厚さ2 mでいわばサンドイッチにして，造成が行われた．この造成で市内で最も高い標高45 mの人工の山，鶴見新山も誕生した（後に地盤沈下により標高39 mになる）．鶴見新山部では最大，ゴミの層が7層となった．廃棄物総量は約290万 m^2，地下鉄掘削残土約600万 m^2であった．しかしながら，このサンドイッチ工法で造成された土地から，家庭内ゴミが発酵分解し，大量のメタンガスが発生，自然発火した．また，大雨によって浸食され，造成のり面が崩壊する事態も起こった．メタンガス対策にはガス燃焼装置を工夫し，浸食には下水処理場の汚泥（脱水ケイキ）でのり面を被覆した．盛土のために生ずる地盤沈下，大型重機による地面の圧密等，植物の生育に悪影響を及ぼす状況も生じた．しかし，これらの悪条件にもかかわらず，世界の森（34 ha），子供の森（7.3 ha），青少年の森（6.3 ha），市民園芸村（6.9 ha［貸農園］），乗馬苑（6.9 ha），大芝生（3 ha）等が順次造られていった．公園としては1972年4月に広域公園として開園した．

先述したように，この鶴見緑地で花と緑の博覧会が開催され，会場面積約140 haに国際庭園，国際展示館，政府館の「咲くやこの花館」等が開設された．

博覧会終了後は「花博記念公園鶴見緑地」として再整備され，すべてではないが日本庭園も含め国際庭園も存続している（図4.10）．

21世紀最初の博覧会である愛・地球博（2005年日本国際博覧会）が2005年3月26日から9月25日まで，名古屋東部丘陵の長久手会場と瀬戸会場で開催された．開催テーマは「自然の叡智」である．人類が直面している地球環境への様々な提案がなされた．2000年に開催されたハノー

図 4.10 花博終了後の整備された鶴見緑地
(国際花と緑の博覧会記念協会：生命の祭典　花の万博　10 周年記念誌，2000)

ヴァー万国博覧会でも地球温暖化など環境問題を取り上げ，そのテーマは「人間・自然・技術」であった．愛・地球博は前回のハノーヴァー万博のテーマをさらに展開させたものであった．

当初，会場は「海上の森」1 ヵ所で開催され，博覧会終了後，跡地は瀬戸市の新住宅市街地開発事業が実施される予定であった．しかしながら，博覧会による大規模開発が自然破壊につながるとの批判が高まった．また，愛知万博は環境アセス法施行の 1999 年 6 月以前にその趣旨を先取りしてその環境影響評価を行った．その結果，レッド・データ・ブックに絶滅危惧 II 類に分類されたオオタカの営巣が確認され，環境博を標榜していることもその判断にあったと思われるが，海上の森の会場（瀬戸会場）を縮小し愛知青少年公園（長久手会場）を主会場とすることが決定された．それぞれ 15 ha と 158 ha であった．既存の緑地の保全，地形の最小限の造成，資材，部品，備品等の 3 R

（廃棄物の発生抑制：reduce，再使用：reuse，再資源化：recycle）の推進を目指した．各種の環境先進技術が試みられ，都市緑化の実験施設，バイオラング（Bio-Lung）も設置された．これは長さ 150 m，高さ 15 m の巨大な緑化壁で，夏季のヒートアイランド現象の緩和，二酸化炭素の吸収，酸素の供給を行う施設である．また，この愛・地球博でも日本庭園が既存の溜め池を利用し造られた．

愛・地球博のランドスケープ・デザインの射程域は日本庭園に代表される伝統的なものを存続させる一方，今日的な課題である地球環境にコミットする分野まで拡散し，あるいはグローバル化した万博であったといえる．

参考文献

愛知県国際博推進局（2006）2005 年日本国際博覧会，愛知県記録誌．

米国博覧会事務局（1876）米国博覧会報告書．
Conway, H.（1991）*People's Parks. The Design and Developement of Victorian Parks in Britain*, Cambridge Univ. Press.
第十回関西府県連合共進会事務所（1911）第十回関西府県連合共進会事務報告．
仏国博覧会事務局（1880）仏蘭西巴里府万国大博覧会報告書．
博覧会倶楽部（1928-34）海外博覧会本邦賛同史料 第 1-7 輯．
橋爪紳也監修（2005）日本の博覧会 寺下勍コレクション（別冊太陽），平凡社．
春山行夫（1967）万国博，筑摩書房．
春山行夫（1980）花の文化史 花の歴史をつくった人々，講談社．
平野繁臣（1999）国際博覧会歴史事典，内山工房．
石川幹子（2001）都市と緑，岩波書店．
Kalfus, M.（1990）*Frederick Law Olmsted. the passion of a public artist*, New York Univ. Press
松村昌家（1986）水晶宮物語 ロンドン万国博覧会 1851，リブロポート．
丸之内リサーチセンター編（1968）日本万国博事典，同センター．
日本公園百年史刊行会編（1978）日本公園百年史―総論・各論―．
日本産業協会（1926）巴里万国装飾美術工芸博覧会日本産業協会事務報告書．
日本万国博覧会協会（1971）日本万国博覧会公式記録資料集別冊 K 緑地工事．
農商務省（1890）仏国巴里万国大博覧会報告書．
農商務省（1905）聖路易万国博覧会本邦参同報告．
農商務省（1912）日英博覧会事務局事務報告．
大阪市公園局（1975-97）大阪市公園局業務論文報告集第 1-4 巻．
佐藤 昌（1968）欧米公園緑地発達史，都市計画研究所．
市俄古進歩一世紀万国博覧会出品協会（1934）一九三三年市俄古進歩一世紀出品協会事務報告．
商工省商務局（1937）重要万国博覧会概要．
高橋理喜男（1963）天王寺公園柵外地に関する研究，造園雑誌 27-1．
高橋理喜男（1966）公園の開発に及ぼした博覧会の影響，造園雑誌 30-1．
竹内 格（1969）これが万国博だ―その歴史と会場案内，サンケイ新聞社出版局．
田中正大（1974）日本の公園，鹿島出版会．
田中芳男，平山成信（1897）澳国博覧会参同記要．
東京都公園協会編（1996）上野公園物語．
山本光雄（1970）日本博覧会史，理想社．
吉田光邦（1985）改訂版 万国博覧会―技術文明史的に，日本放送出版会．
吉田光邦編（1985）図説万国博覧会史，思文閣出版．
吉田光邦編（1986）万国博覧会の研究，思文閣出版．
吉村元男（1993）エコハビタ 環境創造の都市，学芸出版社．
Zaitzevsky, C.（1982）*Frederick Law Olmsted and the Boston Park System*, Cambridge, Mass., Harvard Univ. Press.

5

癒しのランドスケープ

5.1 理想の景観を求めて

　ヨーロッパの地理学者 J. アプルトン曰く，"追われる身がいちばん落ちつくポジショニング——それは森のしげみに身を隠し，目の前に広がる明るい草原を見渡す場面である".

　いわゆる「眺望隠れ家理論」というものだ．

　自分は発見されにくい日陰の林内にいて，林外を眺望する．林外は明るく，林内は暗い．林外の様子を一望できること，つまり外敵をすぐに発見できる状態の有利さが，本能的に安心感につながり，安らぎのある景観だと感じられるのである．

　かつて身も心もズタズタになったベトナム帰還兵が行き着いた先は，森だった．当時，アメリカにおいて森の生活をはじめた男たちは千人に及んだ．現代人とて変わるまい．生きまどうから，森のしげみに身を隠し，物凄いスピードで変わりゆく街や社会の姿を眺望し，自分自身をその外に置きつつ，自分を考え見る．そうしながら，森の〈祖型的治癒力〉を得たいのである．

　心身に優しい"癒しの景観"とは，どのようなものであろうか？〈理想郷〉として構想された場所の景観は，すばらしいものであったに違いない．まずは，歴史上のユートピアなるものの景観から考えはじめてみよう．

5.1.1 理想郷の景観／桃源郷

　東洋の理想郷——桃源郷の場合，これをイメージした掛け軸などには，いずれの場合も登場人物に共通したパターンがあることがわかる．最前列に大きく描かれるのは，老人だ．杖をついて腰の曲がった老人たちが，鶏などに餌を与えている．その傍らを子どもたちが走り回る．奥の山間には畑が見える．そこで農作業をするのは，子どもらの父母だ．桃の木がたくさんあり，鶏や犬の声が聞こえる．谷あいののどかな村で，老人と子どもがくったくなく遊ぶ．そこには家族の姿があるのである．桃源郷的理想社会の安定に，血縁関係によるところの家族の存在が欠かせなかったということだろう．

　陶淵明（365？〜427）の『桃花源記』には，桃源郷的世界が遠望ではなく，近景で記されている．桃林の奥には開けた土地が拡がり，農家の家々は立派であった．良田，美しい池に加え，桑と竹林があり，道路は縦横に交わり，鶏と犬の声が聞こえる．畑作農民が行き来し，老人や子どもたちまでいかにも楽しそうで，迷い込んだ漁師を自分たちの家まで案内し，ご馳走した．

　わが国にも似たような小世界があった．もともと日本人には，どこか辺境の，周囲を山に囲まれた盆地上の小空間に，やすらかな休息感を覚えるところがある．母の胎内のようなその小宇宙は，きっと山岳型理想郷の桃源郷のようであったに違いあるまい．

平安期の『古今集』に次のような歌がある．

　　山里は物のわびしき事こそあれ世の憂きよりは住みよかりけり

当時の文化人たちは，都市からちょっと離れた田舎の集落，辺境の小定住圏に住んでみたい，ものの「あわれ」を感じられるようなところに住みたいと「山里」に憧れたのだろう．『新古今集』にもある．

　　寂しさに堪へたる人のまたもあれな庵ならべむ冬の山里（西行法師）

この「山里」は山間の小盆地——「かくれ里」の伝説にもつながっていて，まさしく桃源郷的な閉鎖空間であったのだ．

5.1.2　ユートピアと森

一方，西洋のユートピアの場合は，趣を異にする．頬の赤い若い男女がダンスを踊ったりしながら，それぞれの顔は喜びを表現している．健康的な恋愛の様子が伺える．彼らはコミュニティを維持するために，合理的な時間の配分により，すこぶる機能的に行動し，豊かな暮らしを勝ち得ようとする．そして，さらに高い文明を手に入れていく．働くものすべてのメンバーが豊かで，華やかな生活を志向していく．

その景観は，トマス・モアのユートピア（1517），オーエンのニュー・ラナーク（1800），フーリエのファランジュ（1832）などに共通しており，いずれも整然と管理の行き届いた畑と十分な外壁によって閉ざされた都市のかたちをとる．東洋の理想郷とは，少し違った流れにあることがわかる．

もともと，西洋の町は異民族の攻撃に備え，周囲に外壁をもっていて，その強固な塀によって守られた空間の中に，平和で秩序だった人間社会をつくり上げようとした．母の胎内のようにやさしく庇護された空間に暮らしつづけることが，理想のユートピア生活であったのだ．

それゆえ，ユートピアの中に恐怖と不安をそそる未開の自然はあってはならなかった．ユートピアに小高い丘や管理のいきとどいた畑，なだらかな牧草地はあっても，コントロール不能な未開の原野や深い森は出てこない．森は，狼の棲む恐ろしい場所であり，街の外に位置づけられなければならない未知のもの，カオスの象徴だった．ユートピアに登場する緑は，せいぜい並木程度のアクセサリーみたいな緑だった．

こんなふうにして，中世から近代社会の夜明けまで，ユートピア（都市）と森は相容れず，対峙し続けていた．ユートピアの住民たちは，整然と管理された平和な空間の中で，キリスト教的史観をベースにしながらコミュニティを成り立たせていた．"自分たちは同一の家族，同一の母の子どもなのだ"との深い感情をもちながら……．

ところが，近代に入り，平地にあったすべての

図 5.1　桃源郷的風景（中国・桂林）

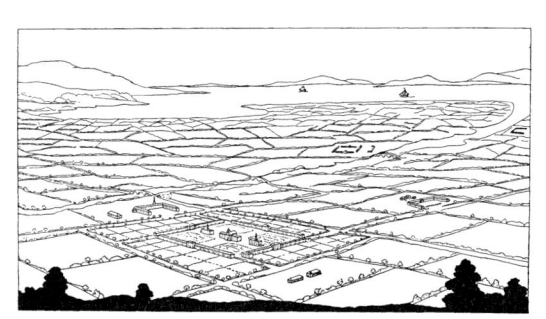

図 5.2　ユートピアのイメージパース（ニュー・ラナーク）
（Leonard Benevolo : *Storia della citta IV* より）

第5章 癒しのランドスケープ

表5.1 理想郷のプロトタイプ類型

理想郷名	タイプ名	空間の構造イメージ	階層	原典	時代	国名
アトランティス	ポリス型小都市国家（島タイプ）	ギリシャ風ポリス国家群，300 haの居住地区，最適人口規模は5040人	市民，奴隷	『クリティアス』プラトン	前4世紀	ギリシャ
ユートピア	英国型都市農村調和社会（島タイプ）	中心市街地は1000 ha方形，街路（6 m）に沿ってグリーンベルトをもつ，農村部のコミュニティ単位は1200人，都市間の距離は40〜60 km	市民，農民，奴隷	『ユートピア』トマス・モア	1516年	イギリス
太陽の都	キリスト神権政治的農業国家（島→丘タイプ）	都の面積800 ha以上，7つの環状街区，高度な都市施設	なし（共産社会）	『太陽の都』カンパネッラ	1602年	イタリア
ニュー・アトランティス	科学技術万能型マジック社会（島タイプ）	───	貴族，市民，農民	『ニュー・アトランティス』ベーコン	1622年	イギリス
ミルトンの楽園	エデンの園型共和制的楽園（山タイプ）	───		『失楽園』ミルトン	1677年	イギリス
ルソーの理想郷	反都市型小地主的田園社会（田園タイプ）	丘の中腹の田舎風の小さな家，果樹園，自給自足用施設	なし（自然人）	『社会契約論』『エミール』ルソー	1762年	フランス
ニュー・ラナーク	協同社会主義型工場村（田園タイプ）	総面積240 ha，かたちは正方形か平行四辺形，人口は500〜2000人，一人当たり0.2〜0.6 haの農地広場，セントラルヒーティング設備	工場主，労働者	『ラナーク州への報告』オーエン	1800年	イギリス
ファランジュ	農業主体型生活共同体（田園タイプ）	人口は400〜2000人（平均1620人）一人当たり1 haの農地，広場，共同宿舎，公共施設土地のみ共有制	なし	『産業的共同社会的新世界』フーリエ	1832年	フランス
聖ジョージ・ギルド	手工業・農業型中世的社会（田園タイプ）	イギリスの小さな土地を美しく，平和で豊饒な「花園」として整備，鉄道・内燃機関なし	なし	『聖ジョージ・ギルド』ラスキン	1871年	イギリス
無可有郷	小都市・農村融合型田園社会（田園タイプ）	荒蕪地と森林が介在，散居形態のタウンハウス，森の中には小さな家	なし	『無可有郷だより』モリス	1891年	イギリス
イワン王国	純農村型自給自足社会（寒村タイプ）	老荘の自給自足社会，金銭否定，汎労働主義，人間平等社会	なし	『イワンのばかとそのふたりの兄弟』トルストイ	1886年	ロシア
田園都市	都市・農村融合型ニュータウン（田園タイプ）	総面積2400 ha，うち市部400 ha，農村部2000 ha，総人口32000人，グリーンベルト，土地は公有（信託所有）	なし	『明日－真の改革にいたる平和な道』エベネザー・ハワード	1898年	イギリス
ディズニー・ワールド	余暇対応型未来都市（陸の孤島タイプ）	総面積1万1千ha，テーマパークは40 ha，警察・司法権以外はディズニー社が主権を有す，周囲は森とラグーン，定住者はゼロ	なし	実在 ウォルト・ディズニー	1971年	アメリカ

森を駆逐し，喪失してしまってからは一転，森は生活者にとって不可欠な環境となっていく．

"Der Wald lebt besser ohne die Menschen, aber die Menschen leben schlechter ohne den Wald."
（森にとっては人間なしのほうがいいけれど，人間は森なしでは生きられない）

ドイツのバーデン・バーデン市森林局が発行するパンフレットにあった格言である．確かに，森は4億年前からあるけれど，人間はせいぜい数百万年前から出てきた後発の生物でしかない．

そして今日，森はCO_2を吸収し，酸素や水を供給してくれるばかりではない．健康な心身を維持していく上で，決して欠いてはならない癒しの環境そのものになった．私たちが人間らしく生きていく上で不可欠な要素となったのだ．

5.1.3 理想景観の佇まい

懐かしい谷津田と一体になった里地風景や，その新緑，紅葉の頃の伝統的景観は近年，特に支持されている．中高年にとってはとり戻したい過去であり，若年層にとってはなぜか落ちつく不思議の世界になっている．

高度成長期以前，つまり都市化の波が農村部にまで及ばなかった頃の辺境景観には，その時代の日本の活力を思い起こさせる懐かしい風情がある．そこは，当時のライフスタイルに憧れる者たちにとってのいわば魂の聖地にもなっている．

では，その聖地をどうやって見つけ出し，自分なりにデザインしていけばよいか？

癒しを可能にしてくれる場所のイメージは，例えばこんなふうに考えられないだろうか．

"森が都市を覆い，また介在し，都市を包みこむ．済んだ空気の静寂の中で，川のせせらぎと小鳥のさえずりが聞こえる．木々の葉ずれのざわめきがある．沈む夕陽は，金色に染まった家々の屋根や壁を照らす．やがて，小さなまちのシルエットが，背後の山々の深い蒼林に吸収されていくと，ポツリポツリと部屋の明かりが灯り始める……．

周囲の林や小さな河，それに農場の様子は，ちょうどウィリアム・モリスが活動を展開したテムズ河上流のエピングの森のようで，自然は伸び伸びと明るく，緑かぐわしく，日光は美しい．当地には，あちこちに木々があり，しばしば果樹が植えられている．田園の快適さに溢れている．排気ガスなどない環境，清く澄んだ流れなど，その夢のような環境の中では，労働は喜びや創造の楽しさへと変わっていく……．"

こういったのどかでつましい小さなまちこそ，理想の癒し空間の1つといえるかもしれない．

5.2　癒しの基地をデザインする

ここ数年の年間国民医療費は30兆円を超えた．高齢化社会に向け，健康維持や回復は，ますます重要なテーマとなっている．生活習慣病は20歳以上の6人に1人という割合になってきているし，児童のコミュニケーション能力は低下し，不登校は教育上の課題として顕在化するばかりである．

ストレスで自律神経失調症や軽い鬱など，精神的な疾患に悩む企業人は，さまざまあるが，金融・証券分野にその比率は高く，昼夜逆転の外資系ではさらに高率になる．

どこか転地療養できるところがあればいいけれど，そういったニーズに即応した受け皿が用意されているわけではない．セラピーを受けなければならない企業人向けの処方箋や療法メニューも未だ十分とはいい難い．

一方で，健康サプリメントは好調で新商品の開発ラッシュが続く．個人の健康や医療といった分野は，ますます私たちの関心事となり，さらに身

近なテーマとなっている．

老いも若きも問題を抱えたままのいま，園芸療法や海洋療法といった自然療法が効果的だと報告されるようになってきた．とりわけ，近年では"森の癒し効果"を活かし，健康増進やリハビリテーションに役立てる森林セラピー*も注目されるようになっている．

5.2.1 森の癒し効果

Science誌に掲載された1つの論文がある．窓から見える風景が，患者の治癒のスピードを早めたという研究成果を明らかにしたものだ．

米ペンシルバニア州にある都市郊外の病院において，胆嚢摘出の手術を受けた患者の回復過程の記録（1972～1981年）を比較したもので，1つの集団は，レンガの外壁しか見えない部屋に入院した患者集団．もう1つの集団は，樹木など森の緑が見える部屋に入院したものだ．この二種の窓が，術後回復に影響するかどうかを経過観察した．

この報告によると，後者の「森が見える病室」に入院した患者（23人）の治癒のスピードが早く，前者の「レンガの外壁しか見えない病室」に入院していた患者（23人）よりも短期間で退院し，看護婦記録では，強力な鎮痛剤の服用率も少なかったことが報告されている（図5.1, 表5.2）．

とはいうものの，わが国の高度先進医療の中では，病室の環境改善についての取り組みは十分とはいえない．病室の広さだけは，急性期病院で4.3→6.0 m^2，療養型病院で8.0 m^{2}と改善されてきているものの，空間デザインや自然環境，アートによる効果などの分野については，いまだ十分な研究が進んでおらず，その観点からの改善が後回しになっている．

改善策として，例えば，窓から遠望できるランドスケープや，広がりのある視覚環境を提供したりすることが望まれる．また，聴覚が鋭敏になっている患者に対しては，水のせせらぎや小鳥のさえずり，家族の声，BGMなど，安心感を与える音環境も整えたい．ベッドの手すりなどは温かみのある触覚を提供できる素材であってほしい．

このほか，嗅覚や味覚を刺激する諸環境が改善

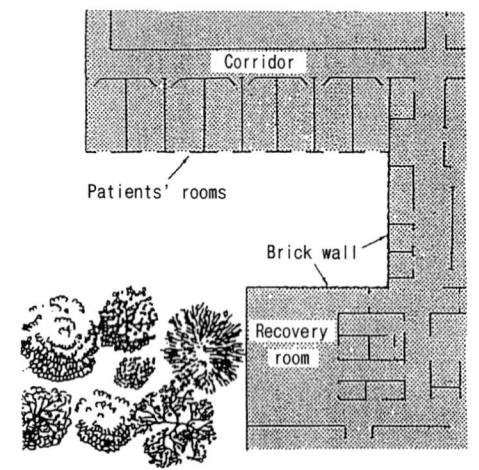

図5.3 病室の窓からの景観
（S. Ulrich, 1984）

表5.2 窓風景ごとの投与薬の差
Table 1. Comparison of analgesic doses per patient for wall-view and tree-view groups.

Analgesic strength	Number of doses					
	Days 0-1		Days 2-5		Days 6-7	
	Wall group	Tree group	Wall group	Tree group	Wall group	Tree group
Strong	2.56	2.40	2.48	0.96	0.22	0.17
Moderate	4.00	5.00	3.65	1.74	0.35	0.17
Weak	0.23	0.30	2.57	5.39	0.96	1.09

資料：S.Ulrich, 1984

---

*「医学的なエビデンス（根拠）をもとに，森林浴を健康回復・維持・増進に役立てていくことをねらいとするもの」で，「森林の地形や自然を利用したリハビリテーションやカウンセリングなど」をさす．

されていくことも望まれよう．ちなみに，北欧ではハードの建設費（病院建設費）の1％はアートに回すといわれるが，わが国ではまだまだだ．

これからの医療環境は，患者が病気と前向きに対峙していける環境がますます重要になってくるものと考える．そのためには発見や驚きをキーワードに，音楽や絵画，さらには心地よく広々と遠望できる視点場の整備など，自律神経に良い影響を与える環境要素を取り入れていかなければならない．患者の想像力を高める動きのある小動物や，仮想体験ができるバーチャルリアリティなど，動きを連想させる環境要素も心身の活性化を後押しするツールとなる可能性を有している．

5.2.2 代替医療の時代へ

"森林浴"という言葉が登場してから25年．ただ，残念なことに，この効能の生理的な影響については，医学的なデータが少なく，生理的な評価法がいまだ十分に確立されておらず，客観的なエビデンスが十分整っていないとされてきた．課題は，エビデンスの質を高め，充実させていくことだが，本格的な森林セラピーの導入は，その成果を待たねばならなかった．

ところが，ここ数年の生理人類学の進展により，人の生理的反応を計測し，医学的に解釈する技術（生理応答測定技術）が飛躍的に進んできた．測定機器の開発や計測技術の著しい進歩により，人体の生理反応を読みとり，評価していくことが可能になってきた．

例えば，① 自律神経系の指標である心拍数，血圧などの心・循環機能，② 血中や尿中のカテコールアミン濃度，③ ストレスホルモンである血中コルチゾール濃度などの生体反応変化を指標に，森や木の人体への影響を評価することがすでに可能になってきている．さらに，④ 唾液中のアミラーゼ濃度の定量的な分析法が開発され，リラックス度をすばやく計ることができるようにもなってきている．

これらの手法や成果を活かしたならば，森林浴という行為に対し，医学的な意味づけが付加され，健康増進に効果的な行為として，森林浴はさらに身近になっていくはずだ．しかも，精神を豊かにし，心を癒す行為として医療的にも活用される途が開かれよう．

また世界的には，米国において西洋医学の範疇に入っていない新分野「代替医療」への関心が徐々に高まっており，東洋医学などの伝統医学，ハーブ，漢方などが医療に及ぼす効果についての研究が活発化している．その結果，西洋医学だけに基づく医療行為は減りつづけ，逆に「代替医療」が医療全体50％を超えようとしている．

森林セラピーは，こうした代替医療の一角をなそうとするものだが，もし，この分野での医学的な解明が進んだならば，EBM（evidence based medicine）を基本理念とする近代医療に新しい展開が期待できるだろう．

船舶は，長い航海をした後，母港に戻ってリフレッシュする．母なるものの懐に還って心身を癒す．日々の競争社会に疲れたとき，わが身を天然自然の営みの中に置き，疲れを癒す．と同時に森の美しさ，楽しさを発見し，その感激を芸術，文化，芸能として表現していく……．

母なる存在——森がもつ癒し効果や知的なエンパワーメント効果は，今後もっと注目されていくはずだ．現代のストレス社会において，森の自然がもたらしてくれる生理的，心理的リラックス効果への期待は高まっている．

5.2.3 海外のセラピー基地

海外ではドイツ，ポーランドなどで，森林を活用した自然療法の実践例がある．とりわけドイツでは，120年に及ぶ実践の歴史がある．

ドイツの自然療法に利用される森林では，療法道（セラピーロード）が20分ユニットで幾通り

第5章 癒しのランドスケープ

図5.4 森林セラピー基地イメージパース

も設計されている．自然地形を活かしたその道は，幅員2〜3m．歩行消費エネルギーに配慮し，勾配，距離，高低差などが道標（サイン）に記されている．また，散策に際しては，療法士（セラピスト）が必ず同伴し，血圧，脈拍を測定しつつ，テンポを一定にして歩くことを指導する．

そこでは患者に応じた自然療法プログラムが用意され，専門の資格をもった医師や療法士が活躍している（これらの医師や療法士はいずれも別途国家資格を有しており，加えて自然療法資格を取得している）．健康保険制度は最長13日間まで適用でき，これらの活動を支えている．なお現地では，保養税が利用者から徴収され，保養地の管理に必要な予算として使われている．

図5.5 森林セラピー基地
（ドイツ・バートウェーリスホーフェン）

5.2.4 日本型森林セラピー基地の創造

世界有数の森林国日本においても，森林セラピーの活用は，国民医療費の低減や健やかな社会の実現に役立つ可能性がある．都会で頑張るキャリアスタッフにとっての朗報となるよう，研究成果の粋を集めてデザインされた安らぎと癒しの基地——森林セラピー基地づくりは急がれなければならない．また，こういった取り組みはテクノストレスを抱える人たちへの癒しにとどまらず，高齢者の健康維持・増進やリハビリテーションにもつながっていくものと大いに期待される．

森林セラピーは，原則として医学的な根拠に基づいたプログラムに従い，心身機能のリラクゼーションとトレーニングを実践していくものだが，もちろん，課題も少なくない．一般的な治療や処方箋と同様，森林セラピーも利用者の状態や志向するレベルによってさまざまな個人差があり，画一的にならないからだ．

森の自然があやなす風景や香り，音響，感触など，森がもつスピリチュアリティ（霊性）に注目しながら，私たちの心身に元気をとり戻させようとする試みを実践する場所＝基地として，そのすがたはどうあるべきか．また，ソフトメニューはどう用意していけばよいか？　現在進められてい

る森林医学のエビデンスをもとに，基地づくりに向けた課題や効果的な「療法メニュー」のあり方などについて，個人の志向等も踏まえつつ，明らかにすることが重要になってきている．

できるだけ早い機会に医学的な裏付けを備えた森林療法が実践できるよう，確かなエビデンス（根拠）にもとづく効能の評価と療法メニューを用意することが急務となっている．そのためには，これまでの知見を集約しつつ，不足する分野の研究と広汎な普及・検証活動に一丸となって取り組む必要がある．

5.2.5 森林セラピー基地をデザインする

森林セラピー基地（forest quarter）を想定する場合，一自治体（市町村）全域，もしくは旧大字単位一帯が基地となる．住民も含めた地域の特別な雰囲気が森林セラピーの要素になるからだ．

森林セラピー基地には「セラピーの森」があり，その規模は300 ha以上であることが望まれる．この規模はゴルフ場2つ分であり，一団の土地としての管理限界たる100万坪（300 ha）をも意味する．

セラピーの森には幾種類もの森林があり，四季を意識させてくれることが望まれる．もちろん，わが国は南北に長く，気候帯も異なるため，北海道と九州で同じ考え方ではいかない．それぞれの地域にふさわしい森林があり，その森林の手入れは十分なされていることが必須である．

セラピーの森のコア部分には「セラピーフィールド」があり，ここには核となる施設が配置される．セラピーロード*も縦横に用意され，健康状態の各種測定もセラピーフィールドでなされる．

つまり，森林セラピー基地→セラピーの森→セラピーフィールドの順に小さくなり，中心部に近づくのである．以下，具体的にみていこう．

a．セラピーの森

セラピーの森は，セラピーを実際必要とする人たちが森とふれあい，散策の時間を過ごす空間である．

自然条件として，森林種は多様であることが望ましく，林齢は高齢のものと若齢のものとの双方を擁していることがのぞましい．高齢の森を歩いたり，幼齢の小さな木々に触れながら生命の力を実感していくのである．一方，下層植生は適宜見通しがきき，できれば寄り道できる程度に林床が整えられているとよい．要は，地域の特性を考慮した「セラピーの森」づくりがなされていなければならない．

セラピーの森の立地条件として，その傾斜は最も重要な要素である．ドイツの森のように緩傾斜が多い場合とちがって，わが国の場合，ほとんどが急傾斜だと考えてよい．したがって，等高線沿いの歩道がつくりやすい森を選ぶことが必要で，方位は，木漏れ日を体感することができる南向きが望ましい．

重要な点は，アップダウンである．単調なルートと起伏のあるルートの組み合わせが可能となるよう，多様な森を擁していることが望ましい．天候・温度・湿度・風力などは容易にコントロールできないが，四季の変化が感じとれる条件を情報として把握しておくことも必要である．

b．セラピーフィールド

セラピーへの参加者が過ごす時間が最も長いのが，セラピーフィールドである．セラピーの森の内側に存在し，各種施設を含む．

このセラピーフィールドは，頻繁で密な利用がなされるコアゾーンである．よく管理されたセラピーロードが縦横にめぐらされ，参加者は森林セラピストの指導のもとに森林浴を行う．

セラピーロードは，幅2〜3 mで，20分単位

---

*20分間の歩行距離を原単位（1ユニット）とする森林療法道．主として緩傾斜から成り，道幅は一般の歩道より広い．森林セラピー基地と同様，定められた規格のフィールド実験（生理及び心理実験）を経て，審査・認定されるウォーキングロード．

の歩行行程となるよう区切られている．歩行距離，勾配等に配慮され，段階的に用意されていることが望ましい．その動線は全体のランドスケープデザインをもとに引かれていて，道標（サイン），ベンチなどは，自然景観に配慮したわかりやすいデザインのピクトグラムに統一されている．

滞在型の宿泊施設については，ある一定水準以上の規格を有し，そこでは特別なサービスメニューが受けられるようになっている．セラピーに関連する諸施設は，既存の施設をリニューアルしつつ，森林セラピー施設としてふさわしい形式に順次移行させていくことが求められる．

5.2.6　3つの〈森林セラピー基地〉タイプ

森林セラピー基地には，その立地，規模等から3つのタイプが考えられる．

1つは，「近郊タイプ」である．身近な森林散策コースとして，健康維持のために一定の頻度で通うタイプで，日常的に親しまれるセラピーロードのほか，休憩施設や軽い食事がとれる場所を有する．健康評価が1つのサービスとして組み込まれている．

2つ目は，「日帰り・一泊圏タイプ」である．近郊タイプのセラピーロードを複数含んだ森林と簡易な施設から成っており，遠隔地からの来訪者も受入れられる．簡便な健康評価が組み込まれ，森林セラピストたちが来訪者を誘導し，健康増進についてアドバイスする．

さらに3つ目として，「複合施設タイプ」がある．これは複合かつ中長距離のセラピーロードを擁し，コアゾーンに癒し施設として管理がいきとどいた一定水準以上の宿泊施設をもつタイプである．森林セラピストのケアが受けられ，中長期の滞在も可能である．地域独自の療法メニューをもち，薬膳料理が提供されるほか，音楽・アートなどの文化的体験ができるものである．リゾート保養施設との複合的施設となるケースもある．

5.2.7　森林セラピー基地の設計
a．基礎的要素の収集

まず，その地の社会条件，立地条件（地理），自然条件（森林条件）などについて，社会・経済学，医学，森林学の分野から検討し，各要素について専門家が取捨選択していけるプロセスをもつことが必要である．

具体的には，社会条件として，宿泊施設・医療施設・交通インフラの整備度が，立地条件として，標高・傾斜・方位，交通アクセスが基礎的な検討項目となる．また，自然条件としては，森林種・林齢・下層植生・土壌・天候・温度・湿度・風力などがセラピー基地選定のために把握・検討されなければならない．

b．癒しの要素の収集・分析

これらの他，森林がもつ基礎的な機能や生理的機能について，各ファクターを収集分析し，人間生体とのかかわりや健康への影響度合いも把握されておかなければならない．

五感レベルで分類していくと，測定要素として，
① 視覚については，〔明るさ，色彩，彩度，視角，空の範囲，太陽光の遮断度，木漏れ日度，見通し度，起伏度，輪郭の曲線性，輪郭の混合性，湧き水・渓流・水辺環境〕など．
② 聴覚については，〔音の大きさ，高低（周波数），音色，音域，音種の多様性，間断性，混合性，ゆらぎ，葉擦れ，昆虫・鳥獣の声，湧き水（滝）音，渓流（せせらぎ）音，雨音，雨滴音〕など．
③ 嗅覚については，〔香りの種類，強さ，好ましさ（花系，果実系，精油系）〕など．
④ 触覚については，〔木（樹）の肌触り，歩行時の足裏感触，ベンチの素材〕など．
⑤ 味覚については，〔山菜，きのこ，木の実，樹皮，根っこ〕などについて把握しておきたい．

その他の要素として，〔森の中のマイナスイオン，活性酸素，人とのすれ違い密度〕のほか，これまでの〔各要素の相乗効果（複合性）〕も調査・

予測しておきたい．

森林そのものの原要素，原機能ともいえるこれらの項目は，基地を選び抜く際の重要な環境評価指標となるものと考えられる．

c. 特別な雰囲気

森林セラピー基地が実現していくためには，さらにいくつかの要件が必要とされる．

最も重要な要件の1つは，その地がもつ"特別な雰囲気"である．人を引きつけるオンリー・ワンの魅力がなければならない．その町には特別な景観・雰囲気があり，文化性があることが望ましい．緑と水にめぐまれ，また社会的にも安全と安心が実感できる場所であることである．

こう考えていくと，森林セラピー基地には，豊かな森と管理された自然は欠かせない．豊かであるばかりでなく，それらの森や自然に〈お墨付き〉がなければならない．実証を踏まえた物理的基礎データが必要になる．人の生理に及ぼす各ファクターごとのデータが収集され，そのデータをもとにした生理的・心理的実験を経た評価がなされていることが必要である．その評価指標は，療法基地としての証明（エビデンス）にもなるからだ．

交通アクセスなどのインフラも，立地条件として最低限整っていることが望ましい．また，住民の受入れ体制，地域のホスピタリティが高いことなども加点材料になる．地域が全体として特別な雰囲気をもち，そこで暮らす人たちも療法に訪れる人たちを歓迎する……．そういった地域環境で

図5.6 特別な雰囲気（スイス・グリンデルワルド）

あることが理想である．

もう一つ重要なことは，森林セラピー基地としての将来の発展可能性である．当初はセラピー施設が単品しかなかったとしても，その後徐々に発展し，地域全体が健康保養基地にふさわしい佇まいを整えながら，地域の一大営為としてセラピーへの取組がその地域を支え，産業として定着していく発展可能性を有することが望まれる．

5.2.8 セラピー・メニューの提供

森林セラピー基地では訪問者に対し，最適な療法メニューが提供されなければならない．"どういった勾配のセラピーロードをどの程度歩くことが有益か"，また"どの種類の森林の中を歩くことが効果的か"などである．

現在，森林セラピーにかかる医学的データやこれまでの森林医学論文のデータベース化，フィールド実験などによって，徐々に周辺情報が整いつつある．これらの知見と経験を積み重ねながら，療法メニューや健康カルテによる診断メニューを作成していくことが課題である．

メニューを構成するプログラムとして，森林浴や森林内でのストレッチなどがあるが，これらを実践する場合，地域の気候，自然，森林特性を活かすことに留意すべきであり，また療法を受ける側の個人差を考慮することも必要である．

そのためには，理解ある医師の協力に加え，森林セラピストという新しい担い手（有資格者）の登場が待たれる．また，療法メニューの中に，健康増進効果の測定手法（健康評価システム）が確立されることも必要である．

近年，アミラーゼ濃度測定，光トポグラフィ装置による脳波測定等，森の中での生理指標の把握が容易になってきた．これらの最新ツールを活用しながら，健康カルテ（診断証書）を発行するなど，森林セラピーの経験効果を個人へ還元するシステムを開発することが，森林セラピーの底辺を

広げていく上で有力な手法になると期待される．

また，中長期の滞在を想定したとき，森林浴だけの繰り返しを強要するわけにはいかない．滞在サブメニューとして，温泉浴やアロマテラピーなどのリラクゼーションメニューを用意することも必要である．

ゆとりある時間の流れ，人との交わり，ぬくもりのある環境といったわれわれの感性（≠理性）への刺激を取り入れることにより，心身のストレスの軽減につなげていく．要は，できる限り自然環境の中に身を置くことである．自然を感じさせるランドスケープの中に身を置くことのリアリティにかなうものはないのだから，その環境の中で個々の好奇心を刺激する楽しみや面白さなどへの期待感を高めていくプログラム，教養・文化・趣味を活かしうるプログラムを用意するのである．

重要なポイントは，上記各メニューの組み合わせ（必須メニューと選択メニュー）を滞在期間に合わせて編成することであり，それらを着実に実践できる人材が確保されなければならない．

5.2.9 森林セラピー基地の未来

2005年より，森林セラピー基地が公募され，医学，森林学，社会経済学の分野から第三者による審査がなされている．その結果，「認定森林セラピー基地」として，30以上の箇所がノミネート登録された．そのリストには，北は北海道から南は沖縄までの魅力的なセラピー基地候補が並ぶ．実施主体は，自治体（県，市町村），民間，NPOである．

各候補地においては，森林総合研究所を中心とした専門家チームによるフィールドでの生理実験が行われている．森林環境と都市環境における被験者の生理反応を，統一化した手法で分析・評価するもので，これによって多くのデータが集められている．それらの実験結果を踏まえ，24箇所の「森林セラピー基地」が誕生している（2007年現在）(http://www.forest-therapy.jp.)．

これらの基地群は，「全国ネットワーク会議」を結成するなど，関係者の動きは活発化している．加えて，森林セラピーを支える「専門的な人材（森林セラピスト）」の資格制度の創設や養成も既に検討がはじめられている．

今後，医師・看護師（セラピスト）のアドバイスシステム，社員の福利厚生システムへの組み込みなど具体化していくべき作業は少なくない．また，癒しの空間——森林セラピー基地の完成度を高めていくためには，基地トータルのデザイン手法について検証を繰り返し，改善していくことは必須である．さらに，自律的にこれらのシステムが機能し，発展しつづけていくには，産学官が共同して進めていくことも欠かせない．

総じて，森林セラピー基地の本格活動に至るまでには，さまざまな障害が立ちはだかるはずだ．周辺森林の保護，森林セラピストの確保など，基地として具備すべき要件は実に多い．必要な条例の制定など，事業主体の実行力も欠かせない．そういった逆風を打破できる体制，首長を中心とした自治体の取り組み姿勢に，基地実現の成否は因るところが大きい．

近い将来，このような挑戦が順調に進みゆけば，EBM (evidence based medicine) を基本理念とした近代医療においても，新しい展開が期待できるだろう．森林セラピーが代替医療の一角をなす可能性も秘めている．そうなってくると，森林セラピー基地を抱えるまちやムラにやがて関連産業が興り，辺境地域も含めて各地の基地群が活性化していくことに期待がかかる．エビデンスのレベルを見極めつつ，その成果を踏まえ，慎重に基地をデザインしていくことにより，美しく創り出された辺境エリアに新たな息吹が起こり，当地が再生していくことが望まれる．

癒しの景観とは〈見る者の視点と視点対象との関係性〉によって位置づけられる趣であり，味わいである．このため，景観のとらえ方は個人のもって生まれた感性によるところが大きく，個々人のライフスタイルや時々の社会の状況によっても大きく左右される．

　もとより，また癒しの景観は，その原初的な美しさと，豊かな生活を感じさせる美しさのマッチングによって構成されている．特に，人々の営み（営為）の豊かさが，見る者の心に響いていく．農林業などの生業が造りだす土地利用のかたちや，生活者が日々手入れを続けたことによって醸しだされる庭園美などは，地域に暮らす人たちの営みの表現形でもある．いわば，良き時間の積み重ねをイメージさせる営為の結果が癒しの景観の決め手になるのである．それゆえ，景観が荒れているということは，そこに居住する人たちの暮らしに歪みが生じていたり，無関心がはびこるなど，人と人との関係性の中に混乱が生じているということをも表している．

　日本の景観は，ここ40〜50年の間，悪くなってきていて，何とかしなければと意を用いる人々が潜在的に少なくない．文化的景観の場合，背景にある一次産業の産業・社会システムが変わることにより，景観もまたドラスティックに変わらざるを得なくなるのだが，わが国では，このことに対する解決の方途が未だみえていない．そのあるべき方向性も現在，見い出せないでいる．

　イギリス，ドイツ，イタリアなどでは，景観がもつ心地よさ，快適性について，「しかるべきモノが，しかるべき姿をもって，しかるべき場所にあるべきこと」に関するコンセンサスが完成されている．しかし，わが国にはまだ創り上げられていない．環境影響評価（環境アセスメント）の分野でも，しかりである．現行の環境影響評価法についていうならば，環境要素の1つである「景観」は，自然景観の保護的観点に片寄っており，都市的景観の視点やプラスの環境影響評価の視点が欠けてしまっている．今後，景観分野において取り組むべき課題は，わが国の場合，数多い．

参考文献

伊藤　滋他（2006）美しい日本を創る，彰国社．

堀　繁，斉藤　馨，下村彰男，香川隆英（1997）フォレストスケープ，全国林業改良普及協会．

松尾英輔，正山征洋編著（2002）植物の不思議パワーを探る，九州大学出版会．

森本兼曩，宮崎良文，平野秀樹（2006）森林医学，朝倉書店．

Roger. S. Ulrich（1984）View Through a Window May Influence Recovery from Surgery. *Science* **224**：420-421.

篠原　修編（1998）景観用語辞典，彰国社．

高柳和江（2004）自然と人工の森林環境における心理的・身体的変化，癒しの環境 **9**．

第III部　ランドスケープ計画

6 エコロジカルプランニング

6.1　エコロジカルプランニングと景観生態学

6.1.1　エコロジカルプランニングの定義

　プランニング（計画）とは，意思決定のための選択肢を提供するうえでの科学技術情報の利用であり，エコロジー（生態学）とは人間を含む生物とその環境との関係の科学であるから，エコロジカルプランニングは，「人間，生物，環境の間の関係についての科学的知識を意思決定のために用いること」であるが，より総合的に「自然科学的，人文社会科学的知識を意思決定のために用いること」(Steiner and Brooks, 1991)で，「特に，人類の要求を満たす場合に，ランドスケープを賢明で持続的に利用するよう対処する」(Ndubisi, 2002)ための方法だとされる．エコロジカルデザインと重複する部分もあるが，プランニングは意思決定や政策的な計画であり，デザインはより具体的な形の計画や設計である．環境問題には温暖化ガスや汚染物質の排出も含まれるものの，人間活動が直接生態系に及ぼす影響の最大のものは土地改変にあるから，自然環境に適合した土地利用にかかわる計画手法であるランドスケーププランニング（横張，2004）が中心的なテーマだといえる．

6.1.2　エコロジカルプランニングの歴史とアプローチ

　都市や地域の計画に環境保全の考え方を取り入れたのは，19世紀の欧米である．イギリスでは1889年にハワードの田園都市論が出版され，アメリカでは，1864年にマーシュの『*Man and Nature*』が出版され，オルムステッドによるセントラルパークやボストンのエメラルド・ネックレスなどの作品が生まれた．しかし，アメリカで具体的な生態学の成果が土地利用計画に取り入れられたのは1950年代後半からであり，1969年に制定された自然環境政策法（NEPA）が国家的に計画プロセスに生態学的な情報を利用するさきがけとなった．

　エコロジカルプランニングには歴史的背景の異なるいくつかのアプローチがあり，Ndubisi (2002)は景観適性，応用人類生態学，応用生態系生態学，応用景観生態学の各アプローチに分類している．

　景観適性アプローチは土地評価アプローチともいえ，土地のある区域が特定の利用方法に適しているかどうかに注目する．土地の傾斜とか侵食されやすさなど環境要因ごとに農地，宅地など各土地利用に適しているかどうか定量的あるいは定性的に評価し，関係するすべての要因の評価を総合して区域ごとに最適な土地利用を決定する．マクハーグ（1969）は社会と自然両方のプロセスに社会的価値を与え，マトリックス評価を行った．土壌，植生，水量など自然要素に等級をつけて地図化し，事業計画がその価値に影響を及ぼす大きさ

から，最小の社会的経費で最大の社会的利益を実現することを最善の計画とした．マクハーグはコンピュータを使わずに 12 枚の主題図を透明のネガに写し，それを重ね合わせて評価したが，その後のコンピューターや GIS の発達のもとでスタイニッツ（1990）は景観生態学や生息適地指数 HSI の手法を取り入れながら，GIS 上で未来の選択肢を比較するランドスケーププランニングの手法を提案している．

応用人類生態学アプローチは，プランニングの目標を，歴史的背景をもつ人々の地域集団の健康と福祉を，自然環境の制約の中で実現することだとする（McHarg, 1981）．ここでは，全人類の普遍的な幸福というのではなく，地形や気候など自然条件の異なる地域ごとに歴史的に培われた地域独特の生産活動，生活，ものの見方，社会制度という背景のもとで目標は決められる．未来の選択肢は地域の人々のニーズに基いて提案され，地域の物理的・生物的・文化的なリソースを考慮して，最良の選択を行う．

応用生態系生態学アプローチはエコシステムマネジメントを手法とするプランニングのことであり，エコシステムプランニングはエコシステム全体を特徴付ける組織とプロセスを考慮した土地利用の決定プロセスである（Dale *et al.*, 2000）．エコシステムマネジメントは自然保護や森林科学で生まれた土地利用の意思決定と管理実務のプロセスである．これはアメリカ合衆国で森林や河川，国立公園のような自然の卓越する場所を取り返しのつかない破壊から守るために発展させられた．アメリカにおける生態系管理の概念は Shelford (1933) に遡る．彼は，国土全体の自然保護区システムは，貴重な種と同じように生態系を保護し，広い範囲にわたる生態系タイプを含み，生態的な変動（自然撹乱）に対応しなければならないとしている．しかし，自然保護の中で生態系管理が採用されたのは 1983 年に The Nature Conservancy が従来の希少種の保護を目標とした種アプローチに対して，生態系の保全を目標とした生態系アプローチを提唱して以後のことである．生態系管理の考え方は自然公園管理者の間に浸透し，1988 年に"公園と野生のためのエコシステムマネジメント"が出版された．エコシステムマネジメントが通常の管理と異なるのは，自然の不確実性，実体としての生態系の捉えにくさ，社会共通の価値設定の難しさにある．自然の不確実性ゆえに計画や評価の手法確立が遅れていたが，予防原則やリスク評価の考え方と順応的管理の導入，さらに意思決定手法の導入によって手法の確立がはかられつつある．

応用景観生態学アプローチは，生息場所の改善や持続性といった明確な目標達成のための，空間計画，土地の諸利用の関係に焦点を絞ったプランニングである（Ahern, 2005）．ヨーロッパで誕生した景観生態学はアメリカやオーストラリアなど他地域にも導入され，Forman (1995) はマサチューセッツを事例として，景観生態学理論にもとづいて計画プロセスの 4 つの段階を示した．それは，パッチやコリドーといった空間要素の識別，景観の機能の識別，自然撹乱の識別，そして意思決定プロセスを支えるための構造と機能の間の関係の解明である．

6.1.3 景観生態学の視点

景観生態学はエコロジカルプランニングのための基礎となる科学である．景観生態学における景観とは，森と草地のような異質な生態系（景観要素）がモザイク状に分布する土地の全体を指す言葉である．景観生態学の焦点は，① 複数の景観要素（つまり生態系）の空間関係，② 要素間のエネルギーや無機栄養素や種の移動，③ 経時的な景観モザイクの生態学的動態だとされている (Forman, 1983)．生態学が個体群の動態や種間関係，生物と環境との相互関係を解明するために，

科学の常道として単純化された均質な空間を仮定したのに対して，景観生態学は環境（空間）の異質性が生物や生態系に影響を及ぼす事実からスタートする．例えば池の周囲が樹林である場合と草地の場合には池の中の種組成や生態系は異なるものになるし，総面積は同じでもまとまって1つの場合と複数に分かれている場合ではやはり異なる生態系となる．このように空間パターンと生態系のプロセスの間には密接な関係があり，景観生態学はそれを重視する．景観生態学で取り扱う空間のもう1つの視点は，スケール（空間と時間，範囲と解像度）である．理論的な問題はさておき，現実的な目的によって対象の範囲や時間の長さは変化する．国土や地域など大スケールの評価はスクリーニングとしての要素が強く，問題の発見や設定した目標を実現するための重点区域の探索に用いる．実際の問題解決には数kmといった小スケールの範囲内での評価が求められる．

景観はまた，人間活動の影響を受けて大きく変化している．景観生態学は景観に影響を与える自然と社会の両方を含めたアプローチを採用している．自然科学の範囲にとどまらず，経済学や計画学など様々な専門分野を基盤とする多分野科学である．そのため，1972年世界で最初に景観生態学会が創立されたオランダやドイツでは，景観生態学が国土や地域の計画において大きな役割を果たしてきた．1990年に制定されたオランダの全国ネットワーク計画は，景観生態学がその科学的基礎として大きな役割を果たした．

6.2　計画の手法

6.2.1　計画の流れ

計画とは，将来のある時期に向けて設定した目標を達成するために，達成に必要な行動の方針や内容，方法などを論理的，体系的にまとめ，組織として意思決定したものであり，主体，対象，時間，目標，方法が書かれていなければならない．計画を立案することによって，組織や社会の中での共通の目標が明らかとなり，合意形成がなされる．また，全体像の把握とその中で解決すべき優先順位の決定が可能となる．図6.1にAhern（1999, 2005）のモデルを示す．一般的には，① 現状の分析と評価，② 目標設定，③ シナリオ分析，④ 社会的合意の形成，⑤ 事業の実施，⑥ 事後評価と見直しというステップから構成される．自然の予測困難さや不確実性の問題への対処が含まれなければならないのがエコロジカルプランニングの特徴である．

6.2.2　現状の分析と評価

ここでは，景観（土地利用）の現状の記述，資源のインベントリー，ポテンシャルの分析，景観パターンが生態系や人間社会にどのように作用しているかといったメカニズムの解明などを実施する．評価の目的は，現状の持つ問題点を把握して目標を定めることである．エコロジカルプランニングでは，物理的環境，生物的環境，人間社会それぞれについて分析され目標が定められる．

景観適性アプローチでは，傾斜や地質などの主題図がつくられ，地質の種類が農業や住宅地に適しているかどうかが点数化される．主題ごとに点数化された地図を重ね合わせて得られる合計点を土地利用ごとに比較して土地の適性を評価する．このとき，複数の土地利用にとって適性の高い土地については対立が生じる恐れがあり，この対立を明確にすることが，人口増加と高い経済成長のもとでは中心的な課題となる．しかし，人口が減少に転じ，中山間地の過疎が深刻になる状況では，

6.2 計画の手法

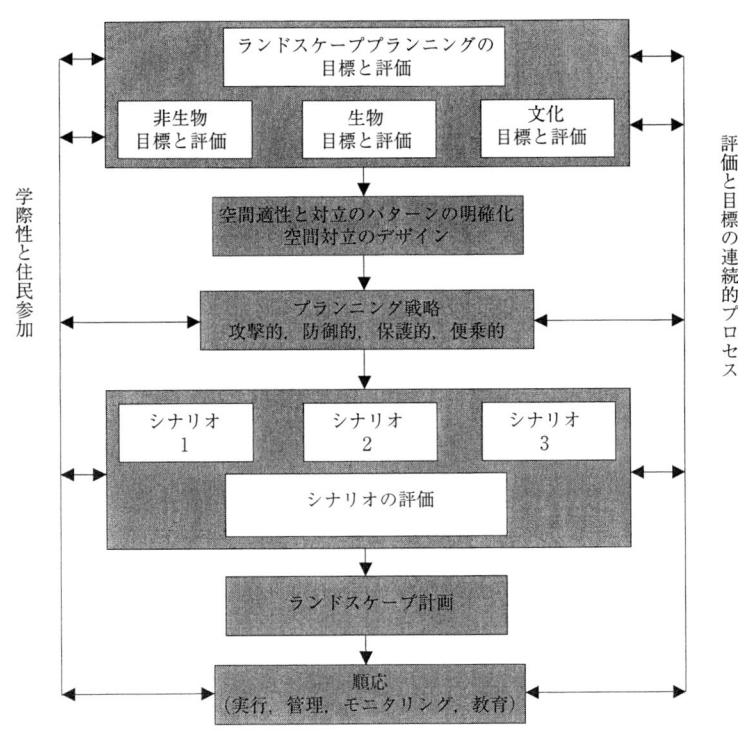

```
                    ┌─────────────────────┐
                    │ ランドスケープランニングの │
                    │     目標と評価        │
                    ├──────┬──────┬──────┤
                    │ 非生物 │ 生物  │ 文化  │
                    │目標と評価│目標と評価│目標と評価│
                    └──────┴──┬───┴──────┘
                               ↓
                    ┌─────────────────────┐
                    │ 空間適性と対立のパターンの明確化 │
                    │    空間対立のデザイン   │
                    └──────────┬──────────┘
                               ↓
                    ┌─────────────────────┐
                    │   プランニング戦略     │
                    │ 攻撃的，防御的，保護的，便乗的 │
                    └──────────┬──────────┘
                               ↓
                    ┌──────┬──────┬──────┐
                    │シナリオ│シナリオ│シナリオ│
                    │  1   │  2   │  3   │
                    └──────┴──┬───┴──────┘
                               ↓
                    ┌─────────────────────┐
                    │    シナリオの評価      │
                    └──────────┬──────────┘
                               ↓
                    ┌─────────────────────┐
                    │    ランドスケープ計画   │
                    └──────────┬──────────┘
                               ↓
                    ┌─────────────────────┐
                    │        順応          │
                    │(実行，管理，モニタリング，教育)│
                    └─────────────────────┘
```

（左側：学際性と住民参加／右側：評価と目標の連続的プロセス）

図 6.1 Ahern によるエコロジカルプランニングのモデル（Ahern, 2005）

かつて維持されてきた文化的景観と二次的自然の生態系をどのように保全するかという視点からの分析評価が必要である．

6.2.3 目標設定とプランニング戦略

目標設定は，現状分析にもとづいてなされ，計画の性格と方針を決める．プランニングには国土から市町村，都市緑地までさまざまなスケールが存在するが，スケールあるいは上位性下位性の違いによる性格や役割の区別は明確にする必要がある．広域を統一した視点でとらえるトップダウン的な目標と地域ごとに積み上げるボトムアップ的なものがあり，国の政策の基本となる環境基本計画や国土計画はトップダウン的性格をもつが，1998年に閣議決定された5全総では，「一極一軸型から多軸型国土構造」を目標に掲げ，目標自体に地域のボトムアップ的な目標と計画の設定が不可欠であることを示している．同様に，新生物多様性国家戦略では，トップダウン的な計画が地域の実情と矛盾することがないように，「生物の多様性を，地域の空間特性に応じて適切に保全すること」としている．

Ahern（1999，2005）はプランニングの戦略がランドスケープの変化傾向に依存して，保護，防御，攻撃，便乗に分類できるとしている．保護戦略は，現在のランドスケープがまだ良好な状態であるならば，保護すべきランドスケープを確保する．そのための規制や用地確保が必要である．防御的戦略は，現在のランドスケープがすでに断片化し，コアエリアの面積が限られ孤立している場合に採用され，それ以上の変化にブレーキをかける．攻撃戦略は目標として合意されたビジョンにもとづいて，劣化したランドスケープを再生する．便乗的戦略は，エコロジカルプランニングにとって好都合な独特の要素や形をもつランドスケープを利用するもので，廃線を緑のコリドーとして利用

するようなものである．

6.2.4 シナリオ分析

シナリオ分析とは，将来の姿を何通りか思い浮かべ，現状からそこへ向かう道筋を記述する方法である．それは逆に現在取りうる何通りかの道筋から将来の姿を予測することでもある．シナリオ分析は，米軍の軍事計画の方法として始まったとされるが，1970年代に成長の限界で将来を予測する手法として採用したころから，プランニングの主要な手法の1つとなった．シナリオ分析は原因と結果を分析するための科学的方法というよりも，合意形成に科学性を取り込むための方法である．環境を保護するためには，個人の生活や消費に関する行動の変化が不可欠であるがそれには基本的人権や個人の自由が大きく関わっており，従来のような規制のみによる手段では不十分で，関係者が環境影響評価や地域計画に深く関わる必要がある．シナリオ分析はそうした合意形成の手法として重要である．シナリオ分析は，選択的未来分析とも呼ばれている．

6.2.5 合意形成

価値基準の異なる問題における意思決定では，シナリオ分析や戦略的選択アプローチ（SCA），プロジェクトサイクルマネジメント（PCM）による参加型計画手法によって関係者間の合意が図られる．計画策定過程を公開して市民や事業者など関係者の計画立案への参加を得る目的は，社会的合意の形成，計画内容の改善，教育があげられる．SCAとは，計画を連続したプロセスと見なし，プロセスの各段階でのフィードバックを許すことによって，手法や評価基準の異なる複数の分野や関係者間の調整を可能とするものである．また，PCM手法は，参加型計画手法とモニタリング・評価手法の2つの手法が，プロジェクト・デザイン・マトリックス（PDM）と呼ばれる1枚の書式によって連結されて管理される．PCMでは計画，実施，モニタリング，評価という一連の流れを一貫して管理運営できるという特徴を持つが，分析に先駆けて実施される分析段階で，問題の原因と結果を論理的に明らかにすることを重視している．

6.2.6 事後評価と見直し

不確実性をともなう生態系を対象とするエコロジカルプランニングにおいては，実施後の調査とその結果にもとづく評価が必要な場合が多い．環境影響評価法にもとづく基本的事項では，予測の不確実性が大きい場合や効果に係る知見が不十分な環境保全措置を講ずる場合などに事後調査が必要だとされている．多くのエコロジカルプランニングモデルが循環型のフローとして描かれているように，エコロジカルプランニングはマネジメントと一体のものだと考えられる．

6.2.7 不確実性への対応

自然の不確実性にはリスク評価，予防原則，順応的管理，シナリオアプローチによって対応する．生態リスク評価は人間活動が生態系を構成する動植物に及ぼす潜在的な負の影響を評価するための科学的プロセスである（EPA, 1998）．リスクとは，事象の不確かさの程度と望ましくない結果の大きさの程度によって評価される．一般にリスク評価は，原因の特定，量－反応解析，暴露評価，リスクの判定から構成される．ここでは，原因は土地利用変化であり，量－反応解析は，土地利用変化の量（変化の質，面積と時間）に対し生物種や生態系がどのような影響を受けるかについて定量的な関係を明らかにすること，暴露評価は土地利用の変化がどの程度の大きさかを把握すること，リスク判定は土地利用変化の属性を総合的に考慮して緩和策の必要性を検討することと考えられる．

予防原則は，環境に重大な影響を及ぼす恐れが

ある場合に，因果関係が十分に証明されていなくても規制措置をとることができるという考え方，リスク評価は，不確実ではあるが環境に望ましくない影響をもたらす要因についてその可能性の大きさを評価する方法である．

順応的管理は科学的方法論のもとで不確実な対象を取り扱うための方法で，当初の予測がはずれることが生じうることを計画に組み込んで，モニタリングの結果をフィードバックして計画や手法を修正するプロセスである．順応的管理には二つの段階が存在し，第1段階は異なるシナリオの影響について予測するためのダイナミックモデルづくりであり，第2は，管理実験のデザインである．第1段階は，3つの機能を提供するためのものである．① 問題の明確化と科学者，管理者，その他の関係者の間のコミュニケーションの向上，② スケールや影響のタイプの不適切さのため，良い仕事ができそうにない選択肢を除去するための政策スクリーニング，③ モデルの予測を疑わせる重要な知識のギャップの発見．

順応的管理は「実行によって学ぶ」という言葉で示されることもあるが，そのことが「試行錯誤」と誤解される場合もある．しかし，順応的管理と試行錯誤は別のものである．学習は4種類に分けられる (Lee, 1999)．① モニタリングなしの経験，② 試行錯誤，③ 順応的管理，④ 室内実験である．実験は仮説，制御，反復という3つによって特徴付けられるが，生態系の管理において反復の設定は不可能に近い．しかし，仮説と限定的な制御の設定は可能であり，その点で試行錯誤とは異なる．

6.3 生態系評価

6.3.1 生態系評価のアプローチ

生態系の目標の立て方には，希少種などを特定の種の保護を目標とする種アプローチとそれらを含む生態系全体を保全する生態系アプローチがある．目標に応じて，重要な種や場所を見つけ保護し，現在は劣化しているが再生することが必要かつ可能な種や場所の優先順位をつける．そのためには，それぞれの場所の生態的な重要度を評価するための指標が必要であるが，単一の場（生態系）を評価するだけではなく，その生態系が成立している場所で他の生態系とどのように関連しているかという空間関係の評価の指標が必要である．指標とは重要だが複雑な事柄を少数の物や値で代表しうるものさしである．

場の評価指標としてはいくつかのタイプがある．機能面からは多様性の評価と機能の評価に分けられる．また評価対象としては種と群集，立地環境に分けられる．種を対象とするものには希少種や典型種，上位種など指標となる種を選び，群集を対象とするものでは種数，多様度指数，置換不能度，群集分類，立地環境ではエコトープやフィジオトープ分類あるいは生息地の連続性など空間配置を評価する．

種数や多様度指数と土地被覆など環境要因との間の回帰や相関係数を求める方法が生息地の分断のような人為的な環境改変による生物への影響評価例として用いられる（樋口ほか，1982）．

植物群落の相観をとらえて分類する群系の体系は20世紀前半に完成している．わが国の群落分類は1969年にIBPの中で作られ，その後植物社会学的な分類体系ができあがった．さらに1988年には環境庁が10段階の植生自然度区分基準を定めている．

より汎用的な群集評価の手法として，多変量解析が利用される．TWINSPAN (Hill *et al.*, 1975) はクラスター解析の手法の1つであるが，分類に後述する対応分析（CA）による序列化の結果を用いている．また，Whittaker (1967) は群集や

構成する種がある環境傾度に沿って分布していると仮定して，その分布パターンを解析する手法として環境傾度分析を提案した．この手法として，主成分分析（PCA），対応分析（CA），除歪対応分析（DCA），正準対応分析（CCA）などがある．

希少種は環境影響評価法施行前の閣議アセスでも評価対象としてよく用いられたが，愛知万博のアセスでは希少種への影響をより定量的に評価する方法としてリスク評価の手法が用いられた（Matsuda et al., 2003）．この手法はもともと日本の植物レッドリスト改定の際に開発されたもので，それは過去10年間の2次メッシュ単位での植物種の減少傾向から今後の絶滅確率を推定するものである（Yahara et al., 1998）．アセスでは全国に現存する個体数と事業により消失する個体数から種の平均余命への影響を推定した．希少種の分布型も保護対策を計画する上で考慮すべきである．分布の限られた種はそこを保護区に指定することによって保護すべきだし，分布は広いが限られた環境が必要な種は，多目的な土地利用の中で保護に配慮しなければならない．

置換不能度は，どの場所を保全すべきかの優先度を決める指標である（Presey et al., 1993）．対象地域に含まれる種を全種守るということを前提とする全種表現組み合わせにもとづき，注目しているサイトの種が他のサイトでどれくらい表現できるかを表したものである．置換不能度は0から1の値で示される．0はそのサイトがなくてもそのサイトが含む種は他のサイトに常にいることを示す．置換不能度1とはそのメッシュがないと対象地域における全種表現組み合わせが成立しないことを示す．一般的に，希少種を含む，または多数の希少種を含むサイトは値が高くなる．全組み合わせを求めると種数とサイト数が多いときに計算時間が非常に長くなるため，計算量節約のためのさまざまなアルゴリズムが提案されている（Tsuji and Tsubaki, 2004）．

生態系を評価する方法としては，生態系の指標となる種を定めて評価する方法と後述のエコトープのような物理的生物的環境にもとづいて評価する方法，さらに，そこで生じている生態系のプロセスに踏み込んで評価する方法がある．陸域生態系アセスメントの基本的事項では上位性，典型性，特殊性によって生態系を代表させる考え方が中心に示されている．上位性の種としては猛禽類が代表的であるが，事業が上位種に直接及ぼす影響だけでなく，その餌の個体数変化を通じてを与える結果といったプロセスに踏み込んだ評価が求められる．生態系のプロセスを評価する方法としては，食物連鎖のほかに送粉系なども重視される．典型性はニホンアカガエルのように森林と水田のモザイクであるとかいった特徴的な環境に生息する種が選ばれる．特殊性の種は，海上の森におけるシデコブシのように特殊な環境に適応した種である．

空間関係を評価する指標としては，空間パターンの定量指数と空間パターンから生じるプロセスのモデルがある．前者には，パッチの占有率，多様度，優占度，連結性，伝搬性，フラクタルなど，またコレログラムなど空間統計学の手法がある．そして，空間関係の生態系機能は後記のハビタットモデルの中で評価されることが多い．

アメリカで地方自治体向けにつくられたハビタットポテンシャル評価のためのハンドブック（Duerkson, et al. 1996）では，景観生態学の視点からの7原則として以下が挙げられている．①コアとなる大きく完全なパッチを断片化しないように維持する，②種の分布や個体数を左右するような保護方法や生息地保護に優先順位をおく，③希少な景観要素を保護する，④生息地の連結性を維持する，⑤重要な生態的プロセスを維持する，⑥局所の保全によって地域全体の種の保護に貢献する，⑦レクリエーションのための公開は野生生物にとっての生息地の必要性を考え

る．

6.3.2 エコトープとポテンシャル評価

エコトープは，生態的に区別できる均質な場所であり，地形，地質など物理的環境と植生のような生物的環境によって区分される．物理的環境のみを基準とした単位をフィジオトープとして区別する．エコトープマップは，地形図（デジタル標高モデルDEM），地形分類図，地質図，土壌図，現存植生図などを重ね合わせることによって，生態的土地単位を分類する．地形は傾斜，傾斜方位，ラプラシアンを求める．国土地理院では250 mDEMを用いた地形分類の例として，傾斜量，尾根谷密度（メディアンフィルタを用いて検出した突出点・陥没点の密度），凸部の分布密度（ラプラシアンフィルタを用いて検出した凸部の密度）の3つの特徴の組み合わせで16通りに区分している．

植生図は国土スケールでは，1978年に宮脇ほかの編集による日本植生誌便覧が出版され，環境庁は1973年から自然環境保全基礎調査を行い，成果を地図化した（環境庁自然保護局1982）．Takeuchi et al. (1990) は，GIS上で気候条件，土地条件，現存植生をもとに多変量解析をおこない日本列島の総合的自然地域区分を推定した．

小スケールでは，尾根，斜面，谷では植生が異なる可能性が高く，斜面の方位も植生に影響するため，大縮尺のフィジオトープマップでは，谷頭や斜面上部，下部のような微地形区分もされる（田村，1990；横山，2002）．傾斜方位をもとに水流方向や集水面積，湿潤度（wetness index），流域などを求める．潜在自然植生の推定には，国土数値情報の1 kmメッシュ気候から月平均気温と降水量，積雪量が得られ，月平均気温から求めた温量指数を利用する．

フィジオトープからはそこに成立するであろう植生を推定することができるし，エコトープマップからは動物の分布や生態系を推定することができる．下位の条件によって上位の種や生態系を評価する試みをポテンシャル評価と呼ぶ．ポテンシャル評価の源流は植物社会学における潜在自然植生の分類に見ることができるが，アメリカのNEPAの戦略的アセスメント制度のもとで開発されたさまざまなハビタットモデルやオランダの国土生態ネットワークにおける景観要素の生態的機能の研究がポテンシャル評価をエコロジカルプランニングの主要な要素とした．日置（2002）はポテンシャルの考え方を拡張整理し，①立地ポテンシャル，②種の供給ポテンシャル，③種間関係のポテンシャル，④遷移のポテンシャルによって構成されるとしている．

6.3.3 ハビタットモデル

ハビタットモデルの目的は潜在的な分布を推定することである．それによって環境の改変による生息地への影響，再導入の可能性，メタ個体群構造の推定などに用いられる．生物の分布を環境との関係で明らかにすることは，古くから生態学の中心課題の一つであった．現在の生息適地モデルは環境計画や生物多様性の保護という社会的要請に直接結びついたもので，その背景には生物多様性条約に集約される地球的規模での生物多様性の危機の意識化，地理情報システムの発展がある．ここでは，生息適地モデルを種，種組成または群集の分布を，生物的，非生物的環境によって予測するためのモデルとする．ハビタットモデルが必要なわけは，動物の生息が必ずしも分類可能なエコトープと一致しないからでもある．

戦略的あるいはスクリーニングに使用される大スケールのハビタットモデルの代表的なものはアメリカのGAP分析で用いられたWildlife-habitat Relation Model (WHRM) である．これは，優占種や植生遷移による相観的な植生タイプごとに動物種が生息する可能性の有無を表に整理したものにすぎないが，広域生態系の予防的な目的には有

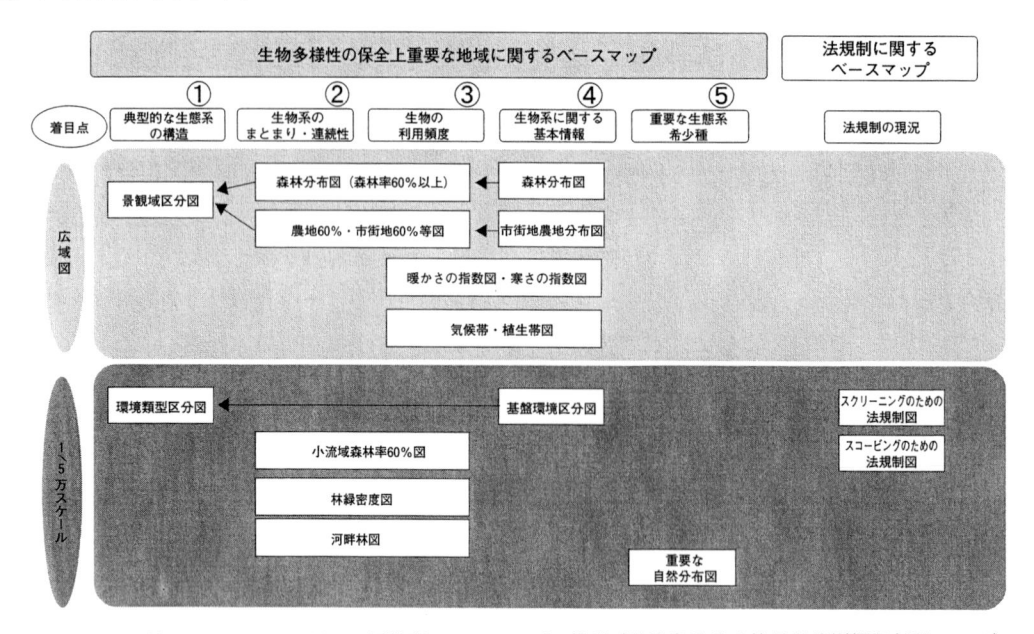

図 6.2 環境アセスメントに用いる標準型ベースマップの構造（環境省環境政策局環境影響評価課, 2003）

用である．オランダの生態ネットワーク計画では，ビオトープタイプを分類してそれぞれを生息地として利用するガイド種との対応関係を示している．

環境省（2003）は基礎的な環境情報等を整理・把握し，地域環境の特性をわかりやすく示す「環境アセスメントベースマップ」の作成方法をまとめている（図 6.2）．スケールを 1/50000 とし，標準型ベースマップとして，環境類型区分図と法規制図，アセスメントに利用可能な図として，ポテンシャルハビタットマップを挙げている．

小スケールのハビタットモデルはアメリカの NEPA の中で開発された HSI に代表され，事業実施レベルで利用可能な精度が要求される．HEP はハビタットの価値を HSI で示される生息地の質と面積などの量の積で評価し，さらに時間変化を積分して必要なミティゲーションを決定するための基準とする．HSI では，まず，対象種についての文献から生態的知見を整理する．必要な項目は種に依存するが，行動圏，出生数と死亡率，生息密度，餌の種類と必要量，隠れ家その他生息密度に影響を及ぼす項目である．これらを吟味して生存必須条件を整理し，HSI モデルに組み込む SI の変数を抽出する．SI はある変数について生息にとって最適と思われるときに 1，生息が考えられないときを 0 とする関数である（図 6.3）．さらに SI を組み合わせて 0 から 1 の間の値をとる HSI モデルとする．例えば島におけるイースタンブラウンペリカンの HSI では，SI の V_1 は島の面積，V_2 は陸地から島までの距離，V_3 は人間活動の中心から島までの距離，V_4 は営巣可能な

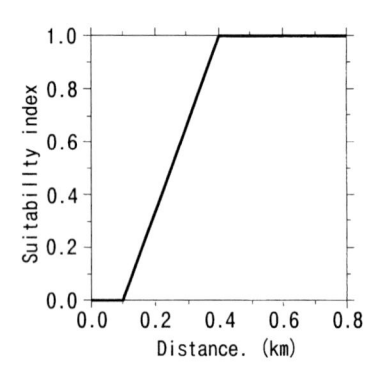

図 6.3 SI の例（イースタンブラウンペリカン）
人間活動の中心から島までの距離と SI の関係（V_3）．

植生の面積率で，HSI は
$$(SI_{V1} \times SI_{V2} \times SI_{V3} \times SI_{V4})^{1/4}$$
で求める．

a. データ収集

生物の分布データは個体数など定量的なデータがある場合と在不在のデータ，さらに不在データがない場合とに分けられる．

環境に差がある場所が含まれるように調査区を設定する．その中でランダムに調査ポイントまたは方形区を設定して調査する方法と環境の変化に沿って帯状のトランセクトを設けて調査する方法がある．また，生息地点が既知の場合に，生息していない場所からのみランダムに環境調査区を設定する方法がある．

b. モデル手法の種類

代表的なハビタットモデル手法を表6.1に示した*．

計画された調査によって個体数や個体数に変わる量的な指標値が得られている場合には，重回帰分析によってハビタットの適合性を評価すること

ができる．

しかし，種の分布データは，通常は種の在不在であることが多い．そのような2値変数を説明，予測するための方法としては一般化線形モデル GLM がよく用いられるが近年一般化加法モデル GAM や決定樹木のような機械的アルゴリズムがより汎用性があり予測力のよい方法として注目されている．判別分析は在不在の場所それぞれの環境変数が何種類か測定されているときに，在不在がもっともよく分離するように環境変数に重み付けをする方法であり，定数で重み付けられた変数の組み合わせを判別関数と呼ぶ．

c. モデルの選択と評価

良いモデルとは，少ないパラメータと単純な構造で現実の分布をよく説明できるものである．その基準として赤池情報量基準 AIC が使われる．

モデルによる予測は，モデル作成に用いたデータとは別のデータによって評価することが望ましいが，同じデータを用いて Jacknife 法などによって評価する方法も提案されている（Fielding and

表6.1 ハビタットモデルの方法

方法	文献
Biocoimatic envelop	Nix (1986)；CRES (1999)
正準対応分析 CCA	Jongman *et al.* (1995)；ter Braak (1986)
多変量距離法	CIFOR (1999)
一般化線形モデル GLM	McCullagh and Nelder (1989)；Agresti (1999)
生息適合性モデル HSI	Schamberger and O'Neil (1984)
機械学習法	
決定樹	Brieman *et al.* (1984)
ニューラルネットワーク	Aleksander and Morton (1990)
遺伝アルゴリズム	Mitchell (1996)

(Elith, 2000 より)

表6.2 在不在の推定

		実際		
		在	不在	
予測	在	A	B	A+B
	不在	C	D	C+D
		A+C	B+D	A+B+C+D

---

*自己相関：グリッド単位で生息地を推定する場合，近くのグリッドは環境が似ている可能性が高い．さらに動物の動きを考慮すると分布が記録されたグリッドの近くのグリッドでもやはり記録される確率が高い．これらの場合に空間自己相関がみられる．Augustin *et al.* (1993) はシカの分布を推定するロジスティックモデルに自己相関係数 $auto\;\mathrm{cov}_i = \sum_{j=1}^{k_i} w_{ij} y_i \bigg/ \sum_{j=1}^{k_i} w_{ij}$ を組み込んだモデルを提案した．これは，あるグリッド i の近傍 ki グリッドの中での在グリッドの数の重み付け平均値である．y は在不在を 1/0 で示したもので，重み w はユークリッド距離の逆数としている．かれらのテストでは在不在の的中率は自己相関ロジスティックモデルで高くなるが，在グリッド数や総個体数の分散が大きくなるため，そうした推定には通常のロジスティックモデルがすぐれているという結果が得られた．

Bell, 1997).

在不在を推定する場合には表6.2の4タイプの結果が生じる．在の予測率はA/(A + B)，不在の予測率はD/(C+D) であるが，これらの値は実際の在の割合（出現率）によって強く影響され，全体の正判別率 (A+D)/(A+B+C+D) も変化する．それに対してA/(A+C)を感度，D/(B+D) を特異度と呼び，そのような影響を受けない．そこで，ROC分析（Receiver Operating Characteristic）が推奨されている．感度をy軸にとり1－特異度をx軸にとっていくつかの調査地での結果をプロットする．点を結んだ折れ線よりも下の面積の割合を判別能力（discriminating capacity, DC）と呼び0.5から1の間の値をとる．Pearce et al. (2001) は判別能力が0.6未満であれば能力が乏しく，0.7以上であれば良好，0.9以上でエクセレントとしている．

d. 不在データがないか信用性が低い場合の方法

種の分布データは，標準化した方法で在不在が記録される場合よりも，発見されたときのみ記録される場合が多い．そのような場合にGLMや判別分析を用いることはできない．可能な方法としては，発見場所について環境変数の範囲や95%区間を求めることがある．Ecological Niche factor Analysis（ENFA）(Hirzel et al., 2002) は，環境要因の因子分析結果を用いたハビタットモデルを提案している．これは，種が分布する環境因子の平均値と地域全体の環境因子の平均値との差と分布の標準偏差の差を利用して生息適合度を求めるものである．しかし，この方法はGLMなどと比べて精度が低いため，ENFAによって予備的な評価をし，生息に適さないと予測された場所からランダムに得た地点を擬似不在データとしてGLMなどをあてはめる方法が提案されている．

不在データがない場合は，在不在データによる予測よりも精度が劣るのは当然だが，それは，種が好適性に比例して生息場所を利用している場合や種が広い環境を利用する場合に顕著だという．

6.3.4 ギャップ分析

ギャップ分析の考え方は1987年にアメリカで生息地の減少に対して種ごとの保護が必要であることから生まれた（Scott et al., 1987）．ギャップ分析は動物の種や群落が現在の保護区でどの程度保護できているかという度合いを科学的に明らかにする手法である．ギャップ分析の目的は，普通種の状態と生息地に関する広範な地理情報を，土地管理者，計画家，科学者，政策決定者によりよい意思決定をするための情報とともに提供することとされ，そのために州や全国レベルで以下の項目が準備される．

- 優占種と亜優占種レベルの現存植生図の作成
- 脊椎動物種の推定分布図
- 公有地と私有保護区の地図
- 保護区のネットワークの現状
- 脊椎動物種や種のグループ，群落を保護区のネットワークと比較する

ギャップ分析で用いる植生図は主にランドサット衛星画像をもとに，標準的な植生分類システム（FGDC 1996）に従って作られる．博物館等のデータをもとに動物種の分布を地図化し，植生や物理環境との関連を調べる．これらは1/100000の縮尺でGISとして整理される．

土地の保護レベルは，レベル1から4まであり，レベル1は国立公園やナショナルトラストによる保護区域，2はBureau of Land Managementの最大環境区域，3は国有林，州公園，BLMの所有地など，4は私有地など法律上保護されていない土地である（吉田，2002）．

ギャップ分析の最大の特徴は，予防的方策の立場に立った施策であることである．GAPの検討対象となるのは希少種だけではなく，普通種である．これは，一度絶滅危惧に陥った種を保護し回復させるためには莫大な資金と労力が必要である

のに対し，絶滅危惧に陥らせないような予防的措置を講じることがはるかに容易だという考え方にもとづくものである．

6.3.5 エコロジカルネットワーク

エコロジカルネットワークは，人間活動を維持しながら生物種の絶滅を防ぎ生態系の機能を発揮させるために，生息地が孤立しないよう適切に配置する方法である．基本的な手法は，コアとなる大面積に自然が維持されている区域を保護し，それと連続性があるように自然の回廊やパッチ上の生息地を配置する．エコロジカルネットワークの計画のためには，まずエコトープのような現在の自然の配置を知り，自然の配置上の問題点とネットワークの目標となる生態系を明らかにする必要がある．

オランダでは1990年に自然政策計画が議会で承認された．この骨子は①国土生態系ネットワーク計画の形成，②自然創出による生態的に高い価値を持つ土地の創出，③自然保護政策に対する世論喚起，④ランドスケープ保全の強化である（日置，1999）．国土生態系ネットワークの計画は，地形，土壌などのフィジオトープによって国土を9つの自然地域区分に分け，その中で代表的な生態系を選定してコアエリアの候補地とされた．コアエリアの最低面積は500 ha とされ，コアエリアに隣接して自然創出区域を設けて面積を拡大したり，コアエリア間の距離が離れている場合には生態的回廊が設けられる．回廊はカワウソ，アナグマ，アカシカ，サケなど具体的な動物種の利用が想定されている．

回廊はネットワークを形成するための重要な手段だが，対象となる種によって利用する回廊の植生，長さ，幅は異なるし，鳥などでは連続した回廊である必要は無く飛び石状の生息場所を利用する場合もある．感染症の蔓延の可能性の増大，種によって回廊の利用が異なる結果として生態系が変化すること，回廊を移動する際にうける捕食圧による死亡率の増加など回廊のマイナス面も指摘されている．

6.4　景観生態学的にみた国土，都市，緑地の評価と計画

一般的にはスケールが変わることによって，解像度も変化する．大スケールでの評価はスクリーニングの要素が強く，目標の遂行に適した地域や問題のある地域を発見するために用いる．

当然ながら地球環境問題は全地球スケールでの評価が必要である．渡り鳥の保護や回遊魚の資源管理にも地球スケールでの評価が必要であるが，人工衛星によるリモートセンシング技術の発展によって日常的な作業になっている．移動追跡で革命的な役割を果たしたのが ARGOS システムによる追跡である（Higuchi, 2005）．これは，小型の発信機からの電波を人工衛星 NOAA によってキャッチし，ドップラー効果によって位置の特定を行うものである．渡り鳥，ウミガメ，回遊魚で多くの事例がある．最近では GPS と組み合わせてより高い精度での位置推定を可能にした機種も用いられている．特に渡り鳥では繁殖地と越冬地だけでなく，渡りの中継地のための重要地域が明らかにされた．

植物などは現在や過去の気候によって分布が限られ植生帯を形成している．さらに両生類や地表徘徊性昆虫など移動能力が乏しい生物では，種ごとの分布が限られている．それ以下の自然スケールとしては流域を考えるべきである．川の流れが侵食と堆積による土砂の運搬によって地形を変え，物質や生物の移動によって流域内の生態系が連続しているからである．流域はさらに小流域へと，川はリーチや瀬淵へとスケールダウンされる．

6.4.1 国土スケールの評価と計画

新生物多様性国家戦略では国土のグランドデザインの考え方の最初に，「自然を優先すべき地域として奥山・脊梁山脈地域，人間，人間活動が優先する地域として都市地域があり，その中間に人間と自然の関係を新しい仕組みで調整されるべき領域として広大な里地里山・中間地域が広がっている．これは生物多様性保全のための基本認識であり，また，生物多様性回復のためのポテンシャルの認識でもある．」としている．国土を自然の現状から把握して，保全と再生のポテンシャル評価を行うが，その計画の実施は，地域性に配慮したボトムアップとすべきという考え方がみられ，国土の地理的な把握とスケールに配慮した景観生態学的分析が求められている．

国土スケールでは，標準化された手法でつくられた地形図や地質図などが整備されている．また，環境庁は1973年より自然環境保全基礎調査を開始し植生図や種の分布情報が集められている．これらの国土情報はデジタル化され国土数値情報が整備され，地理情報システムを用いた評価がなされつつある．国土スケールの評価には1 km程度の解像度が用いられることが多い．

植生自然度から見た日本の国土は，西日本の自然植生の乏しさと断片化に対して東北日本で比較的残されていることが歴然としている（図6.4）．こうした比較的残された自然林は多くがブナクラス（落葉広葉樹林）に属し，ヤブツバキクラス（照葉樹林）で乏しい．林野庁は1999年から残された自然林を主体とする保護林を連結して動物の移動経路としての緑の回廊計画に取り組んでいる．それは東北地方で充実し，西は白山で終わっている．東北日本では，脊梁山脈を骨格とする計画が有効であるが，西日本では網目状の二次林を含む里山ランドスケープをどのように保全するかが戦略的重点となる．

近年のDNAマーカーを用いた地域集団の系統

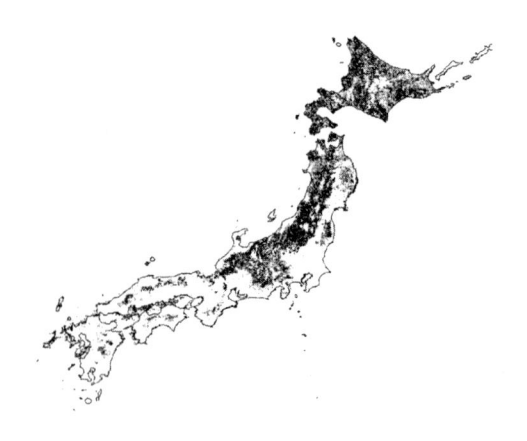

図6.4 自然植生の分布（環境省全国植生調査3次メッシュデータより作図）

解析は，ニホンザルなど複数の動物で東日本と西日本で集団が分化しているという結果が得られている．ツキノワグマでは由良川をはさんで異なるミトコンドリアDNAの組成を持つ集団が存在する．止水性サンショウウオ類でも，石川県以西の日本海側で分化がすすんでおり，遺伝子レベルの生物地理学からも西日本でのネットワーク化には細心の注意が必要であることをうかがわせる．

6.4.2 地域スケールの評価と計画

広域行政圏での自然の評価およびプランニングとして，「首都圏の都市環境インフラのグランドデザイン」が策定され，近畿圏でも策定された．首都圏に水と緑のネットワークを形成するために，農林水産省，国土交通省，環境省及び関係都県市からなる「自然環境の総点検等に関する協議会」の検討を元に策定された．基本目標は，生物多様性保全の場，人と自然のふれあいの場，良好な景観，都市環境負荷調節，防災という5つの機能を提供することである．そのための評価方法として，①貴重な自然のまとまりを保全すべき自然として抽出し，②ガイド種10種によるネットワーク評価がなされている．

貴重な自然のまとまりの具体的な手法としては，対象地域全体を市町村・町目単位に区分し，

地形と植生から36パターンに分類．環境省の自然環境保全基礎調査データによって，各区分への哺乳類，チョウ類および淡水魚の出現率を算定し，その値から各区分を評価ランク1から5までの5段階に設定した．また，ネットワーク評価には，多様な自然を代表するようなガイド種を選定し，それぞれの種の生息環境と行動圏の大きさから生息推定地を地図化してその連続性を評価した．最終的には5つの機能を総合して，25のゾーンが保全すべき自然環境として選定された．

都道府県単位での自然評価には，自然環境保全指針があり，11の都道県により策定されている．これは，「良好な自然環境を適切に保全するため，自然の現状を的確に把握し，これを評価して，保全を図るべき自然を明らかにするとともに，それらの自然環境の保護と利用に関する施策を総合的かつ計画的に展開するための目標と方向を示すもの」（北海道自然環境保全指針より）である．

県内を自然環境によって区分，評価するが，評価項目としては，例えば岩手県では，生息・生育

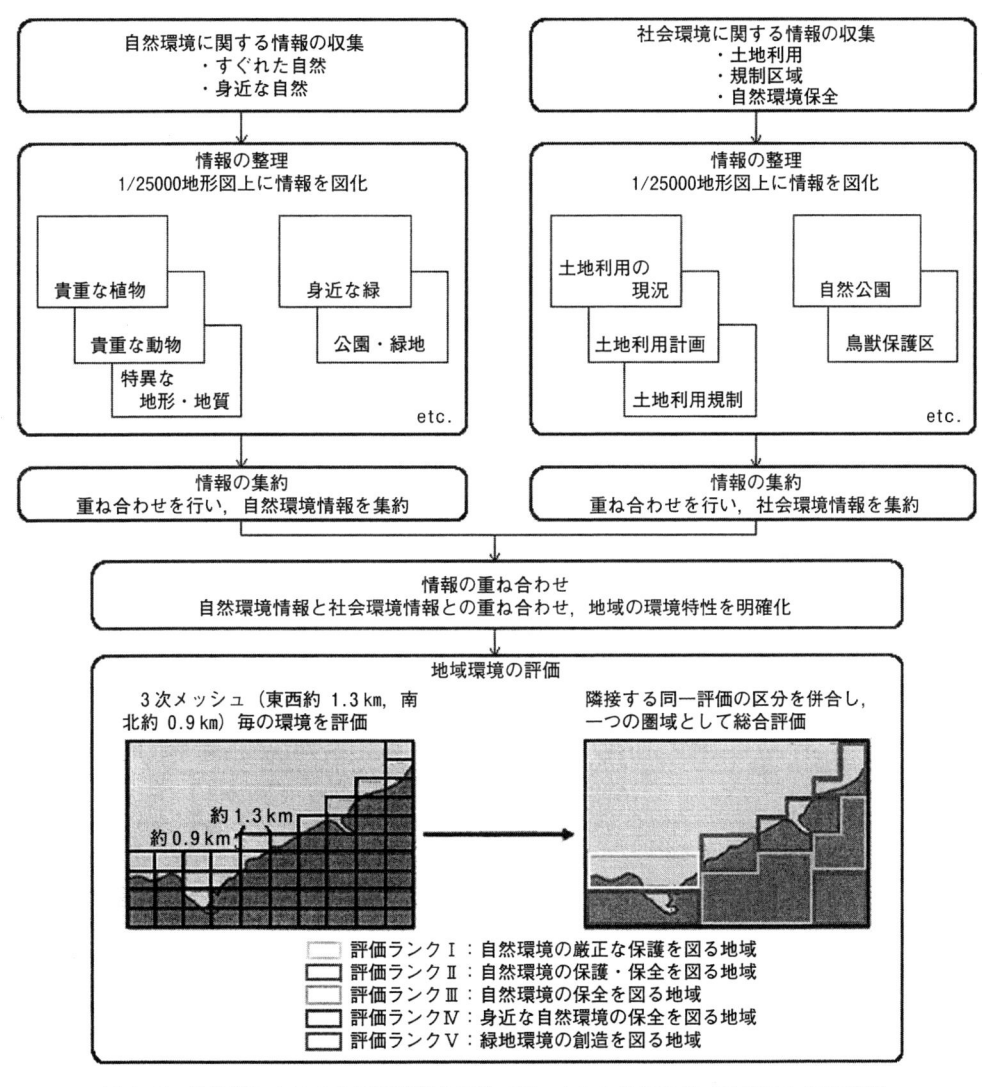

図6.5 沖縄県における自然環境保全指針で用いられた評価手順（沖縄県自然保護課）

環境の評価として植生自然度，種の評価として重要種（絶滅危惧種）の有無，種の多様性の評価として重要種の種数としている．評価は生物だけでなく，地形，地質自然景観や身近な自然：類型化を対象とする．

GISベースでの作成もなされている．沖縄県では3次メッシュを単位とし（図6.5），類似した自然環境を持つ3次メッシュを統合して地域の単位としているが，福井県では，流域と小縮尺のエコトープ分類によってできたポリゴン単位で自然環境を評価する試みを行っている．地域スケールでの自然環境評価の単位としては，行政区よりも流域など自然地域を考慮する必要がある．

6.4.3 都市の生態系評価と計画

水辺や緑地は都市の生態系の基盤であるが，その評価はトータルの緑被率だけでなく，個々の緑地の面積や形，配置を評価する必要がある．都市緑地は景観生態学のパッチコリドーマトリックスの考え方をあてはめやすい．ネットワークの必要性の根拠でもあるが，都市の小規模な緑地では内部で循環する持続した生態系は成立し得ないし，サイズの小さな個体群では長期間持続することは難しい．メタ個体群でいうところのシンクであって，周辺の個体群からの移入によって維持される．都市の孤立林を海洋の島と見立てて，生息種数を島の生物地理学のモデルによって説明する試みは多く（樋口ほか，1983など），面積と連続した生息地からの距離が種数に影響が大きいことから，コアとなる緑地と連結性のある緑地の確保の必要性の根拠となっている．

枚方市は2002年に出版した「ふるさと生き物調査報告書」の中で，市内の孤立林を抽出して生物調査を行うとともに，孤立林の連結性などから緑のネットワークの評価を行った（図6.6）．そして，ネットワークの核となる孤立林，ネットワーク構成上重要な孤立林（連続性と周辺環境による評価）をエコロジカルネットワーク形成上重要な自然とし，生物多様性の視点，景観形成・生活環境向上の視点，市民の視点の合計4つの視点から「残したい枚方の自然」を選定した．

都市の生態系評価では森林と水辺だけが評価さ

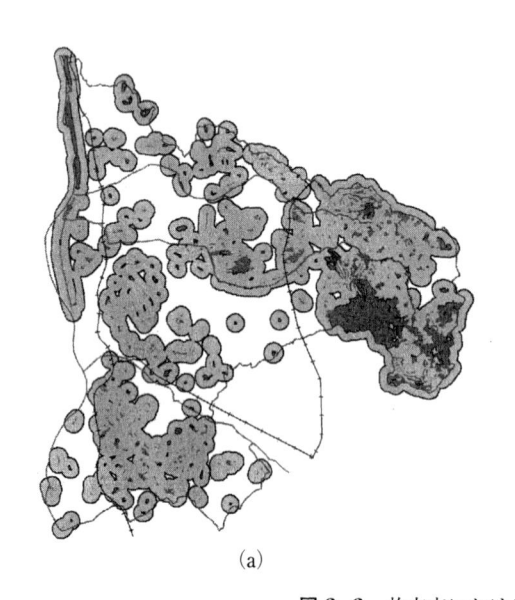

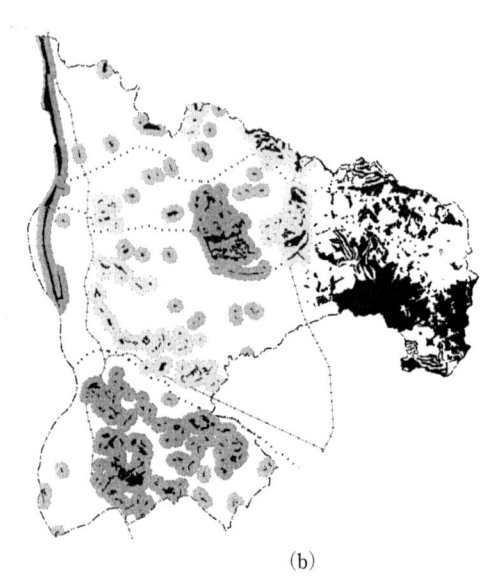

図6.6 枚方市における緑のネットワーク
(a) 鳥による種子の交流を想定した図　(b) 300 m以内で隣り合う孤立林を連結して孤立林群を抽出した地図。（枚方市，2002）

れることが多いが，農地や草地などオープンな環境も重要である．大阪府の鳥やチョウの分布と土地利用の関係を分析した結果からは，種組成は森林が卓越する地域，森林と農地が混在する地域，農地が卓越する地域，都市で異なっており，単純に種数だけを比較するならば森林と農地が混在する地域で最も多いことが示されている（Natuhara and Imai, 1996）．また，用地を一時的に自然のために用いることも意味がある．ロンドンで最初のエコロジーパークであるウィリアム・カーチス・エコロジーパークは，産業用地の遊休地に時限付きでつくられたし，大阪南港や東京港の野鳥園は埋立の過程で放置されていた場所に鳥が集まったものである．自然のある部分はこうした都市の一時的な遊休地（ブラウンフィールド）に成立することへの認識を高める必要もある．

6.4.4 大規模緑地の評価と計画

大規模緑地を保護区として位置づけることの必要性と可能性は高い．その際の設定の目標としては，
① 地域全体の生物多様性を代表している

表6.3 評価の考え方

		低 ← 生態系の豊かさ → 高	
利便性	低	無駄な投資をしない	保護型管理
	高	開発型利用	保全型利用

（小栗ほか，2005）

② 野生種の持続的な個体群が維持されている
③ 生態的，進化的プロセスが維持される

そして，地域で環境変化に対応できる保護区ネットワークが維持されることが重要である．

一方，多目的利用される緑地では内部のゾーニング計画が必要である．国営みちのく杜の事例（小栗ほか，2005）では，公園内に複数の立地環境を含んでいることから，エコトープの図化と利用管理の面からの立地条件の図化を行った（表6.3）．評価は集水域を考慮した区域を単位とし，生態系の質として林床植物の分布と地形など物理環境との関連にもとづく林床植物の選択度指数，自然植生割合，鳥の特定種の出現種数，特定の湿地生物の出現種数を用い，利便性では傾斜，斜面方位，アクセスしやすさ，眺望を用い区域ごとに集計している．

6.5 ダイナミックな自然の考え方

潜在自然植生は人の手が加わらなかったときにそこに成立しているはずの植生を推定したものであり，静的なとらえかたで自然の姿を見たものである．実は自然はダイナミック（動的）なものだという捉え方は古くからあったが，1960年代の生態学モデルの発展の中で，動的平衡という考え方が脚光をあび，さらには非平衡な捉え方へと変化してきた．非平衡な自然を成立させてきたのが洪水や火災，火山の噴火といった大きな自然の変動性である．自然の変動性が生態系に果たす役割の重要性は1980年代に強調されていたが，生態系管理への応用は1990年代に定着した（Swansen et al., 1994）．Holling and Meffe（1996）は，持続的な自然資源管理の規則として，管理は，自然の弾力性 resiliency を維持するために，資源系における自然変動の重要なタイプと変動範囲を維持するよう努めるべきであるとしている．

遷移や撹乱によって生じるダイナミックな空間的な不均質をシフティングモザイクと呼び，雨季と乾季に対応した大型偶蹄類の大移動，雨季の氾濫原での魚類の産卵，逆に氾濫原での乾季の農耕，焼畑や萌芽更新による森林のモザイク，洪水によって生じた丸石川原でのカワラノギクの生育やコアジサシの営巣など様々な生態系にみられる．そして現在自然再生や生態系管理をめぐる最も困難で興味深い技術的課題となっている．

歴史的な時間を長くとるほど自然変動の幅も大きくなる．自然の管理に必要な自然変動性を参考値（reference point）と呼び，掲げた目標にふさわしい時間と地理的範囲内で人為的影響なしに生じていた自然の状態と定義される（Landres *et al.*, 1999）．生態系管理のための参考値として自然変動性を利用する目的は，管理されたランドスケープを原生自然に戻すことではなく，ランドスケープの現状の範囲を自然の範囲にすることである（Swanson *et al.*, 1994）．しかし，人間によって改変された自然を再生する場合にどの年代を参考値とするかは難しい．アメリカでは，ヨーロッパ人の入植前である200年前の自然を参考値とする考え方が有力である．わが国でも北海道などは同じ基準が適用できそうだが，西日本では照葉樹の自然林が卓越した環境というのはおそらく2000年以上さかのぼる必要があり，その間に地域的に絶滅した種も多い．里地里山という人手が加わって長年維持されてきた自然の保全をベースとしながら，照葉樹自然林の再生も模索することが可能な選択であるだろう．

参考文献

土木学会環境システム委員会（1998）環境システム―その理念と基礎手法―，共立出版．
井手久登編（1997）緑地環境科学，朝倉書店．
亀山　章編（2000）生態工学，朝倉書店．
イアン・L・マクハーグ，下河辺淳・川瀬篤美監訳（2001）デザイン・ウィズ・ネーチャー第2版，集文社．
松田裕之（2000）環境生態学序説，共立出版．
カール・スタイニッツほか，矢野桂司・中谷友樹訳（1999）生物多様性と景観プランニング，地人書房．
武内和彦（1991）地域の生態学，朝倉書店．
Turner, M. G., Gardner, R. H. and O'Neil, R. V. O. (2001) 中越信和，原慶太郎監訳（2004）景観生態学，文一総合出版．
横田秀司編（2002）景観の分析と保護のための地生態学入門，古今書院．

7
自然地域の計画

7.1 自然地域とその計画理念

都市や農村，森林という言葉に対して，自然地域や保護地域とは耳慣れない言葉であろう．ここではそれらの定義や機能，理念などについてふれる．

7.1.1 自然地域と保護地域

都市と自然という表現は対置されることが多いが，都市が形成されるまではそのような区別は存在しなかった．人間活動の影響の少なかった時代，自然の影響から身を守るため人間は集落で生活した．だが次第に人間活動が拡大した結果，都市が形成され同時に自然地域（natural area, wildland）という空間が認識されるようになった．

空間特性から自然地域を捉えると，日本では陸域の自然地域は都市と農地を除いたほぼ森林に覆われた山地であり国土の67％を占める．さらに，国立公園地域に限ればその87％が森林地域（国有林及び森林法に基づく地域森林計画対象民有林）でもある（表7.1）．都市域に比べると相対的に人間の影響の少ない空間であることが特徴であり，海外では草原やツンドラ，砂漠など多様な自然地域が存在する．環境基本法（1993）による環境基本計画上の区分に沿岸を含み，自然公園法でも湖沼などの内水面に加えて海中公園地区が存在するように，海域も自然地域に加えることが妥当である．

残された自然地域が相対的に希少となるにつれ，人間の影響から保護することが必要となり，開発などの対象から除外するために保護地域（protected area）化されるようになった．自然地域と保護地域いう概念は都市の形成とその拡大によってもたらされたともいえよう．

7.1.2 自然地域に関わる法規制

環境基本法による環境基本計画では，国土を山地・里地・平地という3つの自然地域に区分している．だが，この基本計画では自然地域が全国土を指すため，ここでは国土利用計画法（1974）による土地利用計画に示された都市・農業・森林・自然公園・自然保全の5地域のうち，後の3つが相当すると考える．

林野庁の管轄する森林法（1951）では17種類の保安林が定められている．環境省の管轄する自然公園法（1957）は国立・国定・都道府県立の3種類の自然公園を定める．同じ環境省管轄の自然環境保全法（1972）では原生自然環境保全地域・自然環境保全地域・都道府県自然環境保全地域の3種類がある．すなわち，法律に基づく自然地域の計画としては，森林計画，公園計画，保全地域計画の3種類があるということになる．だが，日本ではこれらの空間は重複（表7.1）しているにも拘わらず省庁間の調整システムが明確ではない

表7.1 国立・国定公園と他の国土利用基本計画区分との重複割合（%）

自然公園	都市計画地域	農業地域	森林地域	（国有林）	（公・私有林）	（保安林）
国立公園	16.9	24.2	86.7	58.1	28.6	54.2
国定公園	20.2	34.7	80	36.3	43.7	42.3

（国立公園協会, 2004）

ため，自然地域の総合的計画を困難にしている．

なお，同様に重複指定された比較的小規模な空間としては，鳥獣保護法（2003）による国設および都道府県設鳥獣保護区，文化財保護法（1950）による天然記念物などが挙げられる．さらに，通達としては国有林に指定される林野庁の保護林制度（1905）がある．それらに加えて，1970年代には都道府県や市町村による自然保護関連条例が多数制定されている．

一方で，国際的に保護される自然地域としては以下のような空間が挙げられる．まず，1971年から始まったUNESCOのMAB（Man and Biosphere）プロジェクトでは世界各地の多様な生物圏を代表する空間を生物圏保護地域としている．日本では白山などが指定されている．同年に1971年に採択され1975年に発効したラムサール条約（1971）は水鳥の生息地となる湿地を保護する．日本は1980年に批准し釧路湿原が最初の登録湿地になった．水鳥の生息地であれば水田や人工のため池でも対象となるのが特色である．同じ世界遺産条約はイエローストーン国立公園設置100周年の1972年にUNESCO総会で採択され，1978年に発効してから締約国数は182ヵ国にのぼり，830箇所が登録されている．日本は1992年に125番目の締約国となり，屋久島や原爆ドームなどが登録されている．この世界遺産条約により，自然，文化，複合の3種類からなる世界遺産リストの作成や登録された遺産保護支援を行う世界遺産委員会の設置が定められている．現実には観光地の国際的ブランドとして機能し，過剰利用が問題となっている．いずれも国内法によって保護されて

いることが前提となっている．UNESCOの一組織IUCNでは1969年頃より保護地域の定義やカテゴリを決めている．保護地域とは，生物多様性や自然資源，それと関係する文化資源の保護や維持を目的とし，法律や他の有効な手段で管理された陸域・海域となっている．近年では原生保護地域・原生自然地域（Ⅰ），国立公園（Ⅱ），天然記念物（Ⅲ），種と生息地管理地域（Ⅳ），景観保護地域（Ⅴ），管理資源保護地（Ⅵ）のカテゴリに区分し，世界の陸地面積の11.5%を占めるに至っている．これらの中で国立公園面積の割合が4割を占めているが，日本の国立公園は必ずしもⅡに属している訳ではなく，Ⅴの場合もある．

さらに，空間よりも生物種に関わるものとしてワシントン条約（1973）や生物多様性条約（1992）などもある．日本では絶滅のおそれのある野生動植物の譲渡の規制等に関する法律（1987）や生物多様性国家戦略制定（1995）などによって対応している．

7.1.3 自然地域の機能

都市計画では土地利用計画と都市施設整備計画，市街地開発事業の計画が3本柱になっている．これによって社会資本を整備し良好な生活環境を提供することが重視される．すなわち，住民の利便性のために土木や建築による構造物で自然地域を改変するという施設計画が中心になる．これに対して，自然地域計画では，都市計画同様のゾーニングはあるが「図」である施設ではなく「地」である植生などのあり方を中心とする土地利用計画であり，施設は歩道や山小屋など利用目的の動線

と拠点に限定される．さらに，開発を抑制する空間として位置づけられる．

具体的には，木材のような再生可能資源を持続的に提供する機能，生物多様性や水土保全による防災などの環境機能，さらに，レクリエーションや景観を楽しむための機能の3つの機能が自然地域に期待される．これについて，熊崎は森林の機能として生産的，保護的，レクリエーションという表現を用いており，日本学術会議では物質利用原理，環境原理，文化原理と呼んでいる．さらに，森林・林業基本法（2001）に基づく森林計画制度による資源の循環利用，水土保全，森林と人との共生に森林の機能を区分している．表現は異なるが本質的には共通し，森林を自然地域に置き換えることができる．ここでは，学術会議にならって簡略し物質利用，環境，文化と呼ぶことにする．

自然地域のこれらの機能は，日本では関連する法律の対象空間が重複していることからもわかるように，排他的ではない．すなわち，図7.1に示されるように2つあるいは3つが同一空間で重複する場合が普通である．これが，重複しないことを前提とする土地利用計画手法としてのゾーニングを困難にする理由でもあるが，自然地域計画ではいかにして3つの機能の調和をとるかが課題となる．特に近年では単機能の提供から多様な機能の提供，すなわち，図7.1の重複部分の拡大が求められている．

自然地域に関わる森林法，自然環境保全法，自然公園法が それぞれ物質利用，環境，文化3つの機能に対応しているようにもみえるが，一番歴史の古い森林法が最も包括的である．それに対して自然公園法では文化と環境機能が中心であり，さらに，自然環境保全法は環境機能に特化している．すなわち，自然地域には一層多様な機能が求められているにもかかわらず，法律は次第に単機能を志向してきた．

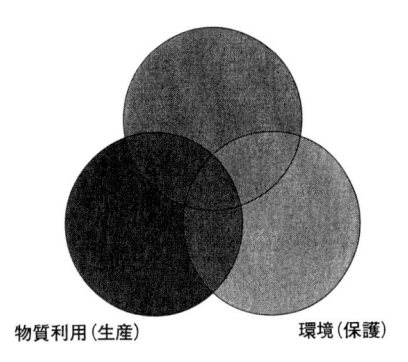

図7.1 自然地域の3つの機能とその重複

7.1.4 機能からの「保護と利用」概念の見直し

日本の国立公園を定める自然公園法では「保護と利用」が対立概念として取り扱われている．だが，保護も利用も人によって理解の仕方が異なるので，ここでは自然地域の機能から捉え直してみる．

文化財の保護であれば，高松塚の壁画保存のように，人工物の経年変化を止めることであるが，自然地域では植生遷移や浸食など変化の評価次第でいくつかの選択肢がある．広義の保護はプロテクション（protection, 狭義の保護）と，プリザベーション（preservation, 保存），コンサベーション（conservation, 保全），レストレーション（restoration, rehabilitation, 復元・再生）に大別できる．プロテクションでは遷移などによる時間的変化を認めない．これは庭園や都市公園の管理と同様で，あるべき環境を管理によって維持する．そのためには生長や枯死，病虫害も抑制し，風景保護と呼ばれる場合もある．これとは対照的に，プリザベーションでは遷移や浸食など生態系システムに委ね，噴火や台風など急激な変化も受け入れる．コンサベーションとは持続的資源利用を目的として管理する場合であり，林業はその典型である．森林施業では，単木択伐から大面積皆伐に至る空間スケールと10年程度から遷移に匹敵する数百年に及ぶ時間スケールで計画する．レスト

レーションとは一旦失われた種や生態系が短時間で戻るようにする人為的活動である．これらは物質，環境，文化のうちいずれの機能を重視するかという資源管理の視点から捉えた見方であり，プロテクションは文化，プリザベーションは環境，コンサベーションは物質利用を重視している．レストレーションはいずれの目的にも使われる．

保護が空間のあり方から機能を捉えたのに対して，利用はその産物から機能を捉えている．林学で言うところの森林利用は物質利用で，造園学でいう公園利用や景観などのアメニティの享受は文化，水源環境や防災は環境利用となる．以上のように「保護と利用」は，自然地域の機能をどのような切り口から捉えるかというというものであり対立概念ではない．むしろ期待される機能のあり方で考える方が妥当である．

7.1.5 自然地域計画の理念

都市計画とは対照的に施設整備は最小限に止め，現存する自然環境を保全あるいは失われた環境を復元することによって，人類の存続に不可欠な多様な機能を提供することが，自然地域に期待されている．多数の人々が生活する都市では施設整備による利便性や賑わいが期待されるのに対して，大多数にとっては都市から時折訪れる非日常的空間である自然地域では原始性や静寂さが望まれる．特に都市住民は，都市とは対極にある環境を自然地域に期待する．

そこで都市計画と異なる計画アプローチが必要になる．とりわけ，高度成長期以来過剰に施設整備された日本の自然地域では，単に人工物を造らないだけではなく，施設を撤去し自然を復元するような計画が必要となっている．また，地球規模の温暖化や国内で少子化を迎えた状況を考慮すれば，国土総合開発法（1950）の時代とは逆に，車なしでは生活に不便なほど拡大した都市域を縮小させ自然地域化するという計画も必要となっている．すなわち，アレックス・カーが『犬と鬼』でいうところの「鬼」に対して地味な「犬」，あるいは，イー・オリョンが日本文化の特性として指摘した「縮み志向」を重視することに通じる．

さらに，高齢化社会を迎えた日本では，財政的理由からも国民の健康が一層重要となっている．すなわち，19世紀の欧米都市における公園づくりの目的と同様な保健機能が，今日の自然地域にも期待され，レクリエーションなど文化的機能も重視される．すなわち，自然地域計画の理念は自然地域と人の健康と簡潔に表現できよう．

7.2 保護地域としての自然地域計画史

今日，世界各地に多様な保護地域が存在するが，それらはどのように展開してきたのだろうか．ここでは，最初に国立公園を設置し保護地域のデパートともいえるアメリカと比較しつつ，日本の潮流を探る．なお，国有林では木材生産という物質的利用がなされるが，日本ではその6割以上が保安林などの規制をうけ，アメリカでも2割ほどが禁伐となるウィルダネスなどに指定された上，他の地域でもエコシステム・マネジメントが導入されているため一種の保護地域として機能している．

7.2.1 近代以前の保護地域

近代以前の実質的保護地域は宗教的理由や荒廃による教訓から設定された場合が多い．すなわち，1つは社寺の聖なる山や空間として，立入や資源利用が規制される場合である．その代表としては春日奥山原始林が挙げられよう（図7.2）．これらの空間は今日まで実質的保護地域として機能してきた．例えば，世界複合遺産となり先住民が管

図7.2 飛火野の草地とコントラストをなす春日奥山（奈良公園）

図7.3 聖なる山として先住民が登山自粛を願うウルル（Uluu-Kata Tjuta National Park）

理しているオーストラリアの国立公園ウルルでは登山の自粛が期待されている（図7.3）．

もう1つは都市づくりによる森林の荒廃を教訓とする保全である．タットマンは日本の森林が古代と中世，近世という3つの時代に略奪されたと記している．いずれも戦乱とその後の都市づくりによる大量の木材消費が原因となっている．特に江戸時代には「留山」などが制定され，植林も盛んになっている．さらに同じ頃，日本三景をはじめとする名所が成立し，花見などレクリエーションを目的とした保全・整備もおこなわれている．

7.2.2 アメリカにおける自然地域の展開

連邦政府レベルの保護地域としては野生生物保護区などもあるが，ここでは国立公園と国有林を中心として展開を探る．

a. 国立公園：文化機能と環境機能に特化

近代的保護地域の代表である国立公園は1872年に制定されたイエローストーンに始まるが，1864年に州立公園になったヨセミテ渓谷（図7.4）ではその翌年にオルムステッドが公平性を考慮し教育の場として位置づける先進的公園計画を策定していた．いずれも，モニュメンタルな景観に，ヨーロッパ文明に対するアメリカ人の劣等感を克服するという役割が課せられ，ナショナリズムが大きな影響を及ぼした．このような景観が私有化されることを防ぐことが公園化の主たる目的であった．公有地払い下げによる開拓を促進してい

た時代に私有化の対象外となる保留地とするには，鉱物資源に乏しく農業や畜産など経済的価値もなく，ただ観光的価値しかない無用の土地（worthless land）であるということを議会で訴えることが必要であった．

1906年には，モニュメントというカテゴリが加わると同時に，メサベルデ国立公園（図7.5）に代表されるように先住民の遺跡という文化資源が含まれるようになった．特に1916年の国立公園局設置以降，数の増加だけでなく質の多様化が進み保護地域はシステムとなる．1930年代には独立戦争の戦跡など近代史を含む文化遺産も加わり都市域でも展開する一方，エバーグレーズ湿原という景観ではなく環境の価値から国立公園になる空間も誕生する．さらに，1968年には長距離

図7.4 オルムステッドが計画案を立てたヨセミテ渓谷（Yosemite National Park）

図7.5 文化遺産としての国立公園（Mesa Verde National Park）

歩道や河川，水辺など帯状の空間が加わり，環境コリドーが保全される．1974年には先住民による伝統的生物資源を認めるプリザーブという空間も加わる．そのような潮流の中であえて連邦政府のシステムに入らずに先住民が独自の設定した部族公園（図7.6）も誕生している．

このようにアメリカの自然地域における先住民の役割の認識される一方で，落雷による山火事の抑制や野生動物の恣意的管理に対する批判が高まり，国立公園の管理は大きく変わっていく．1960年代にエコシステム・マネジメントの必要性が認識され，火入れによる植生管理が導入される．病虫害が発生しても薬剤は散布されなくなった．さらに，1990年代になると過剰利用対策として宿泊施設などの撤去も始まり，負の遺産ともいえる噴火後のセントヘレンズ山や戦時中の日系人収容所跡もシステムに加わり20を超えるカテゴリからなるシステムに多様化している．

b．国有林：物質利用を含む多機能空間

一方，国立公園より遅れて1891年に保留林制度が制定され，1897年にはその目的として水と木材資源の保全が挙げられる．1905年には農務省に森林局が設置され，1907年から国有林として管理されるようになるが，当初から多目的利用を前提とするため国立公園のような多様化には向かわなかった．しかし，当時は，物質利用も木材生産よりも放牧が主体であり，むしろ水源涵養など環境保全を軸とした保護地域として位置づけられていた．そのことは荒廃した東部の自然地域を1911年より政府が国有林として買い戻し水源涵養やレクリエーション機能を発揮させたことから明らかである．

1924年には森林局の内部規定としてウィルダネスがヒラ国有林（図7.7）に設置される．ウィルダネスとは文明の影響のないレクリエーション空間である．目立った景観や貴重性，原始性をアピールし自動車利用を推進し，国民の支持を増大する国立公園との対抗上，自動車に代表される文明の影響のないという価値で国有林をアピールするためでもある．第二次大戦後は国有林でも木材生産が重視され，伐採に対する危機意識から市民

図7.6 先住民が管理するモニュメントバレー（Monument Valley Navajo Tribal Park）

図7.7 文明の影響がないことを評価するウィルダネス（Gila National Forest）

団体がウィルダネスの法制化を進めた．木材など資源利用を規制するウィルダネスには産業界などは反対したが1964年には立法化され，市民参加によって国有林に留まらず国立公園や野生動物保護区など他の連邦政府所有地に設定されるようになる．その際，文明のシンボルである自動車や車道との関係が重視され，道路からの距離という基準でゾーニングされていった．この評価基準は当然ながら生物多様性の保全にも有効となり，かつて人手が加わった東部にも指定されるようになる．

ランドスケープ・エコロジーが台頭し始めた1980年代後半から，北西部でのフクロウやサケ生息環境委保全が問題となり，1992年からエコシステム・マネジメントが国有林に導入された．これは生態学という科学と市民からのボトムアップという2つの原理で森林を管理するというものである．具体的には木材生産ではなく生態系保全が一番優先される課題となった．すなわち，人間が森林の撹乱者ではなく順応者となり，ランドスケープ・レベルでの森林管理が進められることになる．その目的も，取り出したもの（林産物）から残されたもの（腐朽木や落葉落枝などのある環境）となり，経済学中心の木材管理（timber management）から生態学中心の森林管理（forest management）に変容する．

だが，エコシステム・マネジメントには処方箋がない．それは順応的（adaptive）管理という言葉に示されるように，専門家が判断した特定の施業法を処方するのではなく，市民参加を軸に現場での判断で管理していく計画手法である．理念中心で処方箋を示さないということには，現場の自由度が高まりそれぞれの自然および社会環境に応じて最適な森林管理が可能となる積極的な見方と，森林局が具体的な方向性を示せない状況にあるという消極的な見方のどちらにも捉えられる．

7.2.3　日本の国立公園と国有林

アメリカと比較すると，国有林が先で国立公園が後にできた点，それと関係し国立公園が国有林を核に重複指定され園内でもゾーンによって物質利用が可能な点，都市緑地や文化資源が他省庁の管轄となっている点が大きく異なる．

a．国有林

日本における国有林は江戸時代からの幕藩有林を官林として管理することを定めた官林規則の布達（1871）に始まる．翌年には，太政官布達16号により公園制度が定められ，その中に松島なども含められていた．自然地域中心の制度としては森林法（1897）による保安林制度が妥当であろう．しかし，森林法の対象は全ての森林地域であり，国有林に限れば山林局長通牒による保護林制度（1915）が，今日の生態系保護地域に展開している．アメリカと同様，第二次大戦前は民有林に比べて奥地に位置する国有林に対する伐採圧はそれほどなかったので，国立公園との重複はそれほど問題にならなかった．

だが，戦後はアメリカ以上に木材需要が高まり，国立公園との調整が困難になる．しかしながら，1970年代以降安価な外材が大量に供給され，国産材の価格も需要も低迷していく．1987年には知床における伐採が厳しい批判を浴び，戦後からの独立採算制が見直され，林野庁は国有林の環境及び文化機能を重視していくことになる．この流れは森林・林業基本法による森林計画での3種類のゾーンでの控えめな施業方針から読み取れる．しかし，重複した国立公園行政において文化機能が展開しているため，国有林行政ではレクリエーションはあまり重視されていないし，ウィルダネスのような空間も設定されなかった．

b．国立公園

日本における国立公園運動は1911年のいくつかの建議や請願から始まるが，アメリカと同様，富士山のようなモニュメンタルな景観を中心とす

第7章 自然地域の計画

るナショナリズムの影響が強く反映している．一方で，世界的不況の時代に運動が展開されたこともあり，日本では外客誘致による外貨獲得が原動力となっている．1927年に新聞というメディアを利用して選定された日本八景を契機にして，1931年に国立公園法が制定された．その第2条において公園計画とは保護と利用に関する統制および施設の計画であると定義された．ここで保護と利用を対置して，それぞれの規制と施設の計画を立てるという戦後の自然公園法でも引き継がれるフレームワークが示される（表7.2）．だが，7.1.4項で述べたように利用と保護，規制と施設からなるマトリックスには無理があり，利用が適切に管理されないというような問題が生じた．アメリカの先例があったために，最初からシステムとして選定基準や配置を考慮して候補地が選ばれ，1936年までに瀬戸内海など海域を含む12箇所が制定された．だが，実質的管理がなされないまま，戦時体制に入る．

　戦後は次第に数が増大し国立公園だけでも28箇所になるが，その私有地割合が高まる．文化財保護法（1950）の存在を前提として自然公園法（1957）が制定され，国立公園法で評価していた社寺境内のような文化資源との分離が明確になり，アメリカの国立公園システムとの違いが顕著になる．1972年にはアメリカのウィルダネス法の影響があるといわれる自然環境保全法が制定される．だが，動力に依存しないレクリエーションを主目的とするウィルダネスとは対照的であり，国立公園の特別保護地区から移管された原生自然環境保全地域では立入規制が可能となっているように環境機能に特化している．

　第二次大戦後の展開を概観すると，自然公園として国立，国定，都道府県の3つのカテゴリになった点と特別地域のようなゾーニング区分が複雑になった点が特色となっている（表7.3）．特別地域を細分した主たる理由は増産を迫られた林業との細かな調整であるが，2003年の自然公園法改正ではオーバーユース対策として利用調整地区というゾーンも指定可能となっている．

表7.2　自然公園法における公園計画

	規制	施設
利用（人による空間利用）	利用規制	利用施設
保護（物的資源保護）	保護規制	保護施設

表7.3　保護規制における土地利用ゾーニング

地種区分		規制の特徴
特別地域	特別保護地区	行為許可
	第1種特別地域	同上
	第2種特別地域	同上
	第3種特別地域	同上
	（利用調整地区）	立入認定
海中公園地区（海域のみ）		行為許可
普通地域		行為届出

7.3　フレームワークに基づく計画手法

　自然公園法では規制計画と施設計画に分けているが，ここでは国際的に用いられているレクリエーション機会多様性（ROS）概念を考慮にして，自然地域とそこを訪れる人，そのインターフェイスとなる施設の3点からとらえて統合するという手法について述べる．

7.3.1　フレームワーク

　自然地域計画ではその空間（site, setting）と利用者（visitor, user），施設（facility, asset）の3つに分けて分析し，それぞれの管理のありかたを検討してから統合することが妥当である．一般には人間が自然地域に立ち入る場合には何らかの施設が必要となる．自然地域の施設としては歩道のように必要最低限のレベルからビジタセンターなど

7.3 フレームワークに基づく計画手法

都市施設に匹敵するレベルまであるが,いずれも利用者による環境インパクトを削減する役割と利用者に対する環境リスクを低減する役割を担っている(図7.8).例えば管理された歩道があることによって,利用者は安心して快適に歩くことができ,環境側からはインパクトが限定されることによって浸食が抑制される.施設自体が自然環境にも社会環境にも影響を与えることは否定できないが,ない場合に比べて相対的影響は少ない.また,時には施設自体が自然地域の文化遺産として評価される.

7.3.2 地域情報の把握と空間計画

自然地域の計画立案に際して,地形や植生,土地利用や所有などの環境情報を把握することが必要となる.自然環境保全法による緑の国勢調査データ,衛星や航空写真などのリモートセンシングやGISデータ,国土地理院地形図などが活用できる.日本ではほとんどの自然地域で何らかの土地利用がなされ,そのインパクトの扱いが問題になることが多いので現地調査が不可欠である.自然再生などの場合にも空間の履歴を知る必要があり古い絵図や古地図,地域住民へのインタビューも必要になる.

次に,これらのデータに基づいて,自然性や貴重性,多様性,森林施業など生産活動のような客観的評価基準を用いて,重み付けをおこなう.植生であれば景観保護のように遷移を止める場合から,択伐や皆伐など一種の撹乱を加える保全,遷移にゆだねる保存,オーバーユースや災害によって改変した空間に植物を再生させる場合などがある.

3番目に,評価を経てゾーニングのような計画を立案する.場合によっては立入規制区域のような資源条件から利用を規制するゾーニング設定もありうるが,レクリエーション自体は活動であるため土地利用を主体とするゾーニングには馴染まない.現実には土地所有が大きな影響を及ぼし,土地利用の規制には他の公的機関も含む土地所有者との合意形成や固定資産税軽減などの補償措置が必要となる.また,ゾーニングに見合った自然環境が維持されていることを定期的に確認する管理員も必要である.

7.3.3 利用者特性の把握と利用機会の計画

自然環境保全法に限らず,自然公園法や森林法による保安林や林野長官通達の保護林なども植生を中心とするその空間の資源が重視され,利用者の視点が希薄であった.人間が自然環境の改変をもたらし,生物多様性保全も人間の生存のためという視点に立てば,土地中心から人間中心に視点を変える必要がある.植生などをベースにゾーニングをしても人の利用を具体的に管理しなければ実効がない.

従来の計画において利用者が軽視されたことに加えて,基本的には無料で多様な交通アクセスの

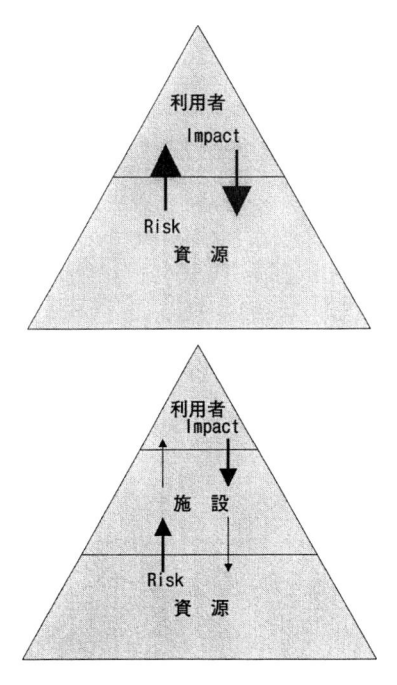

図7.8 施設による自然地域におけるインパクトとリスクの軽減

提供されている日本の自然地域では利用者データが蓄積されていない．混雑感や土壌浸食，植生衰退など過剰利用が問題となっている今日，利用者数だけではなく，その特性の把握が環境負荷削減と利用者の満足感増大には不可欠である．その手始めは，植生など空間の情報と同水準の，管理業務としての定期的利用者データ収集である．

次に，利用機会の計画に進む．自然環境保全法に加えて自然公園法改正（2003）でも「立入規制地区」や「利用調整地区」が設定できるようになった．適正利用者数が決まった場合，先着順，予約制，抽選，資格審査などの選抜法があるが，公正さの視点から併用する必要がある上，いずれも利用者にも管理者にも負担が多い．

有料化は受益者に管理費を負担してもらうという経済的な理由以上に，利用者特性の把握や利用者と管理者のコミュニケーション，利用者数のコントロールという視点からも重要な計画手法である．しかし，私有地を含みアクセスも多数ありながら管理員が少ない日本の自然地域で，入域料を徴収できるところは小笠原国立公園の南島や知床国立公園の林道などに限定される．国有林に指定されたレクリエーションの森では協力金を徴収している場合があるが，徴収コストを十分回収できるところは数ヵ所に過ぎない．日本では入域料より道路などアクセスやパーキングなど施設の有料化が現実的である．

利用者の意識やマナーに関わる計画では環境教育も重要であるが，日本ではレンジャーあるいはインタープリターが活動している場所は少なく，有料化と一体として今後検討する必要がある．法律が整備されても管理者がある程度配置されない限り有効な管理は期待できないため，環境省は2005年よりアクティブ・レンジャー制度を始めている．

7.3.4 施設の現況把握とその水準の計画

1970年代に環境容量／環境収容力（environmental carrying capacity）に関する研究が盛んになった．一定面積の牧草地において持続的に飼育できる特定の家畜数という概念を利用者に拡張したものである．だが，植生衰退など生態学的（ecological），狭い山頂に同時に立てる登山者数のような物理的（physical），トイレなど施設的（facility），混雑感など社会的（social）の4要因が複雑に関係している上，ハードニング（hardening）と呼ばれる施設の整備水準でかなり変更できることが認識され特定の基準を提示できなかった．

このように施設整備水準は利用者の増減に大きな影響を及ぼす．とりわけ，車道やロープウェイなどの動力アクセスの影響は大きい．山岳地域であれば常に一番標高の高いところまで容易に動力で到達できるルートが一番利用される．逆にある空間の利用を削減したければ動力アクセスの規制が有効である．具体的には自家用車だけから全車両に至る規制対象や代替交通の有無，規制期間の設定などのオプションがある．これによって排気ガスや騒音のような環境負荷が減少する上に，歩く距離が長くなることによって利用者は豊かな自然環境をゆったりと享受できることにもなる．

同様に，山小屋などの宿泊施設のサービス水準を変えることも有効である．食事や寝具の提供から自炊，あるいはテント持参になることよって利用者数は減少する．景観から生物多様性に役割が変わりつつあることを考慮すれば，山小屋などの収容力削減や撤去，環境インパクトも利用リスクも高い稜線から中腹などに移築するというような代替案も検討されるべきであろう．いずれの場合も利用者に正確な情報を提供することが大切である．

7.3.5 ROSに基づく3要素の統合

前述した牧草地の環境容量に関して，牧夫は特

定の法則ではなく長年の経験に基づいて現場で状況を判断していたわけである．LAC（limit of acceptable change）手法は，同様な方式をレクリエーション管理で提唱している．すなわち，管理者が空間や利用者の状況を経験から判断し，ある空間の閉鎖あるいは利用者削減，利用はそのままで施設整備をするとか決定する手法である．さらに，利用者の意見をそのプロセスに組み込んだのが VERP（visitor experience and resource protection）手法である．これは環境インパクトの違いを示すモンタージュ写真などを用いて，管理者だけではなく利用者の意見も計画に反映させて自然地域を計画していく手法である．

そのような時，判断の根拠となる概念として ROS が有効である．対象空間が都市的から原始的に至る多様な利用機会クラスのどのあたりに位置しているかによって，自然環境や社会環境，施設という3要素の妥当な管理水準を設定する．例えば，都市公園に相当する地域であれば，植栽に園芸品種なども用いて，ユニバーサルデザインによる水洗トイレも導入し管理水準も高くすべきだが，徒歩で到達する奥山では植生には手を加えないで，トイレも浸透式あるいは自分で穴を掘って埋めるとか持ち帰るという方式で管理水準も低い状態に保つであろう．このように機会クラスを決めることによって3要素の計画水準が決まる．ROS の視点からは，山岳トイレ問題で顕在化しているように，日本の自然地域では過剰な施設整備によって過剰利用をもたらしているが管理水準は低い傾向がみられる．

7.4　計画上の課題

物質利用，環境，文化という3つの機能からなるマトリクスにおける個々の自然地域やその中でのゾーンの位置づけと，特異な景観から多様な環境に変化した期待される役割の実現という2点が根本的な課題であることが歴史的展開から見て取れる．特に，近年の世界遺産ブームは世界各地の多様な自然地域が保護地域化されていることを示す．だが，それは世界各地の自然が危機的状況であるという事実の裏返しともいえるし，保護地域になれば解決するわけでもない．むしろ保護地域がなかった時代の方が空間の多様性が保全されてきた．すなわち，理想は保護地域化しなくても自然地域が存続するような社会である．だが，そのような理想の実現以前に，保護地域の課題を明らかにして，その限界を認識する必要がある．

7.4.1　境界による空間と意識の変容

どのような保護地域にも境界があるが，制度上で線引きしても環境は連続しその中で完結するわけではない．生物も大気や水も人為的境界を越えて移動している．もちろん電気柵などで動物の移動をコントロールしている国立公園もあるが，連続した空間をフェンスなどで区切るのは根本的解決ではない．

最初の国立公園イエローストーンは平均標高2000 m 以上で寒冷なロッキー山中に位置し，多くの動物にとって良好な生息環境ではなかった．だが，保護されない周辺地域での開拓や狩猟などの圧力のため次第に動物が集まってくるようになった．その結果，公園内の植生も変化した．すなわち，保護地域としての設定自体がその空間自体の変容をもたらしてしまった．近年，イエローストーンでは公園境界周辺の国有林や私有地を含めて一種のバッファとして保全を考えるような動きがあり，問題の緩和を図っている．

保護地域化は，その空間特性だけでなく，人間の意識にも変化をもたらす．まず，その空間が特別な場所であるという認識を与え，世界遺産など

特に一種のブランドとしての差別化をもたらす．また，保護地域があるから他の空間は改変してもかまわないという開発のお墨付きあるいは免罪符として認識される場合もある．都市で環境負荷の高い生活を送っている人々が，エコツーリストとして自然地域を訪れると環境負荷低減を意識するが，日常生活には反映されないというエコツーリズムの矛盾にもつながる．だが，日常生活が変わらなければ保護地域の環境保全も困難である．

新・生物多様性国家戦略では人間活動のインパクト，里山のような2次的自然の荒廃，移入種問題の3つの危機を挙げた上で，多様性保全を進めるために自然と共生する社会実現を目指している．これは保護地域の多様化だけでは実現不可能であり，都市における日常生活の見直しが不可欠であるという課題を浮き彫りにする．

これは里山保全の難しさと共通する．里山と農地（ノラ），生活（ムラ）がセットで存在して資源が循環していたのに，里山だけを切り離して保全しようと考える矛盾と同様に，自然地域も都市や農地という非保護地域との関係を無視しては成り立たない．言い換えれば，世界遺産のようなグローバルな保護地域の環境はローカルな日常生活のあり方に依存しているというグローカルな状況の認識，保護地域と都市生活は一体という意識が必要である．

その流れの中で当初は排除していた国立公園における人々の生活やその痕跡が積極的に評価されるようになっている．すなわち，負の遺産を含む文化も考慮して保護地域とするように多様化している．また，身近な空間の保護地域化も進められている．

7.4.2 期待される役割の変化と困難な対応

いったん設定された境界を変えることは困難であるが，歴史から明らかなように人々が期待する役割は時代によって大きく変わっている．それによって山火事や動植物の管理手法も方向転換した．だが，好奇心をそそり，ナショナリズムをかき立てる珍しい景観や現象から，生物多様性保全に自然地域に対する人々の期待が移っても，景観中心で設定された境界の中で実現可能な計画・管理には限界がある．1995年にオオカミを再導入したイエローストーンの面積は四国の半分ほどあるが，バッファの設定や国境を超えた保護地域の国際化を図っても十分とはいえない．

また，保護地域の役割が，五感を通じて直接人々に感動をもたらすシンボリックな景観や巨木，大型哺乳類などから多様性保全という学術的概念に移行すると，人間の直截的認識が困難となると同時に保護地域となるべき空間も変わる．従来の絵になるモニュメンタルな景観という基準では低く評価される熱帯雨林や海域が，生物多様性という基準からは高く評価される．利用者が，このような空間を享受するためには生態学など環境に関する知識が前提となり，その理解を促進するインタープリテーションなどによる環境教育が不可欠になる．さらに，利用の拠点となる施設も眺望でなく生物多様性の保全・享受を考慮すると，配置や密度の見直しが必要となる．

他方で，グランド・キャニオンのように代替性のない景観とは異なり，アメリカ東部における森林の復活や明治神宮造営の歴史に示されるように，生物多様性の高い空間はある程度の時間があれば人為的に造ることが可能である．このため，再生可能ならば特定の場所を保護する必要がないという論理にもつながる．

7.4.3 土地所有のありかたの見直し

一般にアメリカやカナダの国立公園は公的土地所有を前提とする都市公園と同様に営造物であるのに対して，日本やイギリスは私有地の土地利用をゾーニングによって規制する地域制といわれる．しかし，このような見解には無理がある．まず，

アメリカにある55ヵ所の国立公園における私有地面積割合は確かに少ないが，連邦政府が完全に土地を所有する公園数は1割にも満たない上，政府が土地をまったく所有しない公園もある．さらに，アメリカの公有地は先住民による土地利用の歴史を無視した上に成立している．また，カナダを代表するバンフ国立公園には中心部に町がある．

他方で，戦前の日本の国立公園における私有地割合は13％に過ぎず，今日でも25％である．この数値はイギリスの国立公園における私有地割合72％に比べるとかなり低い．このように日本の国立公園は地域制と呼ぶには公有地割合が高いが，それが国有林と重複していることが特色となっている．すなわち，営造物制でも地域制でもなく，重複管理制とでも呼ぶべき状況である．

管理組織にとっては完全に土地所有する営造物の方が楽であるが，それがアメリカでも不可能であると認識され，最善とも限らない．イギリスのように7割以上が私有地であっても有効なゾーニングとそれに対する地域住民の合意形成がなされれば良好な環境が保全できる．日本の国立公園の課題は方針の異なる重複管理の解決であろう．

参考文献

Hendee, J. C. and Dawson, C. P.（2002）*Wilderness Management, 3rd ed.*, Fulcrum Publishing.
イー・オリョン（1982）「縮み」志向の日本人，学生社．
伊藤精晤編著（1991）森林風致計画学，文永堂出版．
伊藤太一（2000〜2001）アメリカの国立公園システムから探る保護地域のあり方（Ⅰ〜Ⅵ），国立公園，586〜591．
アレックス・カー（1002）犬と鬼，講談社．
国立公園協会編（2005）自然公園の手引き，国立公園協会．
木平勇吉編著（1996）森林環境保全マニュアル，朝倉書店．
木平勇吉編著（2003）森林計画学，朝倉書店．
熊崎 実（1977）森林の利用と環境保全，日本林業技術協会．
農村計画学編集委員会編（1992）農村計画学，農業土木学会．
コンラッド・タットマン（1998）日本人はどのような森林をつくってきたのか，築地書館．
Worboys, G, Lockwood, M. and De Lacy, T.（2001）*Protected Area Management : Principles and Practice*. Oxford University Press.

関連ウェブサイト

ユネスコMABプログラム　http://www.unesco.org/mab/
国連機関IUCN　http://www.iucn.org/
IUCN日本委員会　http://www.iucn.jp/iucnj/index.html
合衆国内務省国立公園局　http://www.nps.gov/
合衆国農務省森林局　http://www.fs.fed.us/
環境省生物多様性情報システム
　　http://www.biodic.go.jp/J-IBIS.html
日本の自然保護地域
　　http://www.biodic.go.jp/jpark/jpark.html
いんたーねっと自然研究所
　　http://www.sizenken.biodic.go.jp/park/np/index.html
林野庁　http://www.rinya.maff.go.jp/
文化遺産オンライン　http://bunka.nii.ac.jp/Index.do

8 緑地の行政計画

8.1 行政計画としての緑地計画

8.1.1 行政計画と緑地計画

a．行政計画とは

　国，都道府県，市町村は，合理的・効率的な行政運営を目的として多くの計画を策定しており，これらの計画に基づき，さまざまな施策を計画的に執行している．行政計画とは，これらの行政体が策定した諸計画をいい，市町村レベルでは具体的に以下のような計画が策定され，通常自治体のホームページ・広報等で内容が公開される．

1) 総合計画　各自治体において行政運営の上で最も基本となる計画であり，一般に基本構想と基本計画で構成される．総合振興計画，総合発展計画などと呼称する場合もある．

2) 都市計画マスタープラン（市町村マスタープランと呼ばれる）　まちづくりの基礎となる都市計画の基本的な方針を定めた計画．

3) 環境計画　都市の環境保全や環境施策を推進するための方針や必要事項を定めた計画．

4) 中心市街地活性化計画　中心市街地を活性化させ再生するために作成した計画．

5) その他各種行政計画　上記の他，市町村が作成する行政計画には，情報化・IT計画，地域福祉計画，生涯学習推進計画，特定地域の開発・再開発計画，特定施設の事業計画（河川計画，道路計画，公園計画等）など，多様な行政需要に対応する各種の計画が策定されるのが常である．

b．法定計画と緑地計画

　これらの行政計画には，法律を策定根拠とする法定計画と，法律に基づかない自治体独自の計画とに二分され，前者は法定計画と呼ばれる．法定計画は，必ずしもすべての自治体で策定を強要されるものではないが，法律に謳われている以上，策定を必要としない特別の理由がない限り計画を定めるのが普通である．

　上記の計画では，地方自治法を根拠とする総合計画，都市計画法を根拠とする都市計画マスタープラン，環境基本法を根拠とする環境計画，中心市街地における市街地の整備改善及び商業等の活性化の一体的推進に関する法律に基づく中心市街地活性化計画などが法定計画であり，特定地域の開発計画や特定施設の事業計画などは，非法定計画である．

　緑地計画に関しては，基礎自治体（市町村）が策定する緑の基本計画は都市緑地法に基づく法定計画であり，行政計画としての取り組みは進んでいる[*1]が，都道府県が策定する広域緑地計画は法定計画となっていないため，都道府県の広域緑地計画への取り組みは多様である[*2]．

[*1] 全国で人口50万人以上の都市の8割以上，30～50万人都市の7割以上，10～30万人都市の5割弱が緑の基本計画を策定している．

法定計画として緑地に関連するものは，総合計画（緑地の保全，公園整備，都市緑化にかかわる基本方針が明らかにされる），都市計画マスタープラン（都市の土地利用，まちづくりの方向，公園緑地の整備方向が明らかにされる），景観計画（景観保全，景観整備の観点から緑地の保全整備についての計画が示される），地域防災計画（市町村での予想される災害想定とこれに対処する避難計画，救援計画等からなり，避難緑地が位置づけられる）等であり，これらとの整合性を保ちながら，行政計画としての各種の緑地計画が取り組まれることになる．

8.1.2 緑地計画の目的
a．都市の緑地の現状と課題

緑地とは，一般に樹木等の緑で覆われた土地と理解されるが，湖沼，ゴルフ場，土のグラウンドなどが緑地であるかどうかは，意見が分かれるところである．

本章では，行政計画としての緑地を扱うことを意図しているので，都市緑地法で定義されている緑地，すなわち「樹林地，草地，水辺地，岩石地もしくはその状況がこれらに類する土地が，単独もしくは一体となって，またはこれらと隣接している土地が，これらと一体になって，良好な自然的環境を形成しているもの」（法第3条第1項）を対象とし，さらに都市緑地法では生産緑地法とのすみ分けの関係で対象としていない農地も加えて扱うこととしたい．したがって人工草地であるゴルフ場，芝生の学校グラウンド，屋上庭園や，湖沼，田畑などは緑地となるが，緑化されていない運動場・球技場等が単独で在る場合は緑地とならない．しかし，運動公園など緑の中にこうしたグラウンド等が立地している場合は，区域全体で緑地ということになる．

わが国の都市の緑地は，戦後の経済復興と急激な都市化，およびバブル期の開発等によって著しい減少をみた．バブル期以降も，産業廃棄物処分場，採石等の資源採取，マンション・住宅開発の継続によって減少傾向は続いている．さらに都市近郊の二次林等の緑地にあっては，林業経済的価値の喪失により林地の荒廃化が進み，量の減少と質の低下という二重の課題を抱えている．

b．緑地計画の系譜

都市の緑地に関する計画が立案されたのは，戦前にさかのぼる．昭和13（1938）年の東京緑地

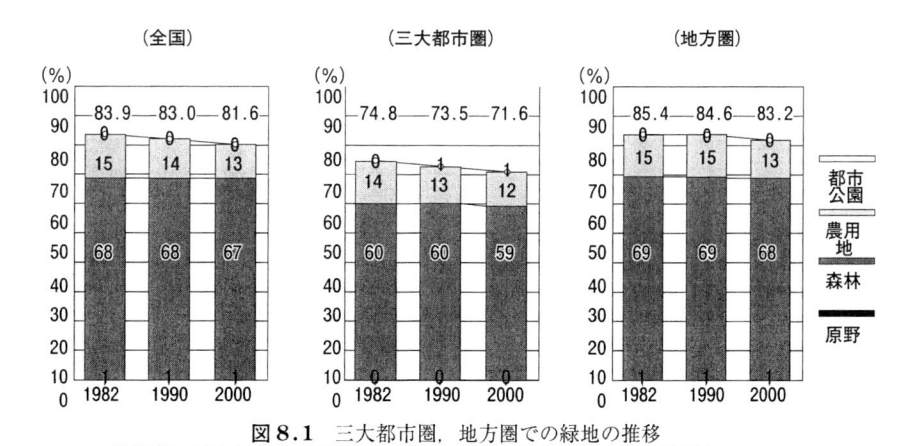

図8.1 三大都市圏，地方圏での緑地の推移
線被率：国土に占める農用地，森林，原野，都市公園の占める割合
三大都市圏：東京圏，名古屋圏，関西圏　　地方圏：三大都市圏以外の地域
（国土交通省資料）

＊2　全国で36都道府県が広域緑地計画に取り組んでいるものの，公表まで済んでいるのは15都道府県にとどまっている。
（公園緑地マニュアル平成16年度版による）

計画，昭和16（1941）年の大阪緑地計画などがこれにあたる．初期の緑地計画は，形態的には欧米の大都市圏計画にならって都市の無秩序な成長を制御し，良好な都市環境を形成するグリーンベルト計画を模したものであり，具体的には，都市計画の手法で都市計画公園の決定，風致地区指定等により空地の多い土地利用を大都市外周部に計画的に誘導しようとするものであった．しかしこの計画の直接の目的が，戦時体制下における都市づくりの意味合いが強かったため，戦後には特別都市計画法のもとに見直され，土地区画整理事業を主体とする戦後復興の都市整備にとって代わられた．なお，この特別都市計画法では地域規制区域として緑地地域を新たに定めることが可能となった．緑地地域は，建ぺい率を10%以下として，緑や空地の多い都市づくりを推進する制度であり，良好な都市環境を形成するための手法としてその活用が期待されたが，現実には地域指定に反発が強く，やがて都市計画制度としても緑地地域は廃止されることになる．

しかし戦前から戦後にかけての緑地計画の遺産は，東京都内や大阪府下の大規模な公園緑地や緑の多い良好な住宅地として残され，大都市圏域での緑の大きなストックとなっていることはもっと評価されてよい．

戦後復興期から高度経済成長期を経て，日本経済は著しい発展を遂げたが，この急激な経済成長は都市部では土地利用の大混乱を招き，無秩序な都市化（スプロール現象），良好な自然的環境の喪失，生活環境の悪化などの諸問題を顕在化させた．

この由々しき事態を解決するため，大正8年制定された都市計画法が昭和43（1968）年抜本的に改正され，市街化を促進する市街化区域と市街化を抑制する市街化調整区域に都市の土地利用を二分する線引き制度が導入された．

この線引き制度は，都市の緑地が都市計画において市街化調整区域に指定されることで保全されるという仕組みであったが，この都市計画法改正に前後して，良好な緑地を守り生み出す個別の法制度も充実してきた．緑地を守るものとしては，古都保存法（古都における歴史的風土の保存に関する特別措置法），近郊緑地保全法（首都圏近郊緑地保全法及び近畿圏の保全区域の整備に関する法律），都市緑地保全法（現都市緑地法）等であり，緑地を生み出すものとしては都市公園等整備緊急措置法であった．

このような制度の充実を背景に，都市において計画的に緑地を保全創出するための行政計画として緑のマスタープラン計画制度が昭和52（1977）年からスタートする．そして，緑のマスタープラン計画は，平成6（1994）年から基礎自治体単位で作成する緑の基本計画と，都道府県単位で作成する広域緑地計画に引き継がれ，現在に至っている．

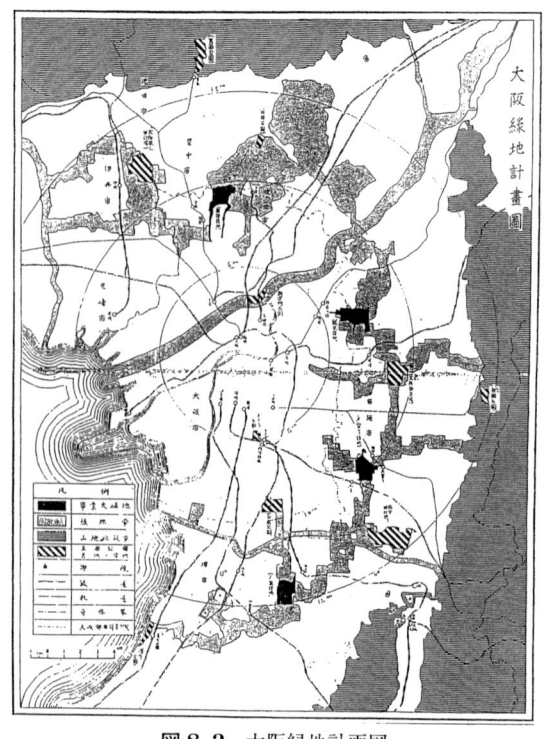

図8.2 大阪緑地計画図
（公園緑地，第五巻第9号，1941）

8.1 行政計画としての緑地計画

表 8.1　平成 17 年度末種別毎都市公園等整備現況　　（H18.3.31 現在）

	平成 17 年度末		平成 16 年度末(参考)		整備量(H17-H16)		備考
	箇所数	面積(ha)	箇所数	面積(ha)	箇所数	面積(ha)	
住区基幹公園	80138	30136	78154	29598	1984	538	
街区公園	73482	12324	71612	12101	1870	223	
近隣公園	5067	9040	4969	8850	98	190	
地区公園	1589	8772	1573	8647	16	125	カントリーパーク含む
	(172)	(1331)	(169)	(1266)	3	65	（　）内の数字はカントリーパークを示す
都市基幹公園	1994	35015	1973	34350	21	665	
総合公園	1231	23275	1219	22812	12	463	
運動公園	763	11740	754	11538	9	202	
大規模公園	193	12948	190	12420	3	528	
広域公園	187	12417	184	11897	3	520	
レクリエーション都市	6	531	6	523	0	8	
緩衝緑地等	9322	28694	8883	27644	439	1050	
特殊公園	1246	13258	1235	12938	11	320	
緩衝緑地	184	1581	177	1563	7	18	
都市緑地	6786	12295	6467	11721	319	574	
都市林	94	375	83	300	11	75	
広場公園	253	346	242	307	11	39	
緑道	759	839	679	815	80	24	
国営公園	16	2385	16	2358	0	27	
合計	91663	109178	89216	106370	2447	2808	H17 末整備水準 9.1m²／人

なお，平成 17 年度末において，緑地計画にかかる都市公園の整備状況，および特別緑地保全地区等の決定状況等は表 8.1 ～ 8.4 の通りである．

c．緑地計画の目的と使命

現代の緑地計画は，良好な都市環境を形成し，健康で文化的な都市生活を確保するものとして計画される．具体的には都市の緑地の減少を少しでも食い止め，緑地の質を向上させること，ならびに新たな緑地環境の創出を目的とする計画と位置づけられる．

昭和 43（1968）年の都市計画法の改正と一連の緑地保全・創出制度の充実を受けた緑のマスタープランにおいては，計画の策定主体が都道府県と政令指定都市であったが，平成 3 年の都市計画法の改正により，地方分権をさらに押し進めて，いわゆる市町村マスタープラン（都市計画法第

図 8.3　戦前の緑地計画の財産を今に残す大阪府営公園服部緑地

18 条の 2 に基づく市町村の都市計画に関する基本的な方針）の法定計画化と軌を一にして，市町村が策定主体となる緑の基本計画がスタートした．

法定計画である緑の基本計画は，平成 16（2004）年の景観緑三法制定時における都市緑地法改正の

表8.2 都市公園等の種類（参考）

種類	種別	内容
住区基幹公園	街区公園	主として街区内に居住する者の利用に供することを目的とする公園で誘致距離250mの範囲内で1箇所当たり0.25haを標準として配置する．
	近隣公園	主として近隣に居住する者の利用に供することを目的とする公園で近隣住区当たり1箇所を誘致距離500mの範囲内で1箇所当たり面積2haを標準として配置する．
	地区公園	主として徒歩圏内に居住する者の利用に供することを目的とする公園で誘致距離1kmの範囲内で1箇所当たり面積4haを標準として配置する．
	特定地区公園	都市計画区域外の一定の町村における農山漁村の生活環境の改善を目的とする特定地区公園（カントリーパーク）は，面積4haを標準として配置する．
都市基幹公園	総合公園	都市住民全般の休息，観賞，散歩，遊戯，運動等総合的な利用に供することを目的とする公園で都市規模に応じ1箇所当たり面積10〜50haを標準として配置する．
	運動公園	都市住民全般の主として運動の用に供することを目的とする公園で都市規模に応じ1箇所当たり面積15〜75haを標準として配置する．
大規模公園	広域公園	主として一の市町村の区域を超える広域のレクリエーション需要を充足することを目的とする公園で，地方生活圏等広域的なブロック単位ごとに1箇所当たり面積50ha以上を標準として配置する．
	レクリエーション都市	大都市その他の都市圏域から発生する多様かつ選択性に富んだ広域レクリエーション需要を充足することを目的とし，総合的な都市計画に基づき，自然環境の良好な地域を主体に，大規模な公園を核として各種のレクリエーション施設が配置される一団の地域であり，大都市圏その他の都市圏域から容易に到達可能な場所に配置する．
特殊公園		風致公園，動植物公園，歴史公園，墓園等特殊な公園でその目的に則し配置する．
緩衝緑地		大気汚染，騒音，振動，悪臭等の公害防止，緩和若しくはコンビナート地帯等の災害の防止を図ることを目的とする緑地で，公害，災害発生源地域と住居地域，商業地域等と分離遮断することが必要な位置について公害，災害の状況に応じ配置する．
都市緑地		主として都市の自然的環境の保全並びに改善，都市の景観の向上を図るために設けられている緑地であり，1箇所当たり面積0.1ha以上を標準として配置する．但し，既成市街地等において良好な樹林地等がある場合あるいは植林により都市に緑を増加又は回復させ都市環境の改善を図るために緑地を設ける場合にあってはその規模を0.05ha以上とする．（都市計画決定を行わずに借地により整備し都市公園として配置するものを含む）
都市林		主として動植物の生息地または生育地である樹林地等の保護を目的とする都市公園であり，都市の良好な自然的環境を形成することを目的として配置する．
広場公園		主として商業・業務系の土地利用が行われる地域において都市の景観向上，周辺施設利用者のための休息等の利用に供することを目的として配置する．
緑道		災害時における避難路の確保，都市生活の安全性及び快適性の確保等を図ることを目的として，近隣住区又は近隣住区相互を連絡するように設けられる植樹帯及び歩行者路又は自転車路を主体とする緑地で幅員10〜20mを標準として，公園，学校，ショッピングセンター，駅前広場等を相互に結ぶように配置する．
国営公園		一の都府県の区域を超えるような広域的な利用に供することを目的として国が設置する大規模な公園にあたっては，1箇所当たり面積おおむね300ha以上として配置する．国家的な記念事業等として設置するものにあたっては，その設置目的にふさわしい内容を有するように配置する．

注）近隣住区＝幹線街路等に囲まれたおおむね1km四方（面積100ha）の居住単位（小学校区に相当）

際にさらに内容が充実化し，都市の緑地の保全，緑化の推進に加え，都市公園の整備についても方針を定めることとなった．

緑の基本計画をはじめとする現代の緑地計画は，大きくは地球温暖化対策や生物多様性の確保といった地球環境問題への対応から，ヒートアイランド抑止，美しい景観の形成，安全で安心できる都市づくり，市民の健康づくり，個性的な地域文化の創造，市民の参画と協働の場と機会の提供等の多様な要請にこたえる計画であり，計画策定の積極的な推進が待たれるところである．

表 8.3 平成 17 年度末特別緑地保全地区等決定現況
(H18.3.31 現在)

	平成 17 年度末	
	箇所数	面積(ha)
歴史的風土保存区域	32	20083
歴史的風土特別保存地区	51	5923
第 1 種・第 2 種歴史的風土保存地区	—	2404
近郊緑地保全区域	25	96975
近郊緑地特別保全地区	26	3456
特別緑地保全地区	340	2000
風致地区	757	169420
市民緑地	113	53
保存樹木（施行令第 1 項）	—	4267*
保存樹木（施行令第 2 項イ）	252	79
保存樹木（施行令第 2 項ロ）	32	1569*
緑化施設整備計画認定制度による緑化面積	17	5

＊保存樹木の単位は本，保存樹林（ロ）の単位は m とする

表 8.4 表 8.3 に関する制度等の概要（参考）

制度等の名称（根拠法）	制度の概要
歴史的風土特別保存地区 （古都保存法・明日香法）	古都における歴史的風土を保存するために，地区内における木材の伐採，建築行為，土地の形質の変更など，一定の行為を許可制とする．
近郊緑地特別保全地区 （首都圏・近畿圏近郊緑地保全法） 特別緑地保全地区 （都市緑地法）	良好な自然的環境を形成する緑地について木竹の伐採，建築行為，土地の形質の改変など一定の行為を許可制とし，緑地を現状凍結的に保全する．
風致地区 （都市計画法）	良好な自然的景観を形成している区域のうち，土地利用計画上，都市環境の保全を図るため風致の維持が必要な区域についての定め，地区内における木竹の伐採，建築行為，土地の形質の変更など，一定の行為を許可制とする．
市民緑地 （都市緑地法）	雑木林・屋敷林などの緑地の所有者や人工地盤・建築物などの緑化を行う事業者と地方公共団体等が契約を結び，緑地や緑化施設を地域の人々の利用に公開する．
保存樹木・保存樹林 （樹木保存法）	都市計画区域における，一定の基準を満たす樹木または樹木の集団（樹林地・いけがき）について市町村長が指定し，保存を図る．
緑化施設整備計画認定制度 （都市緑地法）	建築物の敷地内の空地・屋上などの緑化に関する事業者の計画を市町村が認定し，認定された計画に従って事業者が緑化施設を整備する場合，緑化施設に関する固定資産税の特例措置が講じられる．

8.2　緑地計画の種類と展望

8.2.1　緑地計画の種類と内容

a. 都市計画マスタープラン（市町村マスタープランともいう）と都市計画

　都市計画法に基づく市町村マスタープランは，当該都市の都市計画の基本方針を定めるものである．通常は都市整備，都市開発および緑地保全等の方針を示すとともに，土地利用構想，根幹的な都市施設の整備構想が概念図的に示される．

　この市町村マスタープラン自体は緑地計画といえないが，各種の緑地計画の前提となる情報をもったものであり，また，マスタープランの具体化を図る都市計画（都市計画の個別の内容としては土地利用，建物用途，都市施設，地域地区等の計画がある）においては，風致地区指定など緑地計画と密接に関連するものがある．

　市町村マスタープランは，市民の都市生活の将来に直結するものであるため，アンケート調査，地区ごとの説明会，任意の市民による計画づくりワークショップなどの多様な市民参加の手法が用いられる．そして都市全体のマスタープランの市民合意を取り付けた上で，具体的な線引き，地域・地区指定などの個別都市計画が都市計画審議会において決定されることになる．

　緑地計画と関わりの深い都市計画としては，市街化区域・市街化調整区域の線引きがある．緑地の減少を防ぐには，既存の緑地を市街化調整区域に指定し，都市化から守るとともに，必要に応じて風致地区の指定，緑地保全地域・特別緑地保全地区の指定等により，より強固に緑地を守る方策を都市計画決定という規制手段で実施することが求められる．

　緑地の創出に関わる都市計画には，都市施設として公園緑地を計画決定し，都市公園事業でこの公園緑地を整備することがある．

　いずれにせよ，都市の緑地の保全創出の実現手段として，都市計画マスタープラン（略して都市

マス）にもとづく都市計画の手法があることを理解する必要がある．

b．緑の基本計画

都市緑地法第2条の2に定められた緑の基本計画（正確には，緑地の保全及び緑化の推進に関する基本計画）は，都市の緑地に関して元締めとなる行政計画である．緑地の保全，緑化の推進，都市公園の整備等，緑地の保全・創出それぞれの面で，当該都市の緑のまちづくりの方向と実現のための方策が示されることになる．

緑の基本計画は，以下の点に特徴があるとされている．

ア．法律に根拠をおく計画制度である
イ．市町村の緑とオープンスペースのすべてに関する総合的な計画である
ウ．市町村がその固有の事務として策定する計画である
エ．計画内容の公表が法律上義務付けられている
オ．都市緑地保全法担当部局が総合的な調整役となり，策定するマスタープランである

（緑の基本計画ハンドブック改訂版，日本公園緑地協会による）

また緑の基本計画は，平成16（2004）年の法改正を受けて，以下のことを計画内容として定めることとなっている．

1．必ず定める計画事項
　(1) 緑地の保全及び緑化の目標
　(2) 緑地の保全及び緑化の推進のための施策に関する事項
2．市町村の実情に応じて定める計画事項
　(1) 地方公共団体の設置に係る都市公園の整備の方針その他保全すべき緑地の確保及び緑化の推進の方針に関する事項
　(2) 特別緑地保全地区内の緑地の保全に関する事項
　(3) 緑地保全地域及び特別緑地保全地区以外の区域であって重点的に緑地の保全に配慮を加えるべき地区及び当該地区における緑地の保全に関する事項
　(4) 緑化地域における緑化の推進に関する事項

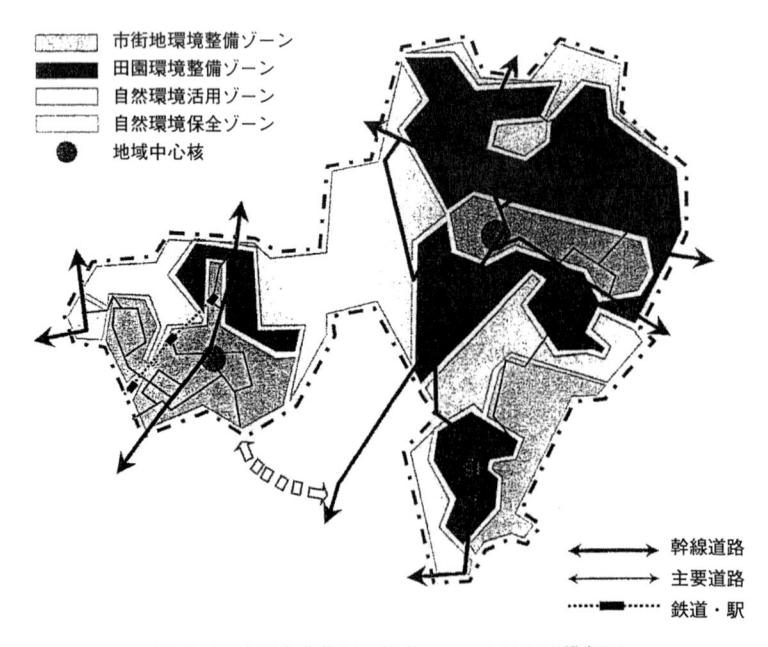

図8.4 大阪府豊能町の都市マスの土地利用構想図

(5) 緑化地域以外の区域であって重点的に緑化の推進に配慮を加えるべき地区及び当該地区における緑化の推進に関する事項

(都市緑地法運用指針，平成16年12月国土交通省都市・地域整備局による)

それでは具体的に，緑の基本計画はどのような作業手順で策定され，どのような計画内容となるのか．その例を大阪府和泉市や京都府長岡京市の事例で見ると，まず作業手順は和泉市では図8.5の流れとなった．

都市の緑に関する総合的な計画という性格を持った緑の基本計画は，健康で文化的な都市生活を確保することを目標として，都市環境，都市防災，レクリエーション，都市景観，地域文化等，緑地の機能のそれぞれが十全に発揮しうるように計画立案される必要がある．

長岡京市の例では，緑の基本計画の目標となるキャッチフレーズを「みどりで笑顔のまちづくり」（図8.7）とし，図8.8のような施策の体系が示され，そのあと具体的な施策が検討される構成となっている．

このように立案された緑の基本計画は，議会の議決を経て法定計画として認知され，市民に対しては広報などにより公表される．

ただ緑の基本計画は基本方針を定めたものであるため，実際に緑地の保全，緑化の推進，都市公園整備を行うには，都市計画としての規制・誘導の実施，公園事業等の事業認可を取り付けて整備事業を推進することが必要となる．緑の基本計画を単なる計画に終わらせないためには，緑の基本計画の次の展開を図る緑の実施計画，あるいは緑施策の執行計画といった行政施策の執行プログラム（アクションプログラムとも呼ばれる）を，進行管理していく必要があるが，残念ながら各自治体では厳しい財政事情のもとでこの実施の取り組みは充分でない．

緑の基本計画の策定推進とともに，アクションプログラムの取り組みが待たれる．

c. 景観法と景観計画

平成16（2004）年制定された景観法は，次の4点の特徴をもっている．

① 景観に関する基本理念（良好な景観は国民共通の財産である等）を明記したこと
② 都市景観だけでなく，農山漁村や自然公園の景観，さらに歴史的文化景観についても視野に入れたこと
③ 法定計画として景観計画を位置づけたこと
④ 景観形成における自治体や住民・事業者の活動を重視し，地域主導のシステムを導入したこと

景観法に基づく景観計画は，景観行政団体（都道府県，政令指定都市，または都道府県知事と協議して景観行政をつかさどる市町村）が策定するものであり，その内容は，景観計画区域内の建築物の建築等の行為に対して，建物形態，色彩，意匠などについて規制できるほか，景観重要建造物の指定，景観重要公共施設の整備など，総合的な景観規制と景観整備を可能とするものである．

緑地計画との関係でみると，景観法が単なる建物形態のコントロールにとどまらず，都市景観の基盤となる土地利用の制御に言及していることは，良好な緑地景観の形成の視点から大変重要と評価される．また景観重要建造物のひとつに樹林・樹木が対象となっており，景観行政の面からその保存整備が可能となったことも指摘しておきたい．

d. その他緑地計画に関連する諸計画

全国に普遍的な緑地計画，及び緑地計画に関連する計画については，上記のものがあるが，その他にも，地域の特性に応じて多様な緑地関連行政計画が立てられる．その主要なものには，以下がある．

1) 歴史的風土保存計画・近郊緑地保全計画（近畿圏では保全区域整備計画となる）　　国土交通

第8章　緑地の行政計画

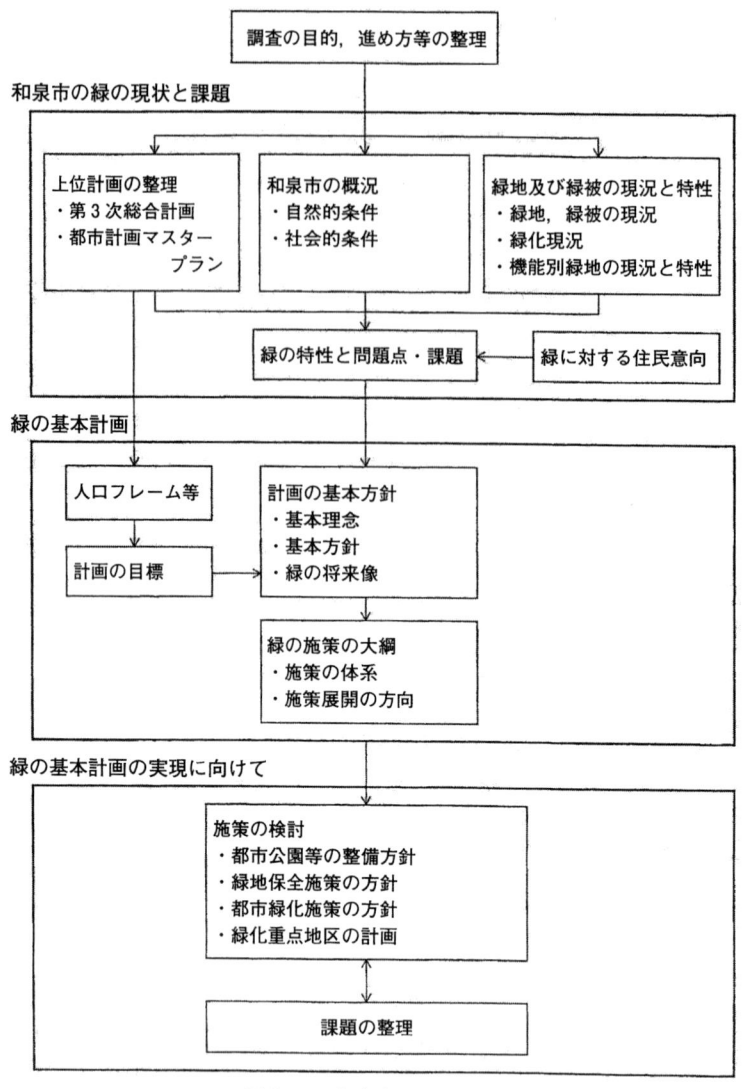

図8.5　和泉市調査フロー

省が直接定める計画であり，この計画に従って歴史的風土保存区域や近郊緑地保全区域が決められる．

2) 緑地保全計画　　緑地保全地域の制度ができたことにより，都道府県，政令市が緑地保全計画を定め，これに基づき，緑地保全地域等の指定を行うことになる．

3) 風致保全計画（風致保全方針）　　風致地区の規制について，その考え方や風致景観の保全育成の方針等を定めるもので，市町村単位で風致地区

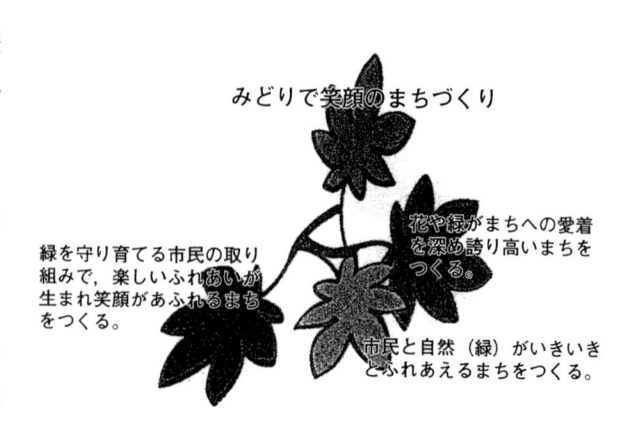

図8.6　長岡京市緑の基本計画のキャッチフレーズ

8.2 緑地計画の種類と展望

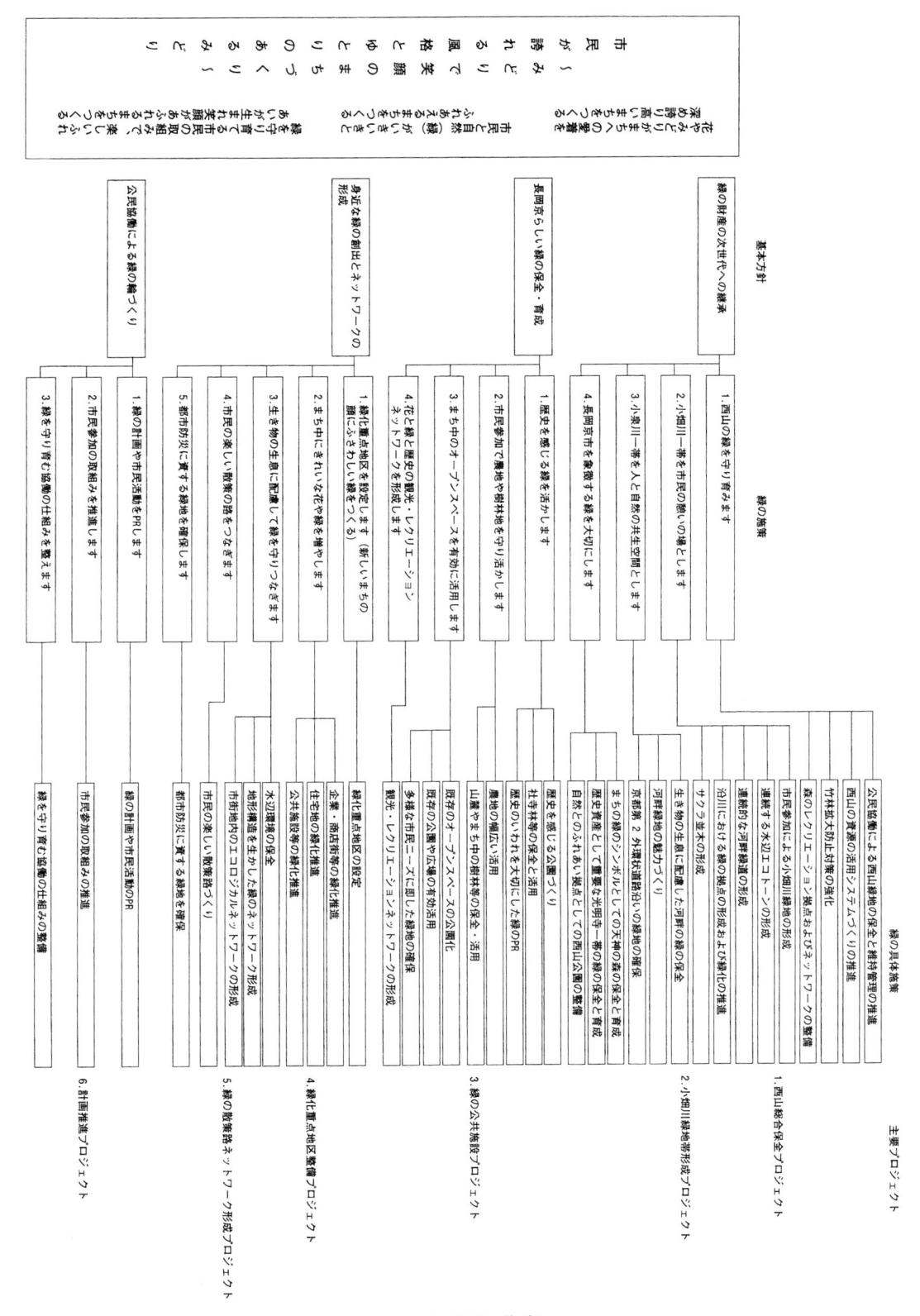

市民しあわせ宣言

花やみどりがあふれ 深やかに香り 高鳴る鼓動が誘う
とりどりの自然（天）の恵みを享受でき 市民と自然（天）と格実とふれあい 風のうちゆくまちとなり あたらしい生命が生まれ育まれ みどりと結ばれ ゆたかなくらしがつちかわれる 願いがとりあげられ

基本方針	緑の施策	緑の具体施策	主要プロジェクト
緑の財産の次世代への継承	1. 西山の緑を守り育くみます	公民協働による西山緑地の保全と維持管理の推進／西山の資源の活用とエコシステムづくりの推進／竹林拡大防止対策の推進／生き物の生息に配慮した緑の森のレクリエーション拠点および河畔緑地の形成／市民参加による西山緑地の形成	1. 西山総合保全プロジェクト
	2. 小畑川一帯を市民の憩いの場とします	連続する小畑川緑のエコロジーネットワークの形成／連続的な河畔緑道の形成／自然とのふれあい拠点としての西山公園の整備	2. 小畑川緑地帯形成プロジェクト
	3. 小畑川一帯を人と自然の共生空間とします	歴史資産として重要な光明寺一帯の緑の保全と育成／まちの緑のシンボルとしての天神の森の保全と育成／京都第2外環状道路沿いの緑の天神の森の展示／河畔緑地の魅力づくり／社寺林等の保全と活用／サクラ並木の形成	
	4. 長岡京市を象徴する緑を大切にします	歴史を感じる公園づくり／歴史のいわれを大切にした緑のPR	
長岡京市らしい緑の保全・育成	1. 歴史を感じる緑を活かします	山並みとまちの樹林の活用／農地とまちの緑の保全・活用	3. 緑の公共施設プロジェクト
	2. 市民参加で農地や樹林地を守り活かします	既存の公園や広場の有効活用／既存緑地ニーズに即した緑地の確保／多様な市民ニーズに即した緑地の確保	
	3. まちの中のオープンスペースを有効に活用します	観光・レクリエーションネットワークの形成	
	4. 花と緑の観光・レクリエーションネットワークを形成します	緑化重点地区の設定（新しいまちの顔にふさわしい緑をつくる）	4. 緑化重点地区整備プロジェクト
身近な緑の創出とネットワークの形成	1. 緑化重点地区を設定します（新しいまちの顔にふさわしい緑をつくる）	住宅地の緑化推進／企業・商店街等の緑化推進／公共施設等の緑化推進／水辺環境の保全／地形構造を生かした緑のネットワーク形成／市街地内のエコロジカルネットワーク形成	
	2. 生き物の生息に配慮して緑をつなぎます	市民の楽しい散策路づくり	5. 緑の散策路ネットワーク形成プロジェクト
	3. まちをきれいな花や緑で増やします	都市防災に資する緑地を確保	
	4. 市民に身近な散策路を確保します		
	5. 都市防災に資する散策を確保します		
公民協働による緑の輪づくり	1. 緑の計画や市民活動をPRします	緑の計画や市民活動のPR／市民参加の取組みの推進／緑を守り育む協働の仕組みの整備	6. 計画推進プロジェクト
	2. 市民参加の取組みの推進		
	3. 緑を守り育む協働の仕組みを整えます		

図 8.7 施策の体系図

第8章　緑地の行政計画

図8.8　鴨川

ごとに示すものとされている．

4）緑化重点地区整備計画　緑の基本計画で定めた緑化重点地区について，どのような緑地の保全整備，緑化の推進の取り組みを行うかを示すものであり，具体的な地区レベルでの緑のまちづくり計画となる．

8.2.2　緑地計画の実現手法

a．計画の実現手法

行政計画として示された緑地計画（緑の基本計画等）は，具体的にどのような手法で緑地として保全・創出されていくのだろうか．

通常，計画実現の手法は，規制・誘導・事業の3種類があげられる．

規制とは，緑地を守るために一定の区域を決めて緑地以外の土地利用を禁止したり，木竹の伐採を制限したりすることである．誘導とは，緑地の保全や創出に協力を取り付けるためのインセンティブを付与することである．事業とは，緑地の保全・創出に関して直接用地費，整備費等を投入することである．以下，3つの手法について具体的に検討する．

b．規制の手法

規制には大きく分けて許可制と届け出制の二種がある．許可制は，現状に変更をもたらす行為に対して，許可の基準を設けてそれ以上の改変を防ぐというもので，非常に厳しい許可基準を設けている特別緑地保全地区（歴史的風土特別保存地区，近郊緑地特別保全地区もほぼ同じ許可基準）や生産緑地地区と，やや緩い許可基準の風致地区に区分できる．

届け出制は，許可制に比べると概して規制内容は穏やかであり，一定規模以上の現状変更の行為を監督官庁に届け出て，問題がある場合には，行為内容に対して助言や勧告をしたり，行為の改善命令を出したりするものである．届け出制は，緑地保全地域（歴史的風土保存区域，近郊緑地保全区域も届け出対象となる行為はほぼ同じ）などで適用されている．

なお，上記の特別緑地保全地区，生産緑地地区，風致地区は，都市計画の地域地区として指定区域が計画決定されるものであるが，緑地保全地域，歴史的風土保存区域，近郊緑地保全区域は，都市計画で計画決定するものでなく，各専門機関等が審議して決定する緑地保全計画，歴史的風土保存計画，近郊緑地保全計画により区域が決められることになる．

次に事例として，風致地区と特別緑地保全地区の規制内容について概説する．

風致地区の許可対象行為は，「建築物の建築その他工作物の建設，宅地の造成，土地の開墾その他の土地の形質の変更，水面の埋め立てまたは干拓，木竹の伐採，土石採取および都市の風致の維持に影響を及ぼすおそれのあるものとして条例で定めるその他の行為」である（風致地区内における建築等の規制の基準を定める政令第2条第1項）．この許可の基準は地域ごとの風致の状況によって様々であるが，基本的には現在は廃止されている国が示した標準条例に基づくものが多い．標準条例に示された建築物の建築の許可基準を表8.5に示す．

特別緑地保全地区の許可対象行為は，「建築物その他の工作物の新築，改築，または増築，宅地の造成，土地の開墾，土石の採取，鉱物の掘削その他の土地の形質の変更，木竹の伐採，水面の埋

表8.5 風致地区における段階規制の考え方の例（建設省都市局長通知による標準条例に示された例）

	建築物の高さ制限(m)	建ぺい率(%)	道路からの壁面後退距離(m)	その他の敷地境界からの壁面後退距離(m)
第一種風致地区	8	20	3	1.5
第二種風致地区	10	30	2	1.0
第三種風致地区	12	30	2	1.0
第四種風致地区	15	40	2	1.0

め立てまたは干拓，屋外における土石，廃棄物または再生資源の堆積」である（都市緑地法第5条第1項）．特別緑地保全地区は，都市の良好な緑地を厳しく保全するための制度であり，このため行為許可の基準は非常に軽微な維持管理作業や災害防止のための工事等に限定されている．したがって特別緑地保全地区に指定されると，緑地以外の土地利用はできなくなり，この見返りとして，土地所有者には土地の買取り請求権が認められている．また，固定資産税等の減免措置，相続税の評価減，買取り時の所得税の減額など，租税面でも優遇策が講じられている．

その他，都市計画法による開発許可制度により，良好な緑地の保全，公園緑地の整備を図る手法も，1つの許可制による規制といえる．

c．誘導の手法

誘導とは，規制や事業を予定されている土地所有者に何らかのメリット（インセンティブ）を付与し，規制や事業に協力を得ることで，緑地の保全・整備を推進する手法である．特別緑地保全地区で記した税の優遇措置等がこれに該当する．

緑地計画に関連しての誘導策には，規制を促進するための誘導策と事業を促進するための誘導策の2つがある．

規制を促進するための誘導策としては，税の優遇，緑地管理の支援（管理協定による公的管理の導入，緑地管理機構による緑地管理の代行，緑地管理助成金の交付等）があり，事業促進の誘導策としては，やはり事業協力に係る税の優遇のほか，容積率規制緩和による公開空地の確保，民有地緑化事業にかかる各種の助成金などがある．

具体的事例として，「緑化施設整備計画認定制度」についてみると，これはビル建設等において屋上緑化や壁面緑化などを促進するために設けられた制度であり，緑の基本計画で緑化重点地区と定められた地区内において，一定規模以上の建築を行う場合（例えば敷地面積1000 m^{2}以上）に一定の緑化基準（例えば20％以上）を満たした建築物に関しては，その緑化施設にかかる固定資産税の軽減を図ることができるというものである．全国で17件の緑化施設が市町村により認定され，特に大都市において屋上緑化等の特殊緑化の推進に貢献している（2006年3月末現在）．

d．事業の手法

都市の緑地を創出するには，直接的に緑化事業を推進するのが早道である．事業とは，具体的に土地を緑化したり，既存緑地を保全のために購入したり，民有地を都市公園として整備するために，公共事業として資金を投じることを意味する．事業の種類としては以下がある．

① 都市公園事業による緑地の創出
② 古都保存・緑地保全事業による緑地の保全・維持管理
③ 生産緑地事業による農の保全・緑地の創出
④ 道路緑化事業による緑地の創出
⑤ 河川環境整備事業による緑地の創出
⑥ その他公共施設緑化事業による緑地の創出
⑦ 市街地開発事業による緑地の保全・創出

上記のうち，緑地の保全・創出を直接の目的とするものは，都市公園事業と古都保存・緑地保全事業であり，平成17年度においては，表8.6の予算が事業費として支出される予定である．

8.2.3 緑地計画の展望

行政計画としての緑地計画は，計画的・合理的に緑のまちづくりを推進するために必須の事項で

あり，特に近年，ヒートアイランド抑止，安全・安心のまちづくり，エコロジーに配慮した環境共生都市の実現といった緑に関する社会的要求の高まりに対応するとともに，公共事業のコスト縮減等の要請にも応えていく必要がある．

これから求められる緑地計画について，以下の三点にまとめる．

a．市民の参画と協働

従来から緑地計画等の行政計画の策定ならびにその実施に関しては，市民の参加が求められ，具体的には計画立案に対する市民アンケート調査の実施，地区ごとの説明会・意見交換会の実施などが行われてきた．これは，多様な市民参加を得ることにより，施策に対する要望をあらかじめ把握し，行政施策への理解と協力を獲得するというものであり，一定の成果を生んできた．しかし最近の市民参加は，市民公益活動の盛り上がりを背景に，より幅広い領域で，より多様な参加形態で，より重要な案件について，参加が図られるようになってきている．この現象は，もはや参加というよりも参画であり，さらには行政との協働であると位置づけられている．

この市民参加の広がりは，公共事業等の行政施策が，従来は市民の負託にこたえる形で行政が実施し，議会がチェックするという関係内で大きな問題を生じなかったのであるが，現在では，施策の実施による利害対立が表面化・先鋭化し，例えば開発による地域経済の活性化をとるか緑地保全による良好な環境を選択するかといった政策決定や，福祉行政の推進による税負担の増大の賛否を問うなどの大きな問題から，当該地区の小さな公園の再整備のあり方の選択（例えば遊具などの施設を整備したきれいな公園か，林や草原のままの自然的な公園かの選択）など小さな問題まで，様々

表8.6 平成17年度都市公園・緑地保全等事業予算額

(単位：百万円)

区　　　分	17年度 (A)		前年度 (B)		倍率 (A/B)	
	事業費	国費	事業費	国費	事業費	国費
国　営　公　園	38398	38398	39674	39546	0.97	0.97
維　持　管　理	11314	11314	11378	11378	0.99	0.99
整　　　備	27084	27084	28296	28168	0.96	0.96
都市公園事業調査費	486	486	504	504	0.96	0.96
都市公園事業費補助	194437	78771	209644	84339	0.93	0.93
個　別　補　助	143778	57298	155704	61508	0.92	0.93
統　合　補　助	50659	21473	53940	22831	0.94	0.94
補　助　率　差　額	−	32	−	116	−	0.28
古都及び緑地保全	12161	5774	13411	6419	0.91	0.90
小　　　計	245482	123461	263233	130924	0.93	0.94
緑地環境整備総合支援事業費補助	12710	5215	12013	5000	1.06	1.04
合　　　計	258192	128676	275246	135924	0.94	0.95
ＮＴＴ−Ａ型	0	0	120	40	−	−
総　　　計	258192	128676	275366	135964	0.94	0.95

（注）1．本表のほかに，防災公園街区整備事業に係る独立行政法人都市再生機構への出資金3500百万円（前年度4000百万円）が都市環境整備事業に計上されている．
　　　2．都市公園事業費補助の事業費には，防災緑地に係る都市開発資金による用地取得費1234百万円（前年度824百万円）を含む．
　　　3．本表のほかに，17年度（国費）には，改革推進公共投資事業償還金1491百万円（前年度4001百万円）がある．
　　　4．国営公園の整備の前年度（事業費）には，特定公園施設の整備費128百万円を含む．

な領域で市民の参画が必然となっている．

　市民の参画と協働が図られると，緑地計画の分野でいえば，①緑地の保全・創出施策に合意形成が得られる，②具体的な保全の方向，整備のあり方について地域・市民のニーズに対応でき，また協力を得やすくなる，③緑地の維持管理・運営管理に助力が期待でき，事業コストの縮減も期待できる，などのメリットが想定される．しかし市民参加の形態は多様であるため，参加のデザインには創意工夫が求められるとともに，中途半端な市民参加はかえって地域の混乱を招き，特定の意見で行政施策が恣意的に運用されるという危険性も有していることに留意する必要がある．

　現代は市民参画と協働の時代といわれる．特に緑地計画の分野は，総じて楽しい話題が多いので誰もが参加しやすく，参画と協働の実践の舞台としての適性を有している．緑の基本計画の策定，その施策の実施等の局面で，一層の市民参画と協働の実践が待たれる．

　なお，住民参加と市民参加の違いについて筆者は，住民は実体的な存在であり，生活者であって利益を主張する地縁関係者，一方市民はいわば抽象的存在であり，権利者であるとともに義務を負う運動家・活動家，と考えているため，緑地計画への参画については市民を対象に論述していることを追記しておきたい．

b. 連携複合事業の展開

　緑地計画の実現の早道として各種の事業があることは前記した通りであるが，この事業サイドの問題として，緊縮財政や公共事業見直しの世論を受けて，事業評価，政策評価等，行政内部の自己点検が進み，コスト縮減等が図られつつあるといった事業環境の変化がある．

　公共事業については予算措置としてマイナスシーリングが普通となり，緑地計画の分野においてもよほどの緊急性，重要性が認知されないと新規事業化が困難で，従来からの事業についても規模縮小を迫られている状況にある（図8.9）．

　しかしながら，地球環境時代の各種の要請を受けて，美しい緑豊かな都市づくり，安全・安心の都市づくりを推進することの重要性はますます増大していることから，社会経済情勢の動向に応じた緑地関連事業の効果的・効率的取り組みが必要となっている．

　この対応策の1つが各省庁間，各部局間を横断的に取り組む連携複合型の事業である．従来から国土交通省にあっては，道路と緑地，河川と緑地，港湾と緑地，海岸と緑地，砂防と緑地といった，連携事業の取り組みが見られ，例えば六甲山系のグリーンベルト計画は，砂防事業と国土交通省都市地域整備局所管の緑地事業の二人三脚の事業として成果をあげている．淀川等の河川公園などもこの連携事業のひとつであるし，道路事業と公園事業が連携した仙台市定禅寺通りは緑陰道路として観光の拠点となっている（図8.10）．

　これからは文部科学省と連携した学校の緑地化，文化庁と連携した文化財緑地の保全・整備，農水省と連携した農村緑地の保全・整備，林野庁と連携した里山等の森林の緑地活用の推進等，国土交通省だけでなく，各省庁にまたがる横断的な連携事業の積極的推進が待たれる．

　また，単なる事業間の連携だけでなく，事業の複合化によって，より効果的・効率的な事業とすべきである．例えば，大阪府のせんなん里海公園は，基盤整備面の港湾事業，海岸事業に加え，文部科学省の青少年教育事業，農水省の水産資源養殖事業，環境省の自然再生事業等との連携複合化を意図し，上物整備全体を都市公園事業で統括・運営する構想であり，緑地事業のもつ総合的効果の発現が期待されるものである．事業根拠となる法律の違いにより，簡単に複合化することは困難な面もあるが，厳しい時代環境の中，積極果敢な取り組み展開が待たれてならない．

　また時代の要請に応じた効果的・効率的事業推

第8章 緑地の行政計画

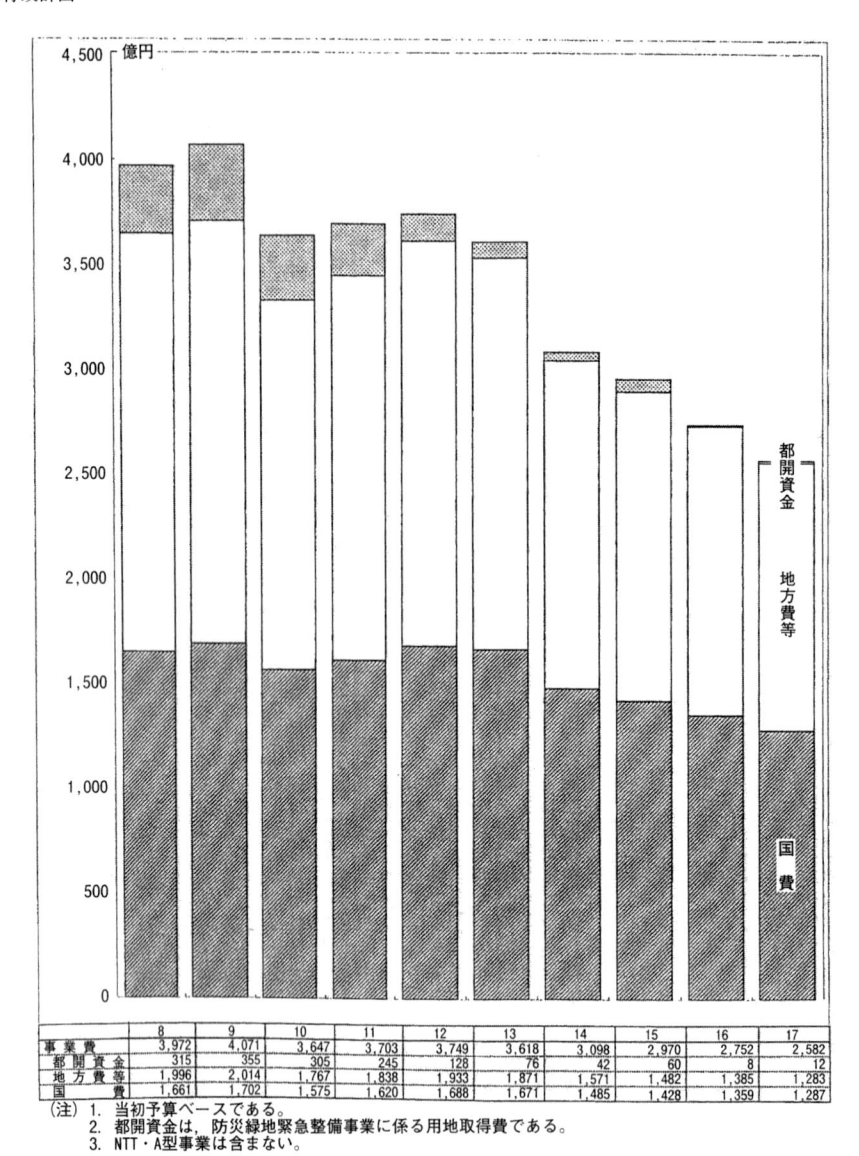

	8	9	10	11	12	13	14	15	16	17
事 業 費	3,972	4,071	3,647	3,703	3,749	3,618	3,098	2,970	2,752	2,582
都 開 資 金	315	355	305	245	128	76	42	60	8	12
地 方 費 等	1,996	2,014	1,767	1,838	1,933	1,871	1,571	1,482	1,385	1,283
国 費	1,661	1,702	1,575	1,620	1,688	1,671	1,485	1,428	1,359	1,287

(注) 1. 当初予算ベースである．
2. 都開資金は，防災緑地緊急整備事業に係る用地取得費である．
3. NTT・A型事業は含まない．

図8.9 都市公園等整備事業予算の推移

進のもう1つの対応は，民間事業との複合連携である．すでにPFI（Private Finance Initiative）事業による公共事業の取り組みも多くなってきた．さらに公共施設の指定管理者制度による民間管理も増えている．このような趨勢を受け，民間事業と連携した緑地事業の積極的な推進が図られるべきである（図8.11）．

c. 多角的・多元的な緑地保全・緑地創造の推進

　本来都市の緑地は，都市環境保全，都市の成長管理，生態系保全，良好な景観形成，レクリエーションの場，コミュニティ形成の場，防災，地域

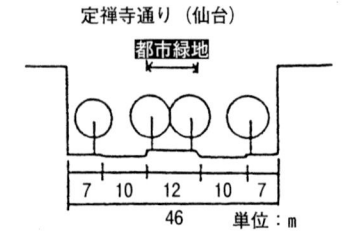

図8.10 定禅寺通り断面

文化の発揚等々の多面的な機能をもっている．これらの機能をもつ緑地は，個別の機能の発揮に着目した個別法律により，その保全・整備方策が講じられているものも多い．したがって大都市等の良好な緑地にあっては，多元的な機能に即して，多角的な視点から，多重に重ねて規制制度等が適用されており，いわば連携複合型緑地保全が図られている状況にあると評価される．

例えば神戸市の六甲山系についてみると，戦前は砂防指定地（砂防法），保安林（森林法）と風致地区（都計法）であったが，戦後これに重ねて国立公園区域（自然公園法）となり，その後，市街化調整区域（都計法），近郊緑地保全区域・同特別保全地区（近畿圏における保全区域の整備に関する法律），一部特別緑地保全地区（都計法・都市緑地法）等が合わせて区域指定された．

都市環境保全・都市成長抑制の観点では近郊緑地と市街化調整区域，生態系保全では国立公園，景観面では近郊緑地，特別緑地保全地区，風致地区，国立公園，保安林，レクリエーション面では国立公園，防災面からは砂防指定地，保安林といった役割分担に加え，部分的にはレクリエーション拠点として都市公園区域，文化財保護条例に基づく文化財環境保全地区の指定の他，神戸市独自の緑地保全条例による緑地保存区域等の規制も受けており，六甲山系は人工的な改変からしっかりと守られている．

規制制度を個別に見ると，例えば風致地区単独では許可基準の範囲であれば開発を止めることは出来ない，国立公園も場所によっては建築物，工作物の新設ができる．厳しい規制が可能な特別緑地保全地区（近郊緑地特別保全地区も規制内容は変わらない）は買取り請求権があって大面積を指定すると財政負担が大きくなるため，特別に重要な地区しか指定できない，等々の制度の限界を持っているが，互いの限界を補う形で多重・多元的に制度を適用することで，緑地保全効果を著しく高めた好例が六甲山系である．

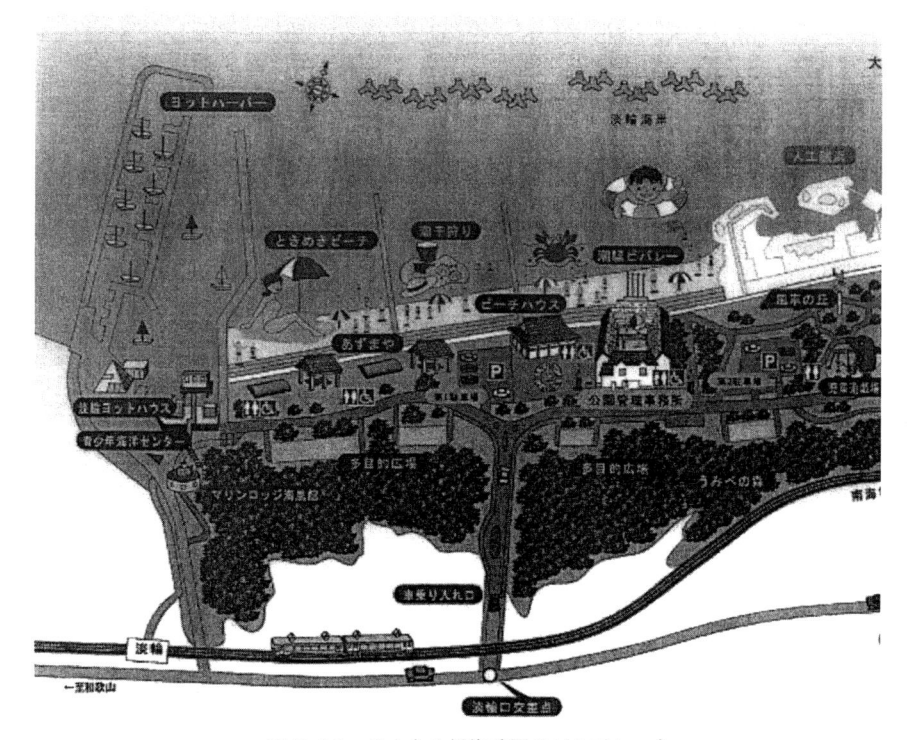

図 8.11 せんなん里海公園のパンフレット

縦割り行政が強固な中で，省庁横断的な制度運用は至難であるが，そもそも緑地計画が総合的効用の発揮を目的としていることを鑑み，前述した連携複合型の事業展開と合わせ，多角的・多元的な視点からの総合的緑地保全施策，緑地創出施策の積極的な展開が必要である．

参考文献

平田富士男（1992）都市緑地の創造，朝倉書店．
国土交通省都市・地域整備局公園緑地課・緑地環境推進室監修（2004）公園緑地マニュアル平成16年度版，日本公園緑地協会．
国土交通省都市・地域整備局公園緑地課（2005）平成17年度都市公園・緑地保全等事業予算概要．
国土交通省都市・地域整備局都市計画課・公園緑地課監修（2001）緑の基本計画ハンドブック2001版，日本公園緑地協会．
日本都市計画学会（1992）都市計画，緑地計画の系譜と展望176．
日本都市計画学会編（2002）実務者のための新都市計画マニュアルI，丸善．
美しい緑のまちづくり研究会編（2001）市民参加時代の美しい緑のまちづくり，経済調査会．

第IV部 ランドスケープの材料と設計・施工・管理

9

緑化技術

9.1 緑化技術発達の歴史

　世界に誇りうる木の文化を創り上げてきたわが国の文化は，生活域を取り囲む山々から木材や薪炭の生産をいかに継続的かつ効率的に行うかという課題を解決しつつ，発展してきた．その結果，さまざまな資源を提供してきた森林は一部で過剰な収奪行為により荒廃し，そこでは，治山を目的とした森林造成が行われてきた．荒廃した森林の下流域では河川の氾濫が住民を悩ませ，治水を目的とした河川やため池の護岸のための樹木の植栽も頻繁に行われた．一方，海岸部では内陸への潮風を防ぐために，海岸砂防造林と現在よばれる防風林が植栽された．このように，わが国では，治山治水の目的で植物が植栽された歴史は古く，例えば，ため池護岸を目的とした樹木や竹の植栽記録は奈良時代から見ることができる．長年にわたって防災という目的で植物の植栽が行われてきた結果，わが国では治山治水技術が発達すると同時に，豊富な知見が蓄積されてきた．

　都市域ではわが国独自の庭園文化・園芸文化が花開き，植物の植栽とその維持管理のための技術が蓄積されていった．造園技術として伝えられるこれらの技術は，植物を人間の生活空間の中で健全かつ美しく維持するために発達してきた．

　わが国の緑化技術は世界でも高いレベルにある．これは治山治水技術と庭園管理技術に負うところが大きい．明治以降西洋の技術を積極的に受容していく中で，これらの技術は応用され，さらなる発達を遂げてきた．その発達は，高度経済成長期に頻発した公害問題や大規模自然開発によって加速され，さらに現在の生物多様性や生態系保全を重視する社会的要求の中で，その内容（質）を問われるようになっている．急峻な地形の中で，災害を起こさず，緑を再生・維持するわが国の緑化技術は，現在，世界中で注目を浴び，応用されつつある．

　なお，緑化には土木工事的内容を多く含むため，その技術は緑化工技術とよばれることも多いが，本章では，すべてを含めて緑化技術と述べるものとする．

9.2 現在の緑化に求められる役割

　環境の世紀がうたわれる現在，緑化に求められる役割も大きく変化しつつある．緑の量産を単純に求める時代から，自然に親和する緑という，質を求める時代になっているのである．これは技術の面でも，さらなる発達が求められていることを意味する．従来から緑化においては，植物学，林

学，造園学，生態学などの学問分野の知見をもとにして技術発達が進んできたが，現在では，生態学に関するさらなる豊富な知見とそれに関する見識が求められている．社会でも，「特定外来生物による生態系等に係る被害の防止に関する法律」（「外来生物法」），「自然再生推進法」などの法律が成立する中で，これに応えるだけの技術が期待されている．外来生物法では従来行われてきた緑化植物種そのものにも言及される可能性があり，緑化技術と同時に利用植物に関する検討も重要な課題となりつつある．

地球温暖化防止の観点からも緑の創出は重要な課題となりつつある．現在は新たに植林された森林や管理が行われている森林が二酸化炭素吸収源としてカウントされているが，将来は自然植生の再生・創造についても積極的にカウントされることが予想される．ここで求められるのは生態学的知見に立った植生の創造であり，そのための緑化技術が求められている．

都市域ではヒートアイランド対策を中心にした都市気候の緩和が大きな課題となり，その一役を植物に求める動きが盛んである．都市域には植物の植栽空間が不足しており，植栽地は人工基盤上とならざるをえない場合が多い．屋上緑化や壁面緑化が奨励される中，求められる緑化を行うための技術は日進月歩である．利用植物種についてもさまざまな試みが繰り返されている．一方，都市域における緑化でも，自然への負荷をできるだけ軽減することが求められており，あらゆる緑化材料に対する検討が要求されている．

緑化を取り巻く世界は，大きく二極化しているといえる．1つは自然豊かな空間における自然再生がキーワードとなる緑化であり，もう1つは人間生活が中心となる都市気候の緩和がキーワードとなる緑化である．それぞれに求められる緑化技術には共通なものもあり，異なるものもある．

9.3　個体レベルの緑化技術

緑化に求められる技術は，目的とする空間によって異なる．小規模な空間では少数の高木とわずかな低木が植栽されるであろう．芝生を張るだけの空間が要求されることもある．ここでは緑化というよりも，造園施工のような心構えで植栽が行われる．近年，多くの苗はコンテナ苗の形で植栽される．コンテナ苗はそのまま植栽されることが多いが，造園的な植栽では，コンテナ内の土を少しほぐし植栽地の土壌となじみやすいようにして植栽する，根を少し切り戻してから植栽する，といった細かい配慮がなされる．

自然の豊かな場所でも個体単位の配慮が求められる場合がある．希少種を移植せざるをえない状況下では，対象種のみを移植する場合がある．多くの場合，対象種に関する情報はほとんど得られないので，丁寧な掘取りと移植が求められる．移植後は頻繁に調査を繰り返し，しっかりとしたモニタリングを行う．可能であれば，一部の個体を持ち帰り，種特性を把握するために栽培調査を行う．調査はできれば，移植前に行われることが望ましい．

個体単位で植物を扱う中には大径木の植栽もある．造園施工では大径木は単木で植栽されることが多く，しっかりとした根鉢をもった露地栽培の苗や山採りの苗が用意される．根鉢の中に充実した細根を持たせるために，苗には前もって根回し（図9.1）が行われる．根回しは実際に植栽を行う少なくとも数ヵ月前に行われる．鉢の周りを掘り起こし，細い根は切断するが，太い根は切らずに残す．残した根は環状剥皮し土を埋め戻しておくほか，地上部は適度に剪定する．

近年では，植生としての樹林の移植が計画され，

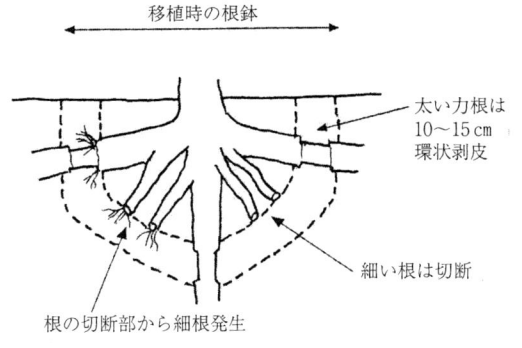

図9.1 根回しの方法
移植時の根鉢よりやや小さめに掘り回し、埋め戻しておく。埋め戻したところに細根を充実させた後、掘り上げて移植する。
(日本緑化工学会編：環境緑化の事典，朝倉書店，2005)

9.4 群落レベルの緑化技術——自然再生のための緑化

緑化は多くの場合，群落レベルでの緑の創出や自然再生を目的とする。現在のような緑化が行われ始めた1960年頃には，早期緑化が最も重要な目標とされ，そのためのさまざまな技術が開発された。そこでは，質量ともに緑の内容よりも，緑の一様性・均質性が求められることが多かった。その後，生態学的観点を重視した質の高い緑がよりいっそう求められるとともに，新たな緑化技術が開発される一方，利用される材料に対する考え方も変わってきた。しかし，その基本的な部分は，現在でも長年にわたって編みだされてきた技術にある。

9.4.1 自然再生技術の基礎となる種々の緑化技術

緑化技術は多くの場合，緑化の工程に沿って，緑化基礎工，植生（導入）工，植生管理工に分けられる。それぞれは，植物の生育環境の整備，植物の植栽そのもの，植栽後の管理のための技術である。

a. 生育基盤としての土壌

緑化の中でも，植物の生育基盤となる土壌は重

そこにある大径木の移植が試みられる場合がある。各個体に造園的作業を行うには多くの労力を要するため，大型機械移植技術が開発されている。これは重機に取り付けたバケットで個体を掘上げ，そのまま移植場所に運搬し，用意された植え穴に移植する方法である。掘上げ後そのまま移動してすぐに植栽するため，根鉢の乾燥の心配もない。その結果根巻きをする必要がなく，簡便な手法である。同一あるいは近接する場所に短距離の移動で多数移植する場合，有効な手法である。

要である。土壌には本来的には自然に存在する土壌が相当するが，現在の緑化材料には土壌の代替物としての人工土壌もある。

土壌を準備する上で重要なことは，植物の根系を理解することである。植物の根系は大きく，支持根と吸収根に分けることができる。支持根が機能するためには十分な体積と適度な固さを持った土壌が要求され，吸収根が機能するためには通気性，透水性，保水性，保肥性などを備えた土壌が要求される。根のもつ2つの機能が発揮される場所は土壌の深さによって異なる。すなわち，土壌の上層では吸収根が多いために保水性，透水性，保肥性が，下層では透水性や適度な固さがより求められる。最下層には滞水しないような排水性も重要である。このような観点から土壌をみると，生育基盤は有効土層と排水層から成り立っているということもできる。自然林を最終的な目標とする緑化では，自然林の土壌を参考にする。一方，植物の生育に求められることが，必ずしも旺盛な生育のみではない場合もある。そこで求められるのは各種の特性に合わせた生育環境である。例えば，先駆性樹種中心の植生を目標とする場合には，

腐植が多い土壌が適しているとは限らない．

　植物の生育に有効な土壌を用意するためにさまざまな土壌物理性改良資材が作出されている．それらは無機質系土壌改良資材と有機質系土壌改良資材に分けられる．前者にはパーライト，珪酸土焼成粒，粘土鉱物焼成粒，炭化物，ロックウール，ゼオライト，バーミキュライトなどが，後者にはバーク堆肥，家畜糞堆肥，ピートモス，下水汚泥コンポストなどがある．近年では土壌中の微生物活性が重要視されることが多いが，有機質系土壌改良資材は，微生物活性を高め，土壌の養分度を高める資材として注目されている．

b．斜面地の緑化技術

　わが国は地形が急峻であるため，緑化対象地も斜面地であることが多い．斜面地は，自然斜面地と造成によって生じた斜面である法面に分けて考えることができる．

　自然斜面地における緑化の多くは，治山・砂防事業として捉えられてきた．土木工の分野では山腹工として捉えられている．山腹工は，地山の安定を得るための山腹安定工，斜面表層の安定を図るための山腹基礎工，植生を成立させるための山腹緑化工に分けられる．治山事業としての緑化で目標とするのは自然再生，特に森林植生の再生であり，植生工の技術が数多く用いられる．山腹工における緑化基礎工としての技術には，山腹基礎工にあたる谷止工，法切工，段切工（階段工），土留工（擁壁工，積工など），籠工，排水工などの技術と，山腹緑化工にあたる柵工，積苗工，筋工，伏工（被覆工），溝切工，穿孔工（穴工，植生穴工），客土工，防風工などの技術がある．続いて植生工が行われるが，その方法には播種（植生マット，植生シート，植生土嚢，航空緑化など），苗木や株の植栽，挿し木，張り芝などがある．

　法面の緑化は造成地の周辺や道路などに出現する斜面の緑化であることから，開発地の完成にあわせた早期の緑化が求められてきた．そのため当初は，発芽率が高く均質な種子が大量に得られる外国産牧草類を用いた緑化技術が発達した．しかし，その後，景観的にも生態的にも周辺の自然にあった法面の緑化が求められる場合が増加し，樹林化技術が発達している．現場で発生する表土を用いた工法も多用されている．

　日本の緑化技術は，法面緑化技術の発達とともに発達してきたといっても過言ではない．その基本となるのは植物生育基盤材，侵食防止剤，肥料などの吹付資材であり，補助資材が必要に応じて用いられる（図9.2）．中心となるのは植物材料であるが，これについては種子，苗木，挿し木など，種々の利用方法がある．これらの吹付資材を用いて行われるのが法面緑化である．自然斜面地の緑化の場合と同様に，法面緑化も緑化の手順に従って，緑化基礎工と植生工，植生管理工などに分けられる．緑化基礎工には網張工，法枠工，補強土工などがある．植生工には播種工と植栽工（図9.3）のほか，埋土種子が期待できる表土などを利用する植生誘導工がある．植生管理工では初期の緑化工事が終了したあとの緑地の管理に必要な管理技術が求められ，追肥，補植，除草，下刈などが該当する．

c．特殊地の緑化技術

　さまざまな開発地が出現する中で，緑化が要求される対象地は増加の一途をたどっており，現有の技術を用いて数多くの緑化事例が蓄積されている．ここでは，さまざまな特殊な緑化対象地における留意点を簡単に述べる．

1）積雪寒冷地　　積雪地では，冬季の雪圧が問題となる．斜面では法肩から法尻に至る連続した雪圧が想定され，雪圧を分断する階段工や雪崩防止を兼ねた雪の移動防止策をとる．植物の成長期間が短い地域では，施工時期や種の選定も重要である．

2）寡雪寒冷地　　わが国では北海道道東などに寡雪寒冷地が存在する．成長期間が短い上に積雪

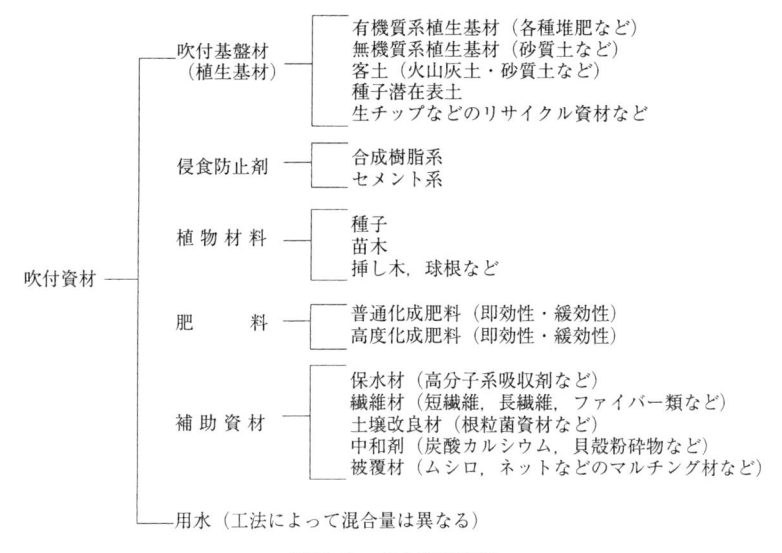

```
                        ┌ 有機質系植生基材(各種堆肥など)
           ┌ 吹付基盤材 ─┤ 無機質系植生基材(砂質土など)
           │ (植生基材)  │ 客土(火山灰土・砂質土など)
           │            │ 種子潜在表土
           │            └ 生チップなどのリサイクル資材など
           │
           │ 侵食防止剤 ─┬ 合成樹脂系
           │            └ セメント系
           │
  吹付資材 ─┤ 植物材料 ──┬ 種子
           │            │ 苗木
           │            └ 挿し木,球根など
           │
           │ 肥    料 ──┬ 普通化成肥料(即効性・緩効性)
           │            └ 高度化成肥料(即効性・緩効性)
           │
           │            ┌ 保水材(高分子系吸収剤など)
           │            │ 繊維材(短繊維,長繊維,ファイバー類など)
           │ 補助資材 ──┤ 土壌改良材(根粒菌資材など)
           │            │ 中和剤(炭酸カルシウム,貝殻粉砕物など)
           │            └ 被覆材(ムシロ,ネットなどのマルチング材など)
           │
           └ 用水(工法によって混合量は異なる)
```

図 9.2 主な吹付資材

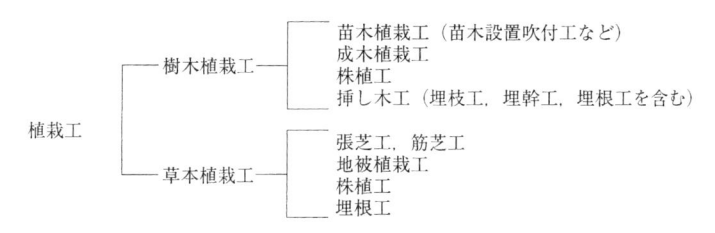

```
          ┌ 樹木植栽工 ──┬ 苗木植栽工(苗木設置吹付工など)
          │             │ 成木植栽工
          │             │ 株植工
  植栽工 ─┤             └ 挿し木工(埋枝工,埋幹工,埋根工を含む)
          │
          │             ┌ 張芝工,筋芝工
          └ 草本植栽工 ─┤ 地被植栽工
                        │ 株植工
                        └ 埋根工
```

図 9.3 植栽工の種類

による保護が多く期待できないため,最も植物の生育に厳しい地域である.樹木では極寒期に凍裂などの被害も起こる.施工時期や種の選定に留意するほか,群落単位での緑化地の早期成立の工夫,雪囲いなどによる積雪の促進の工夫などが求められる.

3) 風衝地(図 9.4) 海岸など一定方向の風が卓越する地域では,植物が単独で生育することが困難であり,木本を中心とした連続性のある植生を先駆性樹種などによって成立させる.植生は高密度に維持し,初期には防風のための補助工が必要となる.

4) 無土壌岩石地 岩石が露出した崖地などでは自然状態でも緑が散在する状況が観察できるが,人工的に創出された場所では状態が異なる.根系が侵入でき,これを維持できる生育基盤を造成する.導入種には,表土が薄く,土壌養分が貧弱な場所でも生育できるような先駆性樹種を中心とした種を用いるほか,これが持続できる基礎工を行う.

5) 急傾斜地 急傾斜地では植物の根系は独特の発達を示す(図 9.5).生育基盤を保持するための基礎工が必要である.このような環境でも十

図 9.4 風衝地(海岸)に成立する自然植生(ミズナラ林)
恒常的な卓越風が吹く立地では,このような自然植生を参考にして緑化を行う.

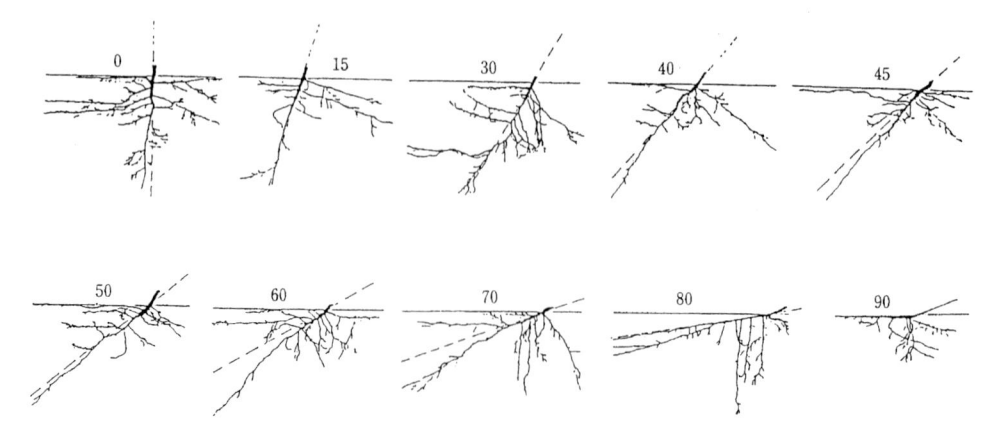

図 9.5 斜面勾配と木本植物の根茎伸長（アカマツ）
破線は鉛直線，数字は斜面の角度，直根は鉛直方向へ，側根は急斜面になるほど山側に向かう．
（小橋澄治・村井宏編：法面緑化の最先端，ソフトサイエンス社，1995）

分な根系の発達が期待できる木本種を用いる．苗木植栽ではなく，播種を中心に緑化を行う．

6）真砂土地　真砂土は保水性，保肥性ともに劣るので，これを改善するための生育基盤を造成する．造成で現れる岩盤は風化しやすいため，生育基盤を安定させ，土壌表面の侵食を抑制する植物種，特に先駆性樹種や肥料木を選択する．

7）シラス地　シラス地では風雨による崩壊が起こりやすいため，緑化を行う場合には，緩傾斜の，排水が計算された法面を造成する．裸地状態を続けることは危険なので，成長の速い植物種を草本植物も含めて選択する．

8）侵食が容易な法面　地山の土壌が膨軟化しやすい場所では，風雨や凍結・凍上の影響で植物の定着が困難となる．砂質地では根系が速く深い部分まで成長する種を選択する．粘性土地では表層の風化を抑える生育基盤を用意し，初期成長の速い植物を導入する．

9）強酸性土壌地・強アルカリ性土壌地　土地を造成する場合，パイライトを多く含む海成層や熱水交代作用を受けた火成岩などが露出すると硫酸が生成して強酸性となる．塩基の多い海成層では強アルカリ性となることもある．そのような場合，風化や中和を促進したり，あるいは逆に封じ込めて良質客土を導入したりする．弱い酸性やアルカリ性の場合には中和剤や pH 緩衝材を投入する．強い酸性やアルカリ性の場合には植物が衰退する可能性もあるが，土壌化学性の改善や植物の導入を繰り返して行う持続性も計画に含めておく．

10）湛水地　ダム湖岸などのように水位が年変動，あるいは揚水ダム湖岸のように日変動する斜面の緑化は，水位変動による湖岸の浸食と冠水による植物の生育の難しさのために困難を伴う．前者を解決するために生育基盤の安定化を行う．後者の解決のためには，冠水抵抗性が高く，短期の生育期間で養分生産が可能な種を選択する．位置によって冠水率が異なるため，冠水抵抗性の異なる種を帯状に導入する．自然度が高い立地が多いため条件を満たす自生種は多くないが，そのための知見は得られつつある．人工浮島を用いた緑化を行う場合には，生育基盤整備はそれほど必要ではない．

11）モルタルコンクリート法面　近年，過去にモルタルコンクリートを吹き付けた法面を再緑化する例が増加している．劣化した法面に亀裂や地山との間の空洞などが発生している場合があるため，十分な生育基盤を造成した後，緑化を行う．

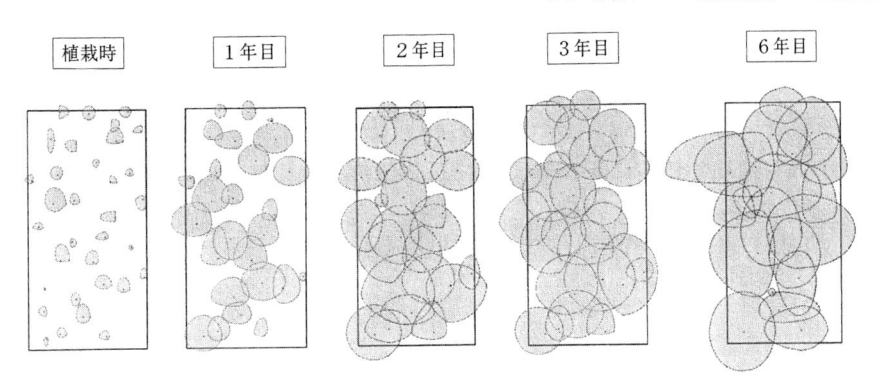

図 9.6 エコロジー緑化地における植栽後の樹冠の推移
（日本緑化工学会編：環境緑化の事典，朝倉書店，2005）

d. エコロジー緑化

エコロジー緑化は 1970 年代に考案された樹林地造成手法で，造成地に樹林を大規模に創出することを目的として開発された．大量の客土や土壌改良によって土壌層を造成すること，周辺自然林の構成種から樹種を選定すること，ポット苗を密植することなどが特徴であり，短期間に周辺植生と同様の樹林を完成させることができるとされる．

植栽地の面積としては少なくとも予想される樹林高の 3 倍以上の幅が必要であるとされる．中央部が高いマウント状の盛土造成が行われることが多く，表層 30 cm については有機物や肥料を混入して土壌改良を行う．最終的に目標とする森林の構成種の植栽を重視するが，実際には異なる種が少数混植される場合が多い．周辺植生に関する情報がない場合には，自然度の高い植生の実際の調査から潜在自然植生を群集レベルで推定する．周辺植生構成種すべてを植栽するのではなく，2〜3 種を主要樹種として多数植栽し，それ以外に 5〜8 種程度を少数植栽する．植栽苗にはコンテナ苗を用いる．その理由は大面積の植栽を比較的短時間で行える上に，植栽後の成長が優れるところにある．植栽密度は 1 m²あたり 2 本程度が標準とされる．高密度であるため 2〜3 年後には裸地がみえる部分はなくなり（図 9.6），緑量が確保できると同時に，雑草の繁茂を抑えることができる．個体間の競争によって自然林と同じような樹林が形成されることを期待する．

エコロジー緑化では自然淘汰による個体数の減少を期待するが，これが起こらない場合には間伐を行う．萌芽力が強い種では間伐後の切株からの十分な再生が期待できる．間伐は森林を複層化し，林分構造を多様化する上で有効であるため，場合によっては密度管理を前提とした管理計画が立てられる．

エコロジー緑化が考案された時代は，導入する樹種に関して遺伝子レベルの配慮を行う考え方は未発達であった．大規模に大量の苗を植栽するこの手法は，苗を地域を問わず購入する方法に頼らざるを得ない．しかし，遺伝子レベルから苗の調達を考えるようになった現在，苗をどこから得るかは大きな問題であり，苗を周辺植生から得た種子から育てることが求められるようになっている．エコロジー緑化を今後さらに行うためには，このような問題を解決するシステム作りが期待される．

9.4.2 開発地の植生を資源として扱う緑化技術

自然の豊かな地域における緑化では，現地調達の材料を用いることが奨励されている．緑化の視点から見たとき，造成が行われる現場には立木，林床植生，表土など数多くの資源が存在する．しかしこれまで，これらの資源は利用されることは

少なかった．現場植生の利用は，植生移植と位置づけられる利用方法でもある．開発によって対象地の植物群落がすべて失われる場合，別の場所，または開発後の同じ場所に移動，再生することができることから，植生移植は今後ますます重要となる．

a．表土利用

表土には，埋土種子や地下茎などが含まれている．従来，表土は良質土として評価され利用されることが多かった．これは，腐植が多く土壌としての構造が発達していることから，保水性や透水性に優れる材料が得られる場合があるためである．現在ではさらに，表土中に含まれる植物資源に注目して緑化に利用するようになっている．

埋土種子とは土壌中で発芽力を持ったまま蓄積されている種子である．種によって，土壌中で生存できる期間はさまざまで，一年以内に発芽力を失う種から数十年以上発芽力を維持する種まである．先駆性樹種などは光条件が暗い場所では休眠するものが多く，土壌中に蓄積される．埋土種子の多くは深さ10 cm以浅の部分に存在するため，表土を利用する場合には開発地の表層土壌を採取する．表土はできるだけ薄い状態で保存することが望ましい．また，保存期間は短い方が埋土種子の発芽が優れる．表土の利用方法は様々であるが，そのまま播き出すか，厚層基材に混入して吹き付ける方法が一般的である．

b．根株移植，大径木機械移植

ナラ類やシデ類などの萌芽力の強い樹種は，地上部を伐採し，根株だけを移植することができる．個体ごとに根株の状態に応じた再生をするため，移植後の活着と成長が良好である．ただし，元の個体の大きさに戻るためには年月を必要とする．移植に適した立地は緩やかな傾斜地で，有効土層が厚い場所である．法面の再緑化などの場合には，既存個体の中で萌芽力が優れる種については施工効率を上げるために地上部を伐採し，根株のまま残して施工をしたのちに，根株からの再生を期待する場合がある．萌芽力が弱い種は地上部が失われると再生力が低下するため，地上部を残したまま移植する．この場合には，前述のような大型機械による移植が適した方法となる．

c．ブロック移植

植生移植の理想は開発前の植生がそのまま施工後に再現されることであるが，これは不可能に近い．しかし，できるだけ現場の植生に攪乱を与えずに保存し移植する方法として，ブロック移植がある．従来は地下茎や匍匐茎を張り巡らせる植物の移植に適した方法であるとされてきたが，現在では植生移植の効果的な方法としても注目されている．特にわが国の森林の林床植生を特徴づける植物であるササ類が含まれる植生の移植では，ササ類の地下茎によってブロックが崩壊しにくくなることから，ブロック移植は有効である．地上部を伐り除いた後に切り出したブロックには，ササ類の地下茎に加えて，低木類の根株や埋土種子などが攪乱されないままに含まれており，それを造成地に張り付けるだけで早期に緑が再生できる．ここではさまざまな低木種の萌芽を含むササ類を中心とする群落がまず成立し，次いで埋土種子と施工後の飛来種子による陽性木本群落が成立していく（図9.7）．予算が十分な場合は，ブロック移植に大径木の機械移植を組み合わせて森林そのものの移植を試みることもできる．

d．その他の植生の移植

陸上の一般的な植物群落については上述のような方法で自然再生が試みられるが，現在の緑化技術ではまだ十分に移植しきれない植生も多数ある．それらの多くは，対象とすべき面積あるいは考慮すべき地域の面積が大きく，対象地だけでは問題が解決できない点が多数あるためだということを理解する必要がある．例えば，海岸砂地では，古くから海岸砂防造林が行われ，白砂青松の日本的な景観が作り出されてきた．そのための技術はク

ロマツ林を成立させるという意味では十分に確立された技術である．しかし現在では，自然海岸植生そのものの再生も視野に入れることが要求されるようになってきた．そこでは，地域に応じた海岸環境の変化を周辺の海流や土砂供給なども視野に入れた上で検討しなければ緑化の成功は導き出せない．干潟においても広い範囲における地形，潮位，水収支などの情報収集が，対象とする干潟の植生に関する情報収集に加えて必要となる．このように，微妙なバランスの上に成立している移行帯のような植生では地域固有性を損なわないことが求められ，一概にはマニュアル化できない．そのため，埋土種子を含んだ表土を利用する場合も，過去にそこに存在した多くの種が含まれていることが想定され，慎重な扱いが求められる．

現在では，陸上のみならず，藻場のように海中の緑の創出も求められるようになっている．緑化の対象が広がりつつある現在，さまざまな要求に応える緑化技術の発達が求められている．

e．モニタリングの重要性

自然再生を目的とした緑化におけるモニタリングの重要性は改めて述べる必要もない．特に，現場の資源を利用した緑化の場合には，さまざまな質の資源が利用されることから，従来の評価軸では成功の可否を即座には判断できない．そのため，

図9.7 ササ地下茎を含むブロック移植施工地
この施工地では施工後2年でササ類を中心とする草地的な植生から陽性木本を中心とする植生に推移しつつある．植被率は高い．

モニタリングの重要性はよりいっそう増加している．モニタリングとは導入した植物あるいはそれによって形成されていく植物群落が，緑化目標に向かって順調に推移しているかどうかを判定し，以後の管理計画を検討するために行われるものである．また，その地域における植生の変遷を記録として残すという観点からも重要である．自然度の高い自然再生を目指す場合，最終的に目標とする植生に至るまでの間に，どのような植生の変化が起こるのかは十分には把握されていない場合も多い．そのような場合には，頻度の高いモニタリングと，その結果の慎重な検討が必要である．

9.5　環境緩和のための緑化技術——都市域における緑化

都市域特有の環境は人間に大きなストレスを与える．物理的影響，精神的影響を問わず，このようなストレスを緩和する一役を担うものとして，緑への期待は高い．

都市域ではすでに多くの自然植生が失われており，求められるものの多くは自然度の高い緑ではない．一方，わずかに残された自然は断片化が進み，孤立化してからの時間が長い場所も多いため，これらの自然を維持するための努力は必要である．

そのため，大規模な再開発などが行われる場合には緑のネットワーク化をはかり，残された自然も含めてネットワークの中に取り込めるような計画が重要となる．ただし，ネットワークによって外来種などの新たな侵入とそれによる自然の攪乱の脅威が生じることも忘れてはならない．

都市域に緑を導入するとき問題となるのは緑のために確保できる空間が狭小であることであるが，その対象空間は土壌の有無によって大きく2つに

分けられる．土壌のある空間では，緑化に関して特に大きな問題はない．日陰地，踏圧地など，植物の生育環境としては厳しい環境も多く見られるが，光条件，水分条件，土壌条件などを改良することによって緑化は可能となる．土壌汚染地などが出現した場合には，「特殊地の緑化」の項で述べた対応によって問題は解決できる．都市域の緑としては街路樹も重要で，独特の整枝剪定方法や管理対策が考案されているほか，管理によって生じる枝葉のリサイクル利用なども注目されるべきものであるが，ここでは詳細には触れない．

土壌のない空間である人工地盤上には，土壌を持ち込む必要がある．時に水耕栽培などで植物が維持される場合もあるが，多くは土あるいは人工土壌が用いられる．ここで土壌に求められる特性は，薄い状態でも十分に植物が生育できること，植物を支持できることである．都市域において注目される緑化空間としては，屋上，壁面，室内などが考えられる．

9.5.1 屋上緑化

屋上緑化を奨励し，ヒートアイランド化した都市の気候を少しでも緩和しようとする動きが活発化している．屋上緑化には雨水流出の緩和機能も求められている．

屋上緑化をより一般的な緑化手法にする上ではいくつかの制限要因がある．多くは構造物に由来するものであり，緑化技術よりも，より広い意味での基盤整備が要求される．例えば積載荷重の問題がある．設計当初から屋上緑化による荷重を計算した構造が設計できる場合には屋上緑化は容易であるが，そうでない場合には十分な構造計算がなされていない場合が多いため，補強が必要となる．この問題を解決するために人工土壌が数多く開発され，土壌の軽量化が図られている．構造物への水分の影響も重要であり，防水シートの利用やアスファルト防水が行われる．構造体との間に十分な排水設備を設定することも重要である．

屋上では，強風，過度あるいは過小な日照条件，有効土層厚の薄さ，土壌保水量の不足，地温変化の増大，根の過密成長などが問題となりやすい．植栽基盤の支持力を高めるための工夫や，土壌改良材も含めた良質土壌の用意，根鉢の結束，などが心がけられる．植栽植物には，厳しい環境条件に抵抗性の高い種や生育が旺盛な細根性の種などが従来求められてきたが，近年では乾燥地原産の草本なども用いられる．樹木は浅根性の樹種が選ばれるほか，薄い有効土層に適した形状に仕立てた根鉢を持つ苗が生産される．コンテナ栽培植物によって緑化が行われる場合もある．この場合には生育状態が悪くなった個体は入れ替えが可能である．

9.5.2 壁面緑化

屋上に加えて緑化の重要性が考えられるのが壁面である．壁面の緑化には壁面の遮蔽や修景の効果が求められるほか，壁面からの日光の照り返しの防止，構造物表面のひび割れ防止の効果がある．その結果として都市気候の緩和も期待できる．対象となるのは，構造物の壁面，塀，擁壁，遮音壁，水辺の垂直護岸などである．

これらの空間には，植栽基盤が非常に狭いか存在しないこと，樹冠を広げる空間がほとんどないこと，過度または過小な日照条件であること，高温になる場合があること，などの特徴があり，これに適応できる植物が選択される．再施工や管理が難しい場合も多いため，長期にわたる緑化が可能で，壁面を被覆する時間が早く，強い種が求められ，結果としてツル植物が用いられることが多い．ツル植物には，巻きツル性，吸着性，下垂性があるが，目的に応じてこれらを単独であるいは組み合わせて用いる．植物は壁面に沿って線状に植栽されるが，壁面上の植栽のための余地に直接植栽する場合もある．優れた生育を得るために，

補助材として，フェンス，トレリス，植栽パネル，ヤシ殻マットなどが利用されることも多い（図9.8）．植栽後は，ツルの間引きや切除，切戻し等の管理を行うほか，追肥も施す．

空間に余裕がある場合には，壁面前への中高木の植栽によって遮蔽植栽とすることがある．十分な余裕がない場合でも，エスパリアに仕立て，樹木による壁面緑化を行うことができる．エスパリアは，壁面に沿って樹木やツル植物を植栽し，枝やツルを望む方向に誘引して壁面に張り付くように仕立てたものであり，欧米では一般的な方法である．このほか，壁面緑化ではないが，ベランダなどに植栽容器を設置して植物を植栽することによっても同様の効果が期待できる．

9.5.3 室内緑化

室内緑化は，空間が狭小な都市域では重要な緑化手法の1つである．規模に応じてさまざまな事例がある．小規模な場合や仮設的な緑化の場合には鉢物が用いられる．恒久的な緑化でもコンテナ栽培植物が用いられ，大規模な場合には高木種を植え込んだ大型コンテナが埋設される場合（大同生命ビルなど）がある．人工地盤を用意したアトリウムとよばれる空間での大規模緑化も，1970年代以降広まりつつある．アトリウムではさまざまな造園植物を用いた事例が増加している．植栽基盤は土壌によるだけでなく，水耕やれき耕などの養液栽培（関西空港ターミナルビルなど）によるものもある．

室内空間に特有の環境条件は，光条件の制約，温度条件とその変化が自然環境下ではみられないものであること，降雨がないこと，空気の動きが少ないこと，などに集約される．このような空間では，低照度に耐えられること，亜熱帯的な環境下で生育が可能であること，冷暖房の有無による温度変化に鈍感であること，などが植物材料に求められる一方，環境をできるだけ植物の生育に適

図9.8 さまざまな壁面緑化工法
2005年に開催された愛知万博のバイオラングでは，さまざまな壁面緑化工法が紹介された．

したものにする工夫が要求される．

低照度に耐えられる植物はそれほど多くない．馴化によってある程度の低照度に耐えられる苗を育てることは可能であるが，半恒久的な植栽を計画する場合には，人工的な光源の確保は重要である．現在では植物の生育に適した光を発する高圧ナトリウム灯やメタルハライド灯などの光源があり，これらを利用することが望まれる．建築物の設計段階から考慮できる場合は，開口部の増大の考慮や外光を取り込む窓のガラス素材に対する配慮が重要となる．すなわち，植物の光合成に必要な波長の光（380～760 nm）が十分に透過できるような素材が選ばれる必要がある．外光による光の補充が必要な場合には，光ファイバーなどを用いた集光装置も設置する（大阪国際会議場など）．

植栽後の管理にも特有の配慮が必要である．例えば，土壌表層の水分状態にとらわれない灌水や，葉の洗浄，光合成能力向上のための剪定などが要

9.6 地域性種苗と植物材料

現在，緑化植物材料に対する考え方は大きく変化しつつある．これまでは，規格にあった同等の品質をもった材料が大量に生産できることだけが苗の価値を確定していたが，これらに加えて，生産地を明確にすることが必要になっている．これは同時に，生産地と植栽地ができるだけ近い場所であることが求められていることを意味する．この視点から生まれてきた言葉が地域性種苗である．地域性種苗は市町村以下の地域スケールで自生原産地が特定され，生産経過が明らかに保証された種苗と規定される．地域性系統の品質を保つためにはときおり検査が行われることが望ましい．同じ考え方から，開発現場にある植生から得られる資源を緑化資源として利活用することも重視されるようになっている．

一方，自然分布範囲外の地域または生態系に人為の結果として持ち込まれた種，亜種またはそれ以下の分類群は外来移入種とされ，国外外来種と国内外来種がある．外来種には意図的に持ち込まれるものと非意図的に持ち込まれるものがあり，意図的に持ち込まれた種が管理された場所に生育していた外来種が野外で生育するようになった場合は逸出種とされる．また，外来種の中で生態系に大きな影響を与える種は侵入種とされる．一方，日本緑化工学会の定義によると，緑化植物は「造成地や荒廃地，開発地の土地保全や環境保全，景観育成などのために人為的に導入された植物．自生種，移入種（現在は外来種と呼ばれる），栽培品種のいずれも含む」とされており，その範囲は地域性種苗よりもかなり大きなものになっている．現在では，これらを考慮した上で，できるだけ地域性種苗に近い形で生産された苗が重要である．

植物材料はすでに述べたようにさまざまな形で利用されるが，緑化の観点から見たとき，一般に備えるべき条件としては，① 使用植物の調達供給が安定していること，② 発芽，萌芽，発根が良好であること，③ 厳しい環境条件に対する適応性や抵抗性が大きいこと，④ 成長が早いこと，⑤ 病虫害に対して強いこと，⑥ 根張りがよく土壌の緊縛効果があること，などが重要である．しかし，最近ではこれらに加えて，施工地周辺など地域を限定して種子を採取すること，多種多様の種子を多量に確保すること，なども求められるようになっている．調達された種の地域性を正確に判定するためには分子遺伝学的解析が要求されるが，その簡易な手法は緑化の分野では確立されていない．

従来，苗の健全性は，地上部のみならず地下部，全体のバランスも含めた樹勢，比較苗高などによって判断されている．成木に関してはこのうち

表9.1 樹木樹勢の健全性評価基準

項目	評　価　基　準
樹　形	樹種の特性に応じた，整った樹形を示すこと．
枝葉の密度	着葉密度が良好であること．
根　系	根系の発達がよく，四方・下方に均斉に展開し，根鉢範囲に細根が多いこと．
根　鉢	樹種の特性に応じた適正な根鉢・根株を持ち，根くずれのないよう，根巻きやコンテナなどに固定され，乾燥していないこと．ふるい掘りでは，根の健全さが保たれ，損傷がなく，乾燥しすぎていないこと．
葉	正常な葉形，葉色を持ち，萎れや病斑がみられないこと．
樹　皮	目立った損傷がないこと．樹皮が薄い樹種では，幹巻きなどの適切な処置が施され，幹焼けを起こしていないこと．樹種に応じた活力ある樹皮・皮目の形状を示すこと．
枝	徒長枝がなく，枯損枝，枝折れなどの処置がなされ，必要に応じて適切に剪定されていること．
病虫害	発生が認められないもの．過去の発生については，その後遺症がほとんど認められないもの．

（日本緑化工学会編：環境緑化の事典，朝倉書店，2005）

9.6 地域性種苗と植物材料

表 9.2 樹木の活力度判定項目と評価基準

測定項目	評価基準			
	1	2	3	4
樹　勢	旺盛な生育状態を示す	いくぶん樹勢低下が認められるが、あまり目立たない	異常が明らかに認められる	生育状態が劣悪で、回復の見込みがない
樹　形	自然樹形を保っている	若干の乱れはあるが、自然樹形に近い	自然樹形の崩壊がかなり進んでいる	自然樹形が崩壊し、奇形化している
枝の伸長量	正常（高木の頂枝では30 cm以上）	いくぶん少ない	枝が短くなり細い	枝は極度に短小、ショウガ状の節間がある
梢端の枯損	なし	少しあるが、あまり目立たない	枯れ枝が多い、あるいは枝の切断が目立つ	枯れ枝が著しく多い、あるいは大きな切断がある
枝葉の密度	樹冠がうっ閉し、枝葉の密度が高い	1に比べるとやや劣る	樹冠に空隙が目立ち、枝葉は疎	枯れ枝が多く、葉の発生が少ない 密度が著しく疎
葉の形と大きさ	正常	少しゆがみがある、あるいはところどころに小さな葉がある	変形が中程度、あるいは全体にやや小さい	変形が著しい、あるいは全体に著しく小さい
葉　色	正常	緑色がやや薄い、病斑が若干ある	異常がある（緑色が薄い、紅変がある、あるいは病斑がある）	著しく異常（黄変・紅変・褐変が顕著、あるいは病斑が顕著）
落葉状況	春または秋に正常な落葉をする（年1回）	正常なものに比べてやや速い（年1回）	不時落葉する（年2回）	不時落葉する（年3回以上）
開花状況	良好	いくぶん少ない	わずかに咲く	咲かない
樹　皮	肥大成長が盛んで、樹皮が荒々しい、または新しい	普通	樹皮が古く更新が見られない、あるいは穿孔・傷がある	樹皮が古い、あるいは顕著な傷害・腐朽が認められる

（科学技術庁資源調査会、1972、および日本緑化工学会編：環境緑化の事典、朝倉書店、2005 より改変）

特に樹勢に注目した判断が行われる（表9.1, 9.2）．

現在では、地域性の遺伝子が十分に確保できない、あるいは確保が困難な場合も増加している．このような問題を解決するためには、新たに創出される緑化地を遺伝子プールとして利用することも重要である．知見の少ない種に関して、種特性を十分に把握するための調査を行い、その知見に基づいた遺伝子の維持を図る場を作り出すこともまた、現在の緑化の分野に求められている重要な役割である．

参考文献

前中久行（1989）エコロジー緑化，最先端の緑化技術（亀山・三沢・近藤・輿水編），286-294，ソフトサイエンス社．
日本緑化工学会（2002）生物多様性保全のための緑化植物の取り扱い方に関する提言，日本緑化工学会誌 **17**(3)．
日本緑化工学会編（2005）環境緑化の事典，朝倉書店．
山寺喜成（1995）播種工による早期樹林化の手法，法面緑化の最先端（小橋・村井編），148-170，ソフトサイエンス社．

10 設計・施工

　環境をデザインするということは，敷地および敷地周辺の特性を読み解き，その特性を生かしながらコンセプトを考えることに始まる．

　机上での観念的な思考思索段階から，敷地分析段階や，構想・計画段階を経て，ついには「1：1」のスケールで，現場での施工可能な実施設計段階にたどり着く．そして，施工段階となり，竣工後は元の環境デザインの思索時点の核になるコンセプトに則って，保全・育成・維持・管理されていく段階に引き継がれていく．

　多くの樹木の寿命や，石の風化，人間の歴史，もっといえば我々が住む地球の悠久の歴史などと比較して考えるとき，「環境のデザイン」とは，かくも短期間の間に人の手になる自然の改変を計画し，地球に刻むことになる作業である．

10.1　環境デザインとランドスケープアーキテクト

　2002年に正式に立ち上げをみた「登録ランドスケープアーキテクト（registered landscape architects, RLA）」という，日本では初めての資格制度がある．その組織の総合管理委員会の前委員長であった蓑茂寿太郎は，その資格制度の創設にあたり，仕事の例として，次の5つを挙げている．

① 自然環境の保全を目標に，緑・水・土などの自然要素を「命ある素材」として効果的に扱うデザイン
② 快適さを志向する環境空間やレクリエーションの場のデザイン
③ 生態学的原理を土地利用計画に応用し，生態系の構造と機能を生かした環境のプランニングおよびこれに続くデザイン
④ 地域の歴史文化に根ざした空間デザイン
⑤ 市民・住民参加によるコミュニティ環境のデザイン

　これらの環境デザインを行うにあたってランドスケープアーキテクトの仕事としての設計・施工・監理プロセスの要点を，筆者の経験を例に解説する．

10.2　ランドスケープの設計手順

　ランドスケープ（環境デザイン）の設計手順は大きく区分けすると，基本構想，基本計画，基本設計，実施設計，設計監理の各段階に分かれる．この手順の中での区分けの意味合いも，民間ベースのプロジェクトなどでは基本設計発注などが一般化してきている昨今，大きく変わりつつりつつ

あるが，国際的にはいまだ有効な区分けであると考えられるので便宜上の整理のためにこの区分けにそって，それぞれのフェーズにおいてランドスケープとして重要な検討項目や要点を挙げれば以下のようになる．

a. 基本構想（master plan）
・与えられた敷地の中だけのプラニングだけではなく，広域的に敷地周辺状況も必ず検討の範囲に入れる．敷地周辺のコンテキストにこそ，敷地を「読み解く」鍵がある．
・敷地周辺の自然環境，人文環境，歴史環境，経済環境などを含めて敷地を読み解くこと，これがランドスケープアーキテクトの職能として必要な能力の一つとなる．
・計画コンセプトの立案組み立て，周辺状況の変化を踏まえた上でのマスタープログラムの策定．
・設計プロセスの一番上位に位置する．流れに例えれば「上流域」に属し「源流」に近い部分．

b. 基本計画（schematic design）
・敷地周辺のコンテキストを十分理解したうえで，敷地内のより細かい自然人文的な特性（植生的な特性，地形・地質的な特性，気候的特性，水環境的な特性，現況の土地利用状況や文化等）や，建築計画などを読み込みながら，ランドスケープアーキテクトの提案としてふさわしい土地利用・保全計画のダイアグラム，必要となる人や車の動線計画，外部の空間性のイメージなどを計画する．
・大きなプロジェクトの場合には，概概算にもとづいての年度計画などの策定などを行う．
・建築家の多くは，建築プログラムが確定すれば建築計画そのものの作成に能力を発揮するが，敷地面積が大きな場所での建築配置計画にあたってはランドスケープアーキテクト主導の明快で説得力のある提案が不可欠である．
・「建築家は人に仕え，ランドスケープアーキテクトは自然に仕える」という言葉があるが，言い換えれば建築家は「機能」や「法規」「法律」などに縛られる場合が多く，ランドスケープでは，機能や法律的な縛りは比較的緩く，むしろ自然の力に従うことが多くなるということである．
・遅くともこの基本計画段階でのランドスケープアーキテクトのプロジェクトへの参画が，建築配置計画や造成計画，環境保全計画，将来計画なども含めて，重要になる．

c. 基本設計（design development）
・前段の基本計画段階での大きな方向性に従っての実質的なデザインの深化を進める段階となる．
・少なくとも，舗装なども含めて，全ての構造物のプロポーションとその種類や範囲など全ての仕上がり状態の素材や仕上げ，土の形の造形や概略の土の切り盛り，雨水排水の考え方，植栽計画に当たっての考え方等の，設計者の意匠的な意思がわかるようになっている必要がある．
・その他水景設備，照明設備，潅水計画などの概要が分かる図書を作成する．
・上記の図面一式によって，工事費の概算が策定出来るようになっている．
・民間ベースのプロジェクトやPFIプロジェクトの場合では，次段階の実施設計の完了を待たずに基本設計段階の成果品で工事発注とすることもある．この場合実施設計は設計者の監修の下で第三者，例えば工事請負者側で作成しながら工事を同時に進めていく．これによって工期は短縮され，結果として総事業費の縮減が可能になる．

d. 実施設計（construction documents）
・工事として請負者に発注できる精度まで細部が検討され，全ての性能規定がされた設計図書一式を作成する．
・したがって，各工事の細部積み上げによって総工事費が特定できる．これによって予定発注価格が特定できる．

・細部積み上げに使用する「歩掛り」は，一般に公共工事土木発注の場合は決まっている．しかしながらその歩掛りでは「あるべき姿」とは裏腹の「標準品」しかできないことが多い．標準品でさえも不足していた一昔前の役所発注の造園土木系のプロジェクトでは，量産によって標準品の社会への提供がその任務であったが，社会のランドスケープへの要求が多様化している現代においては，最低限必要な標準品の提供では十分そのニーズに応えているとは言えないのが現状である．この歩掛りを変えなければ良い物ができないのであれば，説得力のある補足資料や新たな発注方法の検討まで含めた発注者との協議が必要となる．情報公開化が進む現代であるからこそ，明快で明確な理由付けの整備が必要になる．

10.3　実施設計段階の設計図書

　実施設計段階の成果品として「設計図書一式」を作成するが，この図面集が設計者の設計者のデザイン意図を，最終的に施工者に伝えるものである．

　契約書と同等に法的拘束力を持つ設計図書には，設計図という「『図』表現による設計者の意思伝達」と，「仕様書」という「『文章』表現による性能規定の意思伝達」，加えて設計者の請負者への現場説明書，設計者と請負者との間の質疑応答書などが含まれる．

10.3.1　「特記」仕様書のすすめ

　標準仕様書は，一般的には社団法人公共建築協会の編になる公共建築工事標準仕様書（通称「緑本」と呼ばれる）が，国土交通省以下の公官庁発注プロジェクトでは標準的に使用される．ただ，この標準仕様書は「標準的な仕様」に関して「最低限の品質」を守るために作られており，これだけでは十分に設計者の設計意図を伝えるものにはならない場合が多い．

　例えば大手の設計事務所などでは，事務所総体で検討して自分たちの物創りの「作風」に合ったような特別な「特記仕様書」を冊子としてまとめ，実施設計の際の契約図書の一部として準備しているところもある．

　例えば，植栽工事に関してみても，植栽を行う場所も公園や緑地だけではなく，海岸地の埋め立て地の開発から，都心の再開発地，都市内のビルの足元で地下が駐車場などの人工地盤地，ビルの屋上緑化，屋内緑化など多岐多様にわたるようになってきている．

　そういった中で，樹木に関しても，下枝が必要なのか，片枝でも良いのか，コストパーフォーマンス中心のスクリーンニング目的なのか，あるいは大切なシンボル樹なのか，雑木林を創ろうとしているのか，あるいは兵隊が整列しているようなすべての形状寸法がそろったものを列植にしたいのか，設計者としての「思い」や「意図」があれば，その設計意図を明確に記載し伝える必要がある．それが，設計者の「義務」であり「権利」である．

　樹木に対しての設計者の特記仕様の書き込みだけではなく，植栽基盤全般に対しての縛りもその書き込みの必要性を増している．設計者の求める「性能」や「品質」に関して，標準的な土壌改良の範囲（深さと面的な広がり），土壌自体のの粒形分布，物理性や化学性，透水性，土壌硬度などに関しても，結果オーライの従来型の施工者お任せ方式植栽基盤造成では立ち行かなくなってきている．

　このほかにも，特記仕様書に明確に記載する必要がある項目は，枚挙にいとまがない．

日本でもようやくその傾向が出てきつつあるが，米国のような契約社会では以前から，特記仕様書に記載された以外や以上のことを設計者が請負者に要求すれば，当然のことながら設計変更となり工事金額は増額となるし，逆に特記仕様書に記載されたことを施工者がやらなければ減額される．重大な場合には契約違反で裁判沙汰になる．

また，特記仕様書に書き込みを行うにあたってのわかりやすい内容のヒントの1つとしては以下のようなものもあるだろう．多くの公官庁プロジェクトの場合，工事の完成時期が役所の年度に合わせて3月末になることが多い．4月からすべての樹木は活発に動き出そうとする．また民間のプロジェクトでは，夏であろうが冬であろうがその竣工次期を選ばず，竣工後植栽の活着のための水やり養生管理は重要な作業となる．この事態を想定するならば，植栽工事の特記仕様書の書き込みの中で，「一般事項」あるいは「工法」の中に『（竣工引渡し後1年間は）施工者は責任をもって植物が活着するまでの水やり管理を行うこと』として，本工事契約に入れてしまうことも可能なのである．

10.3.2 特記仕様書の例

ちなみに米国では国や州政府（あるいはその下部組織など）の刊行する一般的・普遍的・標準的な「仕様書」というものはない．construction specification institute という民間団体が発行する「C.S.I. フォーマット」という特記仕様に関してのフォーマットがあり，それを原型として使用しながら特記仕様書は設計者各自で作成する．そもそも標準仕様書と言うものは，「一般的・標準的なものを作る為のもの」で，「デザイン」という本来的には唯一無二の作業に起因する作業の工事契約に国が関与すること自体が，自由競争の国「米国」にはありえないのかもしれない．

C.S.I. フォーマットでは，すべての工事項目に関して，設計者が必要と思われる内容を ① 一般事項，② 材料，③ 工法，という切り口で記載するようになっている．

①一般事項には以下の項目を記載する．
・請負者が設計者に提出すべき書類，図面など．
・請負者が設計者に提出すべき見本品の種類，大きさなど．
・請負者が作成し設計者の承認を得なければならないモックアップ（実物大の仮施工）に関しての詳細など．
②材料には以下の項目を記載する．
・使用する全ての材料の，産地，仕上げ．
・メーカー製品名などの呼称，同等品の承認．
・その他全ての使用する材料に対する詳細な説明．
③工法には以下の項目を記載する．
・施工上特に注意すべき点などを述べる．

以下に，筆者が関わったプロジェクトで使用した特記仕様書記載の例を挙げて示す．

特記仕様書の例

・・・前略・・・
6．石工事
　A．一般事項
　　1．石材については，全ての見本品を監督職員に提出し承諾を得る．見本品の大きさに関しては，監督職員の指示に従うこと．
　　2．全ての滝石組部分，流れ部分，橋石組，飛び石，池の島石組部分，池護岸部分，池の浮き石等に関しては現物の石を使用して，仮組を行い監督職員の承認を受ける．仮組の場所に関しては，××市内であれば任意とする．仮組工事計画書を作成し，監督職員に提出の上承認を受ける．
　　3．ただし，大滝に関しては，重量のかさむ石材を使用するので，門型クレーンなどを使用した方が安全で効率が良いと監督職員が認めれば，工場での仮組でもかまわない．その際に，実際に水を流しての滝の効果確認実験も合わせて行うこと．
　　4．上記仮組に先立って，実際に巨石を先に選定し，それらの組み合わせを想定した発泡スチロール製の1：10の模型を作成し，監督職員

第10章 設計・施工

　　　に提出して承諾を得ること．
5. 畳石，賀茂の色石腰積み，カキツバタの池部分石積み，石のコバ立てなどの「小仕事」に関しては，石の現物を使用して砂決め等で良いので仮畳み，仮積みを行い，監督職員の承認を受けること．
6. 飛び石の間に入る地仕舞用の見切石に関しては，合計20カ所程度とする．これには，敷地内から掘削工事等の過程で出土したソフトボール大の美しい石を使用する．この石材の採集・手当に関しては，建築本体工事請負業者と協力して行うこと．
7. 滝底および流れ底部分の石張り・石並べ確認のためのモックアップ（1m×3m程度）を作成し，監督職員の承諾を受けること．
8. 大滝岩砕の敷き並べモックアップ（1m×3m程度）を作成し，監督職員の承諾を受けること．

B. 材　料
　　　×××の庭
1. 大滝の石材　　　石材-A．
　　下記の瀬戸内海産の花崗岩を使用する．
　　■ 瀬戸内海犬島産花崗岩錆皮付き．（長さ7m程度，厚み1m程度，高さ2m程度の原石）
　　■ 瀬戸内海小豆島産の花崗岩うぶ石20年以上の古材（直径2.5m程度）
　　■ 小豆島産花崗岩切石10年以上の古材（3m角，厚み1m程度）
　　■ 白石島産花崗岩切石10年以上の古材（3m角，厚み1m程度）
2. 大滝の池岩砕部分の石材　　　石材-A-1．
　　上記石材の端材を野球ボール大からソフトボール大に砕いた物を使用する．
　　石は，険な割石のままでよい．
3. 大滝の池砂護岸の石材　　　石材-A-2．
　　上記石材の端材をクラッシャーにかけ，粒径10mm程度に砕いた砕石砂利を使用する．
4. 大滝の滝流れ底の石材　　　石材-A-3
　　石材-A-2のサイズの大きい物．直径50mm程度．少し険な物とする．軒下雨落とし部分内にも使用する．石材-A-2との連続感を大切にする．

　　　　・・・・中略・・・・

C. 工　法
1. 大滝
　　大柄で力のある巨石等を，ノミを使う・あるいは矢入れ大割するなどして，合場良く組んで使用する．石の力を最大限に発揮させるような組み方とする．
2. 大滝の池岩砕部分
　　険な割石を小端立てにしながら丁寧に並べ立てる．モルタルは使用しない．
3. 滝-1-1，滝-1-2
　　いわゆる伝統的な滝石組みには特にこだわることをしない．
　　滝-1-1：植栽と，石・水がイレコ状態になった自然な風情を旨とする．一番奥の部分の山深い風情を反映した，肩の力を抜いた石の組み方とする．
　　滝-1-2：水のわき出す元滝から小滝へと移る風情を野趣の中に再現する．どちらかといえば手の入った感じになる．
4. 滝流れ底石　　　最終の水を流しての調整作業を行う．

7. 砂利舗装
A. 一般事項
1. 以下の見本品を監督職員に提出する．
　　a. 使用予定の砂利・砕石
　　b. 不織布の性能説明書及び見本品

B. 材　料
1. 不織布（防草シート）：××産業株式会社製NF10，または監督職員の承諾を受けた同等品とする．
2. 砂利・砕石
　　　　石材-S　　　　錆び砂利．奥の庭と苑路部分に使用る．
　　　　石材-A-2-a　　石材-A-2のサイズの大きい物．
　　　　　　　　　　　直径50mm程度．少し険な物とする．軒下雨落とし部分内に使用する．
　　　　　　　　　　　石材-A-2との連続感を大切にする．

　　　　・・・・中略・・・・

C. 工　法
1. 砂利・砕石の敷きならし及び締固めの際には見切り材を損傷しないよう注意を払う．
2. 砂利・砕石砕石はよく水洗いし，石粉・砂・ゴミ等の混合物を落としたものを使用する．
3. パッドタンパー等を使用して土の基盤を図示された勾配により90％まで締固める．
4. 基盤の上に，砂利・砕石を図示された厚みで設ける．
5. ローラー等により表面を90％まで締固め平滑に仕上げる．
6. 監督職員による最終審査に先だって，塵芥，規定外の砕石，その他の瓦礫を，砂利舗装の表面から除去する．
7. 防草シートの敷設の際は，しわの無いように敷設する．
8. 防草シートの端部における重なりの幅は，最低15cmとする．
9. 防草シートの重なり部分は水上側が上になるようにする．
10. 砂利舗装部分に敷き均す砕石を指定部分以外にこぼさない事．こぼした場合には全て施工業者の責任において取り除くこと．
11. 石材-S　　　錆び砂利．
　　　　仕上げ表面はカキ板等を使用して，平滑に仕上げる．特にエッジ部分に十分な注意を払うこと．
12. 石材-A-2-a
　　　　石材-A-2との連続感のために，丁寧に並べ立てること．
13. 石材-Z-1　　　白河砂，粗目．
　　　　表面を描いて仕上げる．紋様に関しては監督職員の指示に従うこと．
14. 石材-Z-2　　　白河砂，細目．
　　　　表面を描いて仕上げる．紋様に関しては監督職員の指示に従うこと．

8. 排水工事

A. 一般事項
1. 以下の文章，見本品を監督職員に提出し承認を得る．
　 a. 排水用砂利層に使用する砕石の見本品．
　 b. 透水シートのメーカーによる製品仕様書，性能試験結果，及び見本品．
　 c. トレンチ掘削に先だって透水シート敷設部分にあたる箇所の土壌の土壌粒度分布曲線を作成．
　 d. 池の島部分の土中深部への排水を確保すること．

B. 材　料
1. 排水砂利：　洗い砂利，単粒砕石4号とする．
2. 透水シート：××××会社製テラムNo.1000, 又は監督職員の承諾を受けた同等品とする．
3. 有孔管：　××××株式会社製××××パイプ，又は監督職員の承諾を受けた同等品とする．
4. エリアドレン：××××製橋梁用排水ますPK-3, 又は監督職員によって承認された同等品をベースに使用する．天端にステンレス製ビーズブラスト仕上げのパンチングメタルをビス止めする．パンチングメタルは穴径10mm開口率55％とする．

C. 工　法
1. 現場の土壌の物理的条件に適合した目づまりの生じない透水シートを選定する．
2. 地下水位の高さにより，暗渠配水管の無孔部を上側にするか下側にするかの検証を行って管布設すること．
3. 透水シートの敷設の際は，しわのないように敷設する．
4. 透水シートの端部における重なり幅は，最低15cmとする．
5. エリアドレンおよびクリーンアウトで砂利舗装下等に埋まっているものに関しては，それらの位置が工事完了後識別可能な様に，ステンレス製のφ15mm長さ30〜60cmのピンを埋め込んで，頭部を仕上り高にそろえて出しておく事．その正確な位置に関しては監督職員の指示に従うこと．
　　　・・・後略・・・

10.4 図面の記載に関して

10.4.1 PODシステム

これはアメリカの大手ランドスケープ設計事務所であったPODによって発案された図面のまとめ方で，図面全体を簡略化し，分かりやすく構成するようにしている．

日本の実施設計図面のように，平面図の中に多数の書き込みはしない．平面図には，必要部分の詳細拡大図，詳細断面図，詳細立面図との検索が容易なようにするキーのみが記載されている．キーには図面ページ番号とそのページの中の詳細番号が記載されている．平面図系も詳細図系も，図面そのものにはできるだけ文章的な書き込みを少なくし，材料や仕上げなどに関して，あるいは石の厚みなどに関しても特記仕様書に書き込む．例えば色々な種類の石材を使用する場合に，図面には石材-A，石材-Bとしか記載せずに，特記仕様書に石材-A，石材-Bの詳細を記載する．

このシステムは，実施設計がいったんまとまった後で，多くの場合発生する工事発注金額の調整作業段階でのVE（value engineering, 品質を大きく損なうことなく減額する案を作成すること）において，大いに威力を発揮する．多くの場合は，特記仕様書に記載した石の厚みや，石の産地の文章部分の変更で対応することができる．

10.4.2 「Once Only」の原則

一冊の発注図書としての実施設計図面集の中で，同じ内容を何度も重複して，平面図や詳細図のあちこちに決して記載してはならない．平面図関係，詳細図関係，特記仕様書を通して，例えば石材の種類や仕上げ等を記載するのはどこかに1箇所1回だけとし，繰り返し同じことを表現しないという原則．そういった観点からしても，特記仕様書にだけ詳細な説明を記載するのが理に適っている．

この原則をよく理解し尊重して作っている図面集ほど，簡潔でわかりやすく設計上のミスも少なく，設計意図も伝わりやすい．法律的な拘束力をもつ文書で，かつ設計意図を伝えるために作っているのであるから簡潔でわかりやすく，かつ精度の高い文書とするのは当然である．

10.5 設計監理に関して

設計段階の作業は，設計者の思いを託した設計図書をまとめることと，工事費の積算をもって，いったんは完了する．

その後，設計に基づいて工事が発注されるが，設計者が現場に赴いて設計意図の通りに工事が行われているかどうかの確認を行う作業を設計監理と言う．設計監理は設計「管理」，あるいは「現場管理」ではないことに注意されたい．

設計監理のことを米国では一般にfield observationと呼び，field inspectionなどとはいわない．これは施工者責任と設計者責任の分界線を明確にするもので，「管理」はあくまでも施工業者の責任によって行われる業務である．

日本の，特に官公庁の土木発注系のプロジェクトでは，ランドスケープや造園工事において設計監理が業務として発注されることは未だに非常に少ないようだ．社会全般的にみて，ランドスケープ工事や造園工事の内容がこれだけ多様化し，国民の景観や環境への要求や期待が高まる中で，設計者による設計監理はきわめて重要な意味をもつ．

10.6 ランドスケープに使用する材料とは

10.6.1 ランドスケープの材料は自分で探す

ランドスケープアーキテクトにとっては，地球上のどこにいようが「素材」は存在するのでランドスケープの仕事がなくなる，あるいは仕事ができないということはない．地面や水や火や風や空や太陽や月も，広義に捉えればランドスケープの素材であり，それらが存在する限り，仕事はでき，モノは創れるという発想である．また土や石や植物，水などといった素材は，広義に捉えればどこにでも普遍的に存在する材料で，そもそも昔は素材を材料屋から買う発想はなかったはずだ．

日本でランドスケープアーキテクトを志す者にとっての忘れてはならない大切なプロトタイプの一つは，その昔，石を立てて仏の教えを民衆に説いて回ったり極楽浄土の様を庭の姿にしてわかりやすく教えを説いたりした「石立て僧」ではないか？

10.6.2 材料を見る目を養う

筆者が，米国東海岸のワシントン D.C. 郊外のメリーランド州で州登録ランドスケープアーキテクトの事務所を9年間構えていたときの経験から述べる．クライアントは100％アメリカ人で，私が日本から来たランドスケープのプロフェッショナルということもあって，日本的なモチーフを求めてのプロジェクトを依頼されることが多かったが，私自身はアメリカに渡る前に日本で求めていたのと同じスタイルの，モダンでありながらどこか和のセンスを感じさせるようなデザインを売っていた．

時として，庭園で石を使用する機会もあったので，最初は材料探しに力を入れた．当時，一般のアメリカ人庭師やポルトガルやメキシコから移民して来た石工が好んで使うような面のある野面石積みに適した石やレンガの類が主流であった．しかし，これでは面白くない．ワシントン D.C. のような古い都市が成り立つためには必ず道路などのインフラの整備が必要で，そのためには必ず採石場が近在にあるはず，と近在の採石場を探した．その結果，3つの石質の違う採石場が見つかった．そのうちの1つは，さほど大きな採石業は営んではいなかったものの，そこの裏山に野積されている古い石材が大いに気に入った．例えば古いアーチ型の石橋を取り壊してコンクリートや鉄の橋に架け替えた時に発生した石の残材や，政府系の石造りの古い建物を壊して新しいビルへの建て替えに際しての残材，古い港町のジュージタウンの舗装の改修の際に残材となった馬車の轍が残った舗装の板石などを持ち帰って，林の中に山のように積んでいる．これは私にとっては宝の山，大いに利用させていただいた．またこの砕石場はモダンアートのリチャード・ロングの，部屋内でのインスタレーション用の石の素材等も提供していたが，石の底面をギャングソウで引いて平らにした石の残石もたくさん残っていたのを，私は庭で再利用した．

樹木では，他人の庭の隅っこの方に生えている柔らかい形のモミジ等を見つけるとその家のオーナーと売ってもらう交渉をして，根切りをしておき，植栽する直前に堀上げIMF（国際通貨機構）の中庭に植えたこともあった．

こうして，私のランドスケープに使うべき素材は，カタログに載っていないもので気に入った物を，自ら探す習慣がついた．

10.6.3 デザインから材料を発想する手法

米国東海岸でのランドスケープの経験の後，西海岸サンフランシスコに移籍し，Peter Walker 事務所で学んだデザインプロセスについて述べたい．Peter Walker は一時代を風靡したランドスケープ

第10章 設計・施工

図 10.1 播磨科学公園都市先端科学技術センターの中庭（左：©三谷康彦）と中庭模型（右：©パメラ・パルマー）

のデザイナーでありプロデューサーであるが，彼のミニマルアートに影響を強く受けたデザインは，単に形の面白さや斬新さだけではなく，ランドスケープの場所性の中で重要な骨となる本質的な部分をあぶり出しながら，その土地の地域性や文化性に十分配慮されたものであった．兵庫県の播磨科学公園都市の磯崎アトリエと協労の先端科学技術センターの中庭などはその最たるものだと思う．

この小さな中庭状の庭園のイメージ抽出の過程で，彼が京都の銀閣寺で見た白川砂による銀沙壇や向月台は，その抽象性と形の美しさに強烈な印象を彼に与えたようだ．加えて，その白川砂の由来が，花崗岩質の北白川の山の斜面の土砂が池に流れ込んで堆積し池底浚渫に当たって庭の中に積み上げたが廃物利用であることを伝えると，これが日本的なランドスケープの本質であり「かたち」であると大いに喜んでいた．

また彼は「日本の水墨画や習字は素晴らしい．特に，習字はミニマルで美しい．この墨によるカリグラフィの線で，墨痕鮮やかな黒々した線，色の薄い線，そしてかすれて途切れ途切れになっている線の3つを，庭園の中に何とか表現したい」という．

彼はまた，人の手が入った竹林の美しさに着目し，タケを新しい発想でモダンランドスケープデザイン中の植物材料として取り込み，日本に再導入したオリジナルともいえる人でもある．

播磨の先端技術センターなどのタケの使用の前にIBM幕張におけるタケの使用の失敗例はあったが，播磨では今のところ成功していると判断しても良い状態である．

デザイン展開の段階で，カリグラフィの3つの線の強さの違いを表す素材として，黒御影石の厚いスラブ，材木，飛び石の3種類の素材感と質感の違う材料を効果的に使用することにし，それらのレイアウトによってできる空間性の検討を行った．加えてモウソウチクのグリッド植栽のマスを効果的に使用し，石山と芝山の2つの山と共に，3種類の素材感と質感の違う線が交錯し前衛的な緊張関係を出すように配置．その結果完成した庭は，今までの日本庭園の意匠の延長線上にあるものではないものの，日本的な素材とモチーフを使用しながら，モダンでシンプルで美しく力の溢れた和の庭になったと思う．庭の置かれる場所性や，その当時の日本のランドスケープの状況，Peter Walkerの当時のデザイン志向や好み，当時新たにスタッフに加わっていた日本人の技量の活用，などが全てミックスされうまく形となって立ち現れた．

10.7 ランドスケープの工法

10.7.1 「工法」でデザインを支える

ランドスケープが建築と同じように，出来上がった作品＝物で社会と関わり，歴史のなかで評価される以上，モノづくりのプロセスの模索はデザイン論の希求とともに，我々プロフェッショナルにとって常に必要なものである．単にデザインやデザイン論が優れているからといって，それが即歴史の中で耐えうる優れた物となりうる保証は何処にもない．

例えば都市では，高層ビル足元の公開空地部分にプラザが用意されたり，また郊外では大規模な商業開発や住宅開発のための舗装された広大な駐車場がみられる．こういったアーバンあるいはセミアーバンな状況で舗装の一部分に穴を開けそこに土を放り込んでの植栽を，ランドスケープでは疑いもなく行っているが，土壌条件的にみて質・量ともに十分とはいえない．また，街路における中央分離帯植栽や街路樹の植桝植栽にしても，樹木が大きくなってその一生を健やかにまっとうできるだけの土の量が確保されているとは考えられない．

植物が都市的な状況の中で，大きく自然樹形と育ちその一生をまっとうするために必要な土の量は最低限でも $6 m^3$ とするのがアメリカにおいても，一般的な通例となっている．

香川県・丸亀駅前広場計画では，プラザや歩道街路樹の植栽にあたって，日本では認められにくい 2500 × 2500（厚み1500）mm の土の量を確保した．

このボリュームは「土の量が少ないと舗装部分（特に舗装基盤の転圧の度合いが少ない歩道部分の方）に根上がり等の障害が出る，根を張る為の土の広がりがないために台風によって転倒する，その転倒を避けるために毎年のように強剪定を行わざるを得ない，支柱もいつまでも付けておかざるを得ない，夏の乾燥に耐えられず樹勢が弱り最悪枯れる，……」等の説得の末に可能となった．

車輌や人によって転圧されない十分な土量の確保には，土に直接荷重がかからない浮き床構造とすればいいのだが，残念ながらコストがかかる．コスト的な事を一切考えずに国際コンペで提案し実現化したのが，「埼玉ケヤキ広場」の浮き床の事例である．

その後，筆者は京都迎賓館敷地内の駐車場内に残した既存のムクやエノキの大径木を保全する為に大規模な浮き床方式も施工した．

10.7.2 structural soil mix

浮き床工法ほどのコストをかけられない場合に，都市内のプラザや街路や駐車場などの部分では，なんとか植えた樹木を大きく育てるための普遍的な方法論を見出す必要がある．

カリフォルニア大学デービス校のパトリシア・リンジー博士（1994）は砂利による地盤支持力と，その空隙に培養土を充填する structural soil mix （構造培養土）の考え方を提案しており，その考え方を筆者は兵庫県播磨科学公園都市のセンターサークル公園の駐車場舗装内植栽にて，日本で初めて実施した．

図10.2 京都迎賓館駐車場の浮き床（©三谷康彦）

第10章 設計・施工

図 10.3 構造培養土を用いた，兵庫県播磨科学公園都市の駐車場（右は10年後の試掘調査）（Ⓒ三谷康彦）

ここでは，通常の単粒砕石の空隙率が33～36％程度あることに着目し，その空隙部分に樹木の「根の伸長できる混ぜ物」，すなわち塩分が除去されたコンクリート骨材の流用品の洗い海砂，ピートモス，パーライト，をよく混合して植物の根に対する土の量を確保する一方，空隙以外部分の砕石を軋ませながら転圧することによって，舗装の路盤として必要となるCBR値を確保した。

水で湿らせた砂利にきなこ餅を作る要領で「混ぜ物」を所定量まぶしつけて20 cmごとにローラー転圧，その上で散水して水締めし「混ぜ物」を沈め込む方法をとった。

施工の10年後に根系の伸長状況の試掘調査を行った結果，十分な根系の生育がみられ成果の確認ができた。

10.8 素材・造形・作法と手法——京都和風迎賓館プロジェクトの例

a. 大径木の移植と保全

約20000 m²の敷地の中に生えていた樹木の中で特に大きな樹木（10 m以上）を大径木と呼び，ほぼすべてを数年間にわたって根の手当てを行った後に移植した。一番大きな移植大径木は25 mのムクノキで，敷地内から敷地外まで「曳き屋工法」と同じ方法でレールを敷きこんだ上，立て曳き移動を行った。残りの大径木は，現場にて手厚く保全することとし，一本だけは樹勢が弱くかつ巨大すぎて移植不可能との判断にて伐採となった。

b. 委員会システムによる価値保証の考え方

京都迎賓館では，構想当初より赤坂迎賓館にはない「和」をテーマとし，また日本に受け継がれてきた伝統的技能の「十分な活用」を行うことを前提としていた。

これは文字通りの「活用」であり，伝統の「工法」や「かたち」を昔そのままに持ち込むのではなく，その「心と技」を現代の「技術や意匠」の中に生きいきと蘇らせ，かつ，伝統的技能の保全・育成・活性化に繋がるようにとの想いからであった。

c. 敷地内掘削土から出てきた砂利を有効利用

敷地内の造成掘削が始まって8 m程の深さに達したある雨の日に，美しい彩の小石を発見。それが京都の北山に産する貴船石や鞍馬石，加茂の真黒石などの加茂七石と気づき，土捨場から，面のあるものを特別に選別して，石の舗装材に使用。その他の砂利に関しては池底の全域や州浜部

図 10.4 敷地内堀削土から出てきた砂利の再利用（右は「あられこぼし」）（©田中 博）

分に，すべて再利用することとした．敷地内から出土した砂利を敷きこんだ池底，1人の腕利きの職人の半年がかりの「あられこぼし」の石張りなどがこの成果である．

d．その他の工夫

その他，京都和風迎賓館では，敷地内の樹木の99％再利用ほか，工程短縮の目的のための1：1の原寸大，現物使用の「仮組み工事」を行った．大滝と女滝については，工期短縮のみならず，滝や流れのためのコンクリート躯体打設や防水工事に関して，計測しながら正確な無駄のない施工図が描け，合わせて構造設計的にも重量的な課題をクリアーすることができる，素晴らしい試みとなった．現場外での1：1の仮組み工事に加えて，現場内では建築躯体工事に差し障りのない空きスペースを利用して，1：10の「本物の土」を使用した地形造成のスタディー模型を制作し，その見え方の検討を行い，建主・施主・請負者・施工者・設計者を含めての関係者間の意思疎通に役立てた．

維持管理の手法や設計者の関わり方ひとつで，ランドスケープはいかような状態にも変容しそうな「動態」であるといえる．かようにデリケートな様態を社会・経済・文化資産としての価値をもつものにしていく義務をもつランドスケープアーキテクトにとって，完成後の維持管理にも設計者として関わることは必要不可欠なことのように思われる．

日本のランドスケープアーキテクトは，いま一度「ランドスケープ」や「庭」の原点を見直し，本当に大切なことは何なのか問いかけを行いながら新たなランドスケープの地平を切り開いて行く義務と責任があると考える．

第V部 ランドスケープのマネジメント

11 緑の地域マネジメント

11.1 社会的背景

11.1.1 環境共生社会

環境共生社会という言葉が用いられるようになって久しい．1960年代に示されたボールディング博士による「宇宙船地球号」という言葉はよく知られているが，現代社会においては，環境問題は益々重要な局面を迎えつつある．人と自然のあり方を，経済活動を最優先するものから，環境を基軸においたものへとの変換を余儀なくされている．

1992年のブラジルのリオデジャネイロで開催された地球サミットでは「アジェンダ21」が採択され，環境と開発にかかわる行動指針が示された．これに先立ち，世界の自治体がそれぞれの地域版として「ローカルアジェンダ21」を作成することが合意された．これは持続可能（サスティナブル）な発展を地域レベルで進めるための将来像を提示したものである．まちづくりを進めるためには市民や事業者など様々なセクターからなるパートナーシップが不可欠である．

11.1.2 成熟社会における地域の自立

一方，少子高齢化や未来社会の先行きの不透明さなどの課題ともあわせて，成熟社会における事業運営や地域の自立のあり方も模索されている．

そもそも，活発な経済活動が多くの自然破壊をもたらしてきたわけではあるが，成熟社会においては，いわゆる通常の経済活動においても，従来型の大規模型の事業運営から，小規模型への転換を行いつつ，ネットワーキングを活用したそれぞれに優良な専門性の連携が模索されている．ややもすれば経済活動からは取り残されてきた環境共生という取り組みにおいては，なおさらコストを削減し，優良な価値基準を選択していくことが今後の事業運営として望まれる．

地域住民，ボランティアグループ，NPOなどの市民活動団体，そして事業者，行政など社会システムを構成する主体が広く連携，協力するという参画と協働による取り組みを展開することが，益々大きな意味を持つようになっている．コミュニティガバナンスのあり方が問われているわけだ．

11.1.3 緑を活かした市民活動

さらに，美しい国土づくりを目標にした景観緑三法が2004年に制定され，従来自治体では条例などで定められていた景観への取り組みがより積極的に推進されることとなった．景観には暮らしや共同体が創生してきた歴史的経緯がある．今後どのようにわが国の景観を美しくしていけるかという課題は，環境問題と合わせて国の将来像に影響するものだ．

市民にガーデニングなど花やみどりに関わる理由を尋ねてみた．大別して3つの目的が挙げられ

心の癒しや潤い

（ベン図：内面的効果、社会的効果、実用的効果）

まちなみ美化・交流　　健康，収穫

図11.1　ガーデニングをする理由

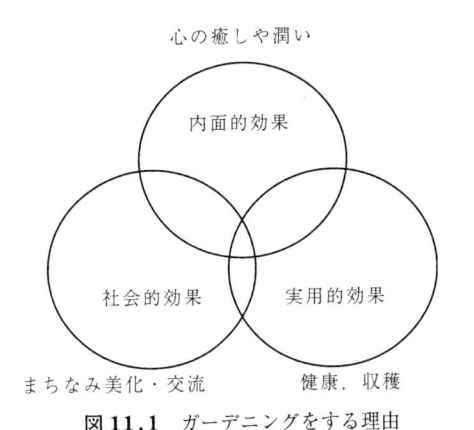

た．1つ目は「心の潤い」や「癒し」を求めてなどの「内面的効果」と考えられるもの．2つ目は「運動による健康づくり」や「果実の収穫」などの「実用的効果」．3つ目が「まちなみの美化」，「人と人との交流」，「環境改善」などの「社会的効果」である．環境共生社会における市民活動に焦点を合わせると，ガーデニングなど花や緑に関わる個人的な活動が社会的な目的と結びついたとき，すなわちまちの緑化や美化，あるいは環境改善などにその効果を求めたときに，それらがみどりを活かしたアクティブなまちづくり活動へと発展していく．本節では主として，市民による「まちなみの美化，緑化」などの環境改善や「人と人との交流」などの「社会的効果」により注目していきたい．

花や緑を活かしたまちづくり活動といってもその内容は多岐にわたる．市民が行政と連携して行っている主な活動を挙げてみる．例えばみどりを活かした分野として緑化や景観保全に関わるものがある．それ以外にも「大気や土壌汚染の浄化」，「リサイクルやゼロエミッション」，「エコシステム」など，いわゆる地球環境問題に関わる分野がある．ここでは，主として緑化や景観保全などの分野に焦点を当てて論じることとする．

11.2　市民参加の系譜

11.2.1　協働の歴史

しかし実は「参画と協働」という言葉を用いるまでもなく，日本の社会では古来，地域住民による多様な形での合意形成や共同による地域環境の改善が行われてきた．

例えば古代の大陸文化から進展し，日本独自の文化や生活が花開いた時代として中世後期を取り上げ，この時代の書物を紐解いてみよう．15世紀に京の都から下向して，現在の泉佐野市にあった「日根荘」に暮らした九条政基による「政基公旅引付」の記述をみる．河川が氾濫したり，稲作における開発を行ったりする場合に村人が力を合わせて水路を補修し，普請を行う様子などが「合力」と呼ばれて描かれている．中世では，「普請」とは大地を触ることを意味していた．地域の人々は様々な場面で「村」という単位を基に力をあわせて災害を乗りこえ，開発を進めている．

旱魃や日照りが続くと田畑の収穫を祈り，雨乞いをするが，その結果雨の恵みがもたらされると神への感謝の証として，「舞」を村々で競い合うように奉納する．

「合力」や「舞の奉納」など，農村共同体を支えるために常時人々は力を結集して作業を行い，環境改善に努め，それらが同時に彼らの文化を発展させてきたといえよう．

近現代まで継承されてきた農村共同体では，田植えや稲刈りなどの農作業を共同で行ってきたものだ．地域社会の連帯と結束を図る上では，「結い」や信仰を媒体とした「講」は，これらの場を通じて合意形成が行われたり，共同の取り組みが行われたりする場として機能した．農村共同体をコミュニティにつながる地域社会として捉えるなら

ば，惣，講，模合，契，寄り合い，といった地縁の付き合いは，地域社会の環境改善に大きな役割をはたしてきた．

例えば現代でも，農村部で古くから伝わる祭祀が互いの意見交換や村の環境改善を語る「村づくり」の場として活用されている．祭祀が継承されている地域も多く，祭りごとを通じた共同体の存続に寄与している．

11.2.2 抵抗から協働へ

ところでわが国における環境や景観に関わる市民活動の系譜をみてみよう．従来市民活動といえば，開発への反対運動など，行政への対峙姿勢を強めるものが多かった．しかし，初期においては行政に対する反対運動を行っていた活動組織が，協働の活動を求めて行政など事業者と連携することで方向転換していった例もみられるようになる．

1960年代の鎌倉における鶴岡八幡宮の裏山の宅地造成への反対運動は，作家の大佛次郎も参加して鎌倉風致保存会を生み，古都の景観保全に関するアイディアや，日本に英国のナショナルトラストの概念を導入するきっかけとなった．近年では，環境系のNPO法人として国内で初めてリゾート施設を設立した三重県の「エコリゾート赤目の森」の活動もその初期においてはゴルフ場開発に対する反対運動から始まった．

11.2.3 協働の意義

パートナーシップすなわち協働の取り組みを進めていく方策にも多様な段階がある．まずは情報提供のレベルから，協議，関与，協働，権限の委譲まで，パブリックインヴォルヴメント（public involvement）と呼ばれる形は様々だ．各自治体においても，市民参加条例，自治基本条例等が制定され，市民参加の推進が目標とされている．また，環境基本計画や緑のマスタープランなど，環境や緑化等の計画作成でも「協働と参画」が謳われるようになり，計画策定それ自身にも市民委員等の参加が増加している．

市民参加の意義とは，現代社会における環境問題における被害者と加害者，あるいは提供者や受益者の構図が複雑化し，必ずしも行政に対しての対峙姿勢が物事を解決してはいかないという側面，課題解決の担い手が正に市民であること，合意形成に果たす市民の意見が重要であること，地域活動の牽引者としての市民の役割，そして小さな政府や地方分権が市民の参画と協働をもたらしたことなどが挙げられる．

11.2.4 協働の経緯

行政と市民が手を携えながらまちづくりの課題に共に進んできた先進事例としては1992年に設立された「世田谷まちづくりセンター」に代表されるような地域活動の発信がある．世田谷区のまちづくり条例では1995年に，地区住民等及び地区街づくり協議会が，街づくり計画の案となるべき事項を区長に対し「提案」することができるように改正された．従来の住民参加からは一歩進んだ形態といえる．

全国的にも様々な取り組みがあるが，関西では阪神・淡路大震災が勃発した1995年が，全国から駆けつけた市民の応援の波が押し寄せ，「ボランティア元年」とも呼ばれる一つの結節点となった．

ボランティアグループを基盤としたものから，ＮＰＯ法人を立ち上げたり，或いはコミュニティビジネスを目指して地域住民がまちづくり組織を法人化したものであったりと様々な形をとりながらも，公益的な活動をベースにする市民活動は年々盛んになりつつある．

先に述べたような地縁社会における集まりや自治組織は，旧来のしがらみや行政組織からの上意下達の要素を残すことも多く，平等な議論を進めたり，変化に対応したり，新たなテーマをもった

りという今日の社会的要請にすぐに対応し難い側面があった．一方テーマを持った市民活動によるグループや組織は，広域的な活動を推進することはできるが，地元への影響力は未知のことが多い．

1998年には，特定非営利活動促進法（NPO法）が施行され，より多くの組織が活発な活動を展開するようになった．今後はこれらの地縁型の組織とテーマ型のグループとの連携支援が大きな課題となっている．

11.2.5 わが国の先進的な活動事例
a．世田谷まちづくりセンター

わが国における環境改善分野，特に緑を活かした分野での動きとしては，前述した関東から発信されてきた「まちづくり」の系譜が挙げられる．一例を挙げると，東京・世田谷区にある「玉川まちづくりハウス」を拠点とした「ねこじゃらし公園」は市民と行政が連携して創った市民参画型の公園のさきがけとして，1995年に作られた．ここは，まちづくりワークショップを開催しながら，どのような形の公園が市民に必要かを議論しつつ形にしてきた．

b．羽根木公園プレイパーク

公園の活用を促進し，地域社会の活性化につながった先導的な事例としては，1979年に開設された東京・羽根木公園のプレイパークがある．最初，子供たちと一緒に遊ぶプレイリーダーのもとに，いろいろな人材が集まり，子供たちが自らの手で，従来公園内では認められていなかった手作り遊具を公園内に設置したり，そのための資材置き場やリーダー小屋も構築したりという新しい取り組みが始まった．地域住民の支持を得ながら，その取り組みを行政が認めていったという経緯があり，結果的には，羽根木公園のプレイリーダーは，区から委託を受けている（社）世田谷ボランティア協会で雇用が認められ，行政と市民との連携による公園マネジメントのさきがけとなった．

c．阪神・淡路大震災後のうねり

一方，関西では，神戸市を中心とした「まちづくりコンサルタント」の派遣システムが整備されてきた経緯がある．これは，まちづくりのコンサルタント，建築設計の専門家，大学の関係分野の教員などが，地域の課題に応じて，有償の専門家として派遣されるシステムである．このようなシステムにのって，都市計画事業や公園づくりなどで，市民参画による計画が行われてきた．

さらにも増して大きな結節点となったのは，1995年に勃発した阪神・淡路大震災である．段階を追いながらも草の根的に多くの市民活動が発生し，地域では緑を活かしたまちづくりにも人々が参画した．

震災直後から，大勢の専門家や市民，そして行

図11.2 阪神大震災の活動事例（神戸市長田区におけるワークショップの取り組み）

図11.3 阪神大震災の活動事例（深江駅前花苑）

政関係者が協力し合って緑化やまちづくりを進めていった．この緩やかなネットワークは「阪神グリーンネット」として，震災後1年を経て組織化された．「阪神グリーンネット」はその趣旨として，「苗の配布等の緑化活動」，「まちづくり」，「情報発信や交流」をうたって，震災後の各地の緑を活かしたまちづくりを支援してきた．苗の配布は震災後10年を経た後，30万株を超えた．

また，まちづくり協議会も震災後100以上が立ち上がり，それぞれの地域の復興事業が進められてきた．阪神グリーンネットのメンバーはボランティアとして，あるいはコンサルタントとして区画整理事業や再開発事業などの都市計画事業に先導的な役割を果たした．

このような経緯を経て，現在では緑の空間を活用した市民や行政との参画と協働がより活発な広がりをみせている．

11.2.6 海外の事例
a. 米国

NPO大国とも呼ばれる米国は，環境改善分野においても市民参画の先進的な国である．例えば自由な気風で知られる西海岸での市民活動を取り上げてみる．ここは先導的なNPOやボランティア組織が多くの環境改善事業を推進している．

緑化関連では，中間支援的なNPO，"San Francisco Beautiful"などを挙げたい．このNPOは，市の名物として有名なケーブルカーの保存運動をきっかけに1947年に設立された古い歴史をもつ．地域に入ってコミュニティガーデンの創出支援を行ったり，学校緑化を行っている"The San Francisco Green School Alliance"と連携したりしている．また，他の例として，"Friends of Urban Forest"は，市内の街路緑化を行っている．街路樹の設置，育成というプロジェクトを市民と協働して，市全域で展開してきた．

環境教育関連は，"The Center for Ecoliteracy"が，教材の制作や出張講義などを行う活動に特化している．

土地利用に関わる組織として，行政間や地域での土地の仲介業務を主とする"Trust for Publicland"がある．これも先に述べた"San Francisco Beautiful"などと連携してコミュニティガーデンの創出などに一定の役割を果たしている．

"Neighborhood Park Council"は市民の寄付や助成金を得て近隣の児童公園を創出している．同時に，先進的な電子機器を用いるボランティアを活用して公園の管理運営も担っている．

サンフランシスコには，多様なみどりのまちづくり活動を行っているNPOが存在する．NPO自体がいくつかの他のNPOや地元のボランティア

図11.4 San Francisco Beautifulの支援によって完成したコミュニティガーデン（サンフランシスコ）

図11.5 The San Francisco Green School Allianceが支援する学校緑化活動

図 11.6 Friends of Urban Forest
サンフランシスコで街路樹の緑化活動をしている．

図 11.7 Neighborhood park council の創った児童公園地面はコルク素材でできている．

組織と連携している場合が多い．上に述べたような米国の市民活動団体を概観すると，NPO としての継続性や確立されたマネジメントを支える要因として，「明確な目的（Clear Mission）」，「人材資源の確保（Board Member, Membership）」，「情報発信や資産管理等の経営技術（Management）」などが挙げられる．長年にわたる NPO や市民活動の盛衰がこのようなマネジメント手法の確立をもたらしてきたといえよう．

b．ニュージーランドにおける環境行政

一方美しい自然を有し，環境立国として有名なニュージーランドに目を向けてみよう．ここでは小さな政府をもつことに成功した環境行政の模範を目にすることができる．もちろん，ニュージーランドの行政改革には賛否両論があり，小さな政府がサービスの低下を引き起こしたという意見もある．しかし，行政改革と市民との合意や連携にもとづく市民参画は切り離せないものであり，この国の「参画と協働」の取り組みは，参考にすべき点が多い．

これらの市民参画は法律によって明確に担保されている．例えば Local Government Act（地方自治体法）では，市民との連携が多様な場面で義務付けられている．行政の基本的な姿勢として市民との協働を計画から運営までの各段階で取り入れることが求められている．緑化行政に関して国や自治体には，公園緑地における Development Plan（建設計画）とともに，Management Plan（管理運営計画）が要求されている．すべてのプロセスにおいて市民との「参画と協働」が織り込まれている．

前述した地方自治体法や，Resource Management Act（資源管理運営法），Conservation Act（保全法）などの法律によって，公園緑地や環境全般に関する保全，育成が担保されており，行政がその枠の中から外に踏み出して，市民と共に歩むというビジョンが明確に打ち出されている．

その他の海外の先進事例として有名なものには，英国のナショナルトラストやグラウンドワーク運動などがあるが，多くの書籍が発行されているので，それらを参照されたい．

図 11.8 ニュージーランドの環境行政
自生種や人工林の植樹活動が混在している郊外景観．

図11.9 自生種による緑化を推進するため，ニュージーランドでは保全庁による苗の育成が行われている．

次節では様々な事例を紹介するが，本章で取りあげたい課題提起として，「計画から運営までの参画と協働があるか」ということと，「地域や住民が共に元気になるシステムになっているか」ということを検証したい．

11.3　市民参加の手法とその課題

a．計画から運営までに「参画と協働」のシステムはあるか

これまでの経緯を振り返りながら，市民や行政，専門家による「参画と協働」についての検証を試みたい．この分野における重要な課題とは何であろうか．

「市民参画」といっても市民がお客様とならないための検証システムが必要ではないだろうか．つまり，問題意識—課題提起—立案—決定—実施—評価—見直しというプロセスに市民が適切に関与しているかの問いかけを行いたい．各段階で「参画と協働」が機能しているかということを確認することは重要だ．以降，様々な事例を取り上げながら，上に述べた計画から運営までのシステムに「参画と協働」がどのように根付いてきたかを検証することとしたい．

b．地域や住民が共に元気になるシステムになっているか

また，従来は景観，造園そして園芸の専門家は与えられた区域や敷地に焦点を定めがちであった．しかし地域の公園を考えていくときには，公園の話だけではすまない問題が出てくる．まちの緑化を考えるにしても，その部分だけを美しくすればよいというわけでもないのだが，ともすれば視点が狭い範囲で収束してしまう．

花や緑を活かしたまちづくりを考えると，空間形成や景観の美化だけではなく，それらを通した地域の活性化や総合的な環境改善が望まれる．そうでなければ地域全体の中で，花や緑は付け足しになる．エコロジカルな視点をもつことは言うまでもなく，地域福祉や，コミュニティの育成，子供たちへの環境教育や人材育成のツールとして，そして産業育成の視点も持ちながら花や緑が活用されるとき，地域や住民が共に元気になるシステムができていく．

11.4 事例研究

11.4.1 多様な取り組み

環境改善分野における参画と協働には様々なスタイルが存在している．市民参画で行われている活動の例を抽出してみよう．

空間の種類別の分類を試みると，非建蔽地では公共的緑地や私的緑地，或いは交通緑地等が挙げられる．公共的緑地に位置づけられる公園などの公共空間においては，みどりの創出に関わるものとして「公園での緑化活動」，「まちの緑化」，「コミュニティガーデン」などの空間形成がある．維持や管理運営に関するものとしては「公園の活用促進を目的にした市民によるマネジメント」などがある．自然緑地を対象にした保全や育成的な活動としては「里山や森づくり」，「河川の美化や管理」，「ビオトープの創出や維持」などが挙げられる．

私的緑地を対象としたものでは，集合住宅等の専用空間の緑化や個人庭園などを開放する「オープンガーデン」などがある．特定の空間を対象地としない活動では，人材育成，環境教育，交流，情報発信，ネットワーク推進などソフト面での充実を図るものが挙げられる．また，地域コミュニティの活性化や産業育成を目的とした場合には，「環境改善活動を通じたまちづくり」や「グリーンツーリズム」，その他緑を用いた福祉的な活動など多岐にわたる．

このようにテーマを持った市民グループやNPOとしての活動が多く見られるようになったのは近年の動きである．

以下に実際の活動事例を紹介し，先に挙げた課題を検証してみよう．

11.4.2 公共的空間の創出

a．まちの緑化

まちの緑化では，行政からの様々な助成や支援のもと，公有地，民有地などを活用した緑化活動が盛んである．少しの空地や遊休地，或いは，公園内の花壇などまちの隙間的な空間を活用して，地域の環境改善活動として取り組まれている例が多い．緑化を支援するシステムも多く用意されている．それらは，市民花壇や生垣の助成制度であったり，地域の再発見運動やコミュニケーションの推進などメニューは多彩だ．

例えば神戸市兵庫区松本地区の水路は，震災後の区画整理事業の中で合意形成をはかっていくためにワークショップという手法で地域住民の参画のもとに計画された．その後の維持管理も地元が主体的に行っている．

図 11.10 花や緑を用いた市民活動（ボランティアによる病院の緑化）

図 11.11 人材育成（河川沿いの花壇づくり）

図 11.12 まちの緑化の一例（阪神・淡路大震災後にできたまちづくり協議会で計画された水路）

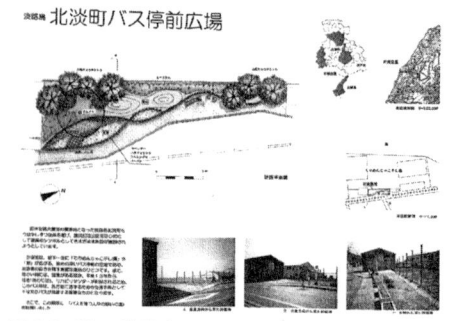

図 11.13 淡路市のコミュニティガーデンの計画

図 11.14 淡路市の実現したコミュニティガーデン

b. コミュニティガーデン

他にも空地の継続的な活用として，コミュニティガーデンの創出がある．コミュニティガーデンは米国から広がった地域緑化活動であるが，米国では市民農園のような形をとっている場合が多い．地域の福祉や作業を通じた青少年の育成を目的としたものである．しかし日本では主として市民参加による地域緑化や景観形成への取り組みとして展開しつつある．これは，計画から維持管理までを地域住民が主体的に行うものである．特に創出後の維持管理など，マネジメントの領域が今後の課題となっている．

11.4.3 緑空間のマネジメント

既存の緑の空間をどのようにマネジメントしていくかということは，それらを活用した地域社会の活性化と合わせて，大きな課題といえる．

例えば，公園のマネジメントに関して，単なる公園の利用規制や，植物や施設の管理だけではなく，どのように公園への来訪者が楽しみ，継続的に公園に関わっていけるかという取り組みが模索されている．

筆者が関わっている兵庫県立淡路島公園では，平成 12 年度から，地域住民による「淡路島公園を楽しもう会」が設立して，公園の利活用を促進してきた．その内容は，「自然観察会」，「樹木観察会」，「きのこ観察会」「環境アートワークショップ，光のイベント」，「園芸教室」，「ウォークラリー」などの他，循環型の公園の活用を目指して，繁茂する竹林の活用を目指した「竹炭」の販売や竹を用いた子供への遊びや道具づくりの提供などである．また，様々な取り組みが地域の活性化につながるよう，子供たちを巻き込んだ活動や地域との連携を強化することを試みてきた．

公園の利活用を促進する「参画と協働」のシス

テムとしては「パークコーディネーター」のような調整機能が必要となってくる．つまりボランティア活動ではやり通すことが困難な責任の生じる継続性，技術的な専門性を保証する仕組みである．

今後は，公園マネジメントの方針を明確にしていくために行政や市民，専門家が同じテーブルにつくことが必要だ．淡路島公園でも協議会を立ち上げ，自然環境，環境教育，子育て支援や高齢者への福祉など，地域社会との関係を踏まえたハード，ソフト両面からの管理運営計画を作成していく方向である．

図 11.15 「淡路島公園を楽しもう会」の活動（花壇づくりを通じた園芸講座の運営）

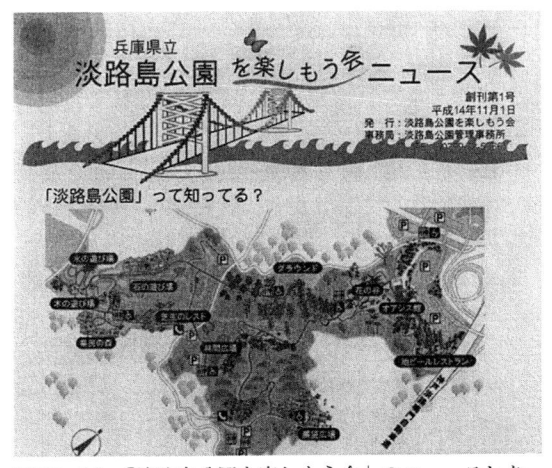

図 11.16 「淡路島公園を楽しもう会」のニュースレター

11.4.4 自然緑地における環境保全の取り組み

次に紹介するのは，環境保全的な取り組みである．里山づくりや森林の保護，海岸や河川での取り組みが挙げられる．

a. 里山づくり

都市林についての事例としては，兵庫県であれば阪神間の六甲山系にみられる「グリーンベルト構想」がある．これは，国，県，市などが市民と協働して，安全・安心な森林の保全と市民参画による森づくりが図られてきたものだ．阪神間の六甲山系は花崗岩質から形成されており土砂災害を繰り返してきた．これらの反省から，防災としての森林保全や市民の森としての観点から里山づくりが模索され，市民と共に提案や活動が継続されている．

市民参画は必ずしも理想どおりにはいかない．むしろ地域住民のエゴという課題も浮上してくる．総論には賛成だが自分たちの近隣の山には人は入ってほしくない，というようなものである．こういった，地域エゴも踏まえて，住民が参画する提案づくりをどのようなものにしていくかが課題となる．提案を実践していくためには，住民のみならず，関連の行政機関や専門家の継続的な支援が必要である．

b. 河川や水辺の環境保全

河川などの水辺を対象とした取り組みも盛んである．川の愛護会や清掃活動は古くから地元で行

図 11.17 ビオトープと環境保全活動

われてきた．市民参画を継続していくためには，環境教育的な取り組みは重要だ．人材育成に関しては後述するが，自然環境や動植物の知識は，それらに対する愛着や技術を育てることにもつながり，環境保全活動を継続していくための大切な基礎となる．

ビオトープなど水辺を活かした環境教育も盛んに行われている．しかし，最もその維持管理が難しい側面を有しているものがこの「ビオトープ」といってよい．外来種であるブラックバスやザリガニなどの放流，ビオトープをどのように子供たちの環境教育へと活用するかなど，課題は多い．

11.5 みどりのまちづくりの実現手法について

特定の空間を対象にしたものではないが，まちづくりを実現していくためのソフト面での活動も挙げられる．

11.5.1 ワークショップ手法について

市民と行政や専門家が対等な立場で話し合ったり，計画や実施プランを実行したりする場として，ワークショップが数多く開催されている．もともとワークショップという言葉は，ドイツの職人のいる工房を指すものであったが，ダンスや演劇など芸術の分野，教育や研修など人材育成の分野，そして，まちづくりの分野でも多く使われるようになった．参加者が互いに対等な立場で意見を述べ協力して1つの方向性を作っていくことが，ワークショップという手法の目的である．ワークショップはまちづくりにおいては少数の意見も共有しながら，合意形成やアクションプログラム遂行などに用いられる．

重要なことは，現状認識，課題やその解決策，将来計画やその実践についての合意形成を多様な人材による積み重ねを大切にしながら行っていくことだ．継続的な地域環境の改善には，やはり行政の支援や専門家の関わりも必要である．

11.5.2 人材育成

参画と協働をすすめていくための，人材育成や教育啓発は市民活動を推進していくためには不可欠のものである．

筆者の勤務する兵庫県立淡路景観園芸学校では，「まちづくりガーデナー」コースとして多様な生涯学習講座を設定している．平成11年の開学以来，8年間には4000名にのぼる人材を輩出してきた．このコースの修了生は各地のまちづくりに大きな

表11.1 生涯学習コースの一例
（兵庫県立淡路景観園芸学校）

1. 花とみどりの まちづくりへ	・ガイダンス ・まちづくりガーデナーになろう ・景観園芸植物の基礎 ・校内見学 ・花と緑の栽培実習 ・花と緑のワークショップ
2. 花とみどりの まちづくりへの 第一歩	・花壇の維持管理実習 ・緑の環境 ・花と緑の地域ネットワーキング ・緑地デザイン実習 ・樹木の維持管理実習
3. 花と緑の まちづくり へトライ	・情報発信入門 ・国内の緑のまちづくり事例 ・日本の風土と花 ・まちの花と緑の活かし方 ・修了生によるNPO実践例の紹介 ・講師学入門 ・緑地施工実習
4. 花と緑の まちづくりリーダーを 目指して	・ワークショップ入門 ・花と緑の栽培実習 ・先進地見学 ・公園づくりワークショップ ・課題制作演習（地域の課題と解決法）
5. 花と緑の まちづくりの 輪を広げよう	・園芸療法入門 ・海外の緑のまちづくり事例 ・まちなみのデザインと花 ・まちの緑と野生生物 ・病虫害の維持管理実習 ・まちづくりをはじめよう ・課題制作発表会 ・修了式

図11.18 淡路景観園芸学校の人材育成講座（ワークショップ演習）

図11.20 淡路景観園芸学校の修了生を中心としたNPOアルファグリーンネットの総会

図11.19 淡路景観園芸学校の人材育成講座（緑地施工実習）

成果を挙げている．また修了生を中心としたNPOも立ち上がり，多様な活動を展開している．例えば中間支援的な組織としてのオープンガーデン支援や，多岐にわたる講習，講座の運営，そして公園のマネジメントに関わる事業などである．

淡路景観園芸学校の講座には一般市民，学生，コンサルタント，行政関係者など多方面からの受講がみられる．これからの人材育成には，市民，行政，専門家それぞれの「協働と参画」という視点からの参画が望ましい．行政ボランティアという言葉にも表されるように，多方面からの市民活動が可能だ．

11.5.3 ネットワーキング

上に述べてきたような活動組織がより潤滑にその活動を継続していくためには，互いの情報発信や提供，交流の促進，連携と協働などが益々重要となってくる．NPOや行政，専門家が手を携えて，連携をとっていくためのネットワークは，フェイス・トゥ・フェイスのものから，紙媒体，あるいはウェブサイトの活用など色々なツールがある．これらはお互いに，継続的な活動を持続するための活力となる．

11.6　これからのNPOや市民活動団体における協働と参画について

　NPOなどの市民活動は，地域社会の相互扶助機能の弱体化を補強し，行政改革にもつながる．費用対効果からしてもより多くの地域社会へのサービス提供が見込まれる．また，公平性や統一性といった制約がなく，住民本位の地域密着型サービスとして，多様な事業が可能である．よって大いにその活動が期待されている．

　NPOへの支援は初動期，成長期，成熟期といった継続年数や，規模，テーマ性，地域性などに応じて配慮されなければならない．活動範囲は多岐

にわたるので，それらに応じた協働のスタイルが望ましい．

行政との協働，連携には，補助・助成といった側面支援，共催等の協働型，あるいは委託という企業的な扱いなど様々なスタイルがある．それぞれに応じた課題と改善の方向性が考えられるべきだ．

これからのNPOや行政がより良い協働を推し進めていくためには，各主体が協働の必要性をまず認識することから始まる．協働それ自体は目的ではなく，あくまで地域の活性化や環境改善が本来の目的とするところである．緑は，まちの変化する様相と関わりがあり，住民と環境との関わりをみえやすくする．

NPO等への支援の内容としては，資金，資材の提供，情報発信や交流などが挙げられる．NPOの業務遂行能力を高めるための支援策にマネジメントのサポート，地域活動推進マニュアルなどの策定，企画提案に対する委託或いは助成のシステム，中間支援的なNPOの育成，或いは人材派遣システムなどがある．さらにはNPO政策の調査研究，協働のための条件整備に向けた話し合いの場づくりなど多岐にわたる支援策も考えられる．

意識啓発事業としての人づくり支援，寄付優遇税制の検討なども今後の課題として残っている．

11.6.1 これからの緑の地域マネジメント

これからの緑の地域マネジメントについての考察を示す．ある一定の広がりを持つ地域としては昔ながらの共同体における隣保から，新しい自治組織，或いは小学校区，さらにもう少し広い範囲での居住区といったものを指している．そこでは，さまざまな形の緑の空間あるいは，オープンスペースが機能し，人との関わりをもっている．緑を活かした地域マネジメントとは，総合的な環境改善活動といえよう．環境とは，地球環境という大きなスケールのものから地域の生態を視野に入れたもの，また，生活環境そのものをさす場合もある．少子高齢化社会，成熟社会を迎える今，我々は緑を活かした環境改善活動を通して地域の活性化そのものを考えていく必要がある．将来を考えると，それぞれの緑の空間を単体として認識してマネジメントするのではなく，緑の空間を含めた地域全体のマネジメントを視野にいれた取り組みが大切だ．マネジメントする要素は緑に関わる要素やそれらを取り巻く，人材，地域資源，情報，そしてネットワークとなる．

身近な例をあげると，オープンガーデンをきっかけに地域間交流やコミュニティの活性化が期待されるとき，他の緑化活動と連携したり地域福祉と連動することで，個人の庭自慢から地域景観の改善へと広がりをもったり，高齢者への福祉活動を取り込んだりすることができる．また，ガーデニングの愛好者が，より知識や技術を得ようと教育体験を積む結果，園芸種から自生種や在来種へと視野が広がっていき環境保全や里山づくりへとその活動範囲が広がることがある．このような広がりの基盤となるものがそれらをつないでいくコーディネーターや教育啓発プログラムの存在でもある．

11.6.2 参画と協働の地域マネジメント

参画と協働の地域マネジメントを遂行していくためには制度，財源，人材育成の仕組みづくりが必要となる．2004年に制定された「景観緑三法」を受けて市民参画による景観協議会や景観整備機構などの活用も活発になるだろう．このような取り組みは従来まちづくりや景観に関わる条例，或いは都市計画における地区計画，開発行為に付随して制定された様々な建築協定などをさらに法的に担保するものとなる．また，地方自治法の改正によって，「指定管理者制度」が制定され，公園など公共の緑空間の管理運営にも民間事業者が参

入できることとなった．さらに，従来は維持管理に重点をおいていた公園の運営管理にも市民の参画がより求められるようになってきた．

　緑の空間の活用の場では，旧来の地域コミュニティと，テーマ性をもつNPOが共に連携したり行政や企業と協働したりするためのマネージャーやコーディネーターなどの人材が不可欠である．このコーディネーターには，地域の課題発掘，その解決方法へのアプローチ，実施計画の策定などを参画と協働のプロセスを示しながら魅力的な企画やイベントを提示して進める能力が要求される．コーディネーター能力を養成する人材育成も必要となる．

　地域マネジメントを行っていく民間組織が自立するための財源としてのエコマネーや助成金，あるいは委託，寄付，自己資金，受益者負担なども必要だ．上の人材を新しい専門性をもつ職能分野として確立していくことを推奨したい．パークコーディネーターやグリーンツーリズムコーディネーターという職能も聞かれるようになった．さらにより総合的な緑の地域マネジメントに携われる専門家の出現が期待される．この専門家は行政や民間セクターのいずれに存在することも可能である．

　緑の地域マネジメントを通して地域住民が自ら地域を体感し，課題や提案を共有すること，そして計画の遂行を協働で実践していくことが，地域の歴史文化を体現し，生活福祉分野の充実を深めていくことになる．様々な合意のプロセスを各主体で共有することが，「参画と協働」を推し進めていくために重要であることはいうまでもない．

　従来行政が主として担っていた公益的な部分を第3のセクターが担うべく，様々なシステムが作られてきた．もちろん，市民活動は単に行政の肩代わりをする役割のみならず，政策提案など新たな社会的ニーズの掘り起こしも視野に入れるべきものだ．その担い手には，多くの老若男女の参加が期待される．

　市民参画は，効率的な公益的活動がより活性化して，地域社会が豊かになるために不可欠である．

参考文献

羽根木プレーパークの会（1987）冒険遊び場がやってきた，晶文社．
阪神・淡路大震災復興支援会議（2000）震災復興の教えるまちづくりの将来，学芸出版社．
林まゆみ（2001）中世民衆社会における造園職能民の研究，京都大学（学位論文）．
林まゆみ他（2000）兵庫県におけるガーデニングの文化と産業に関する研究，21世紀ひょうご創造協会地域政策研究所．
ヘンリー・サノフ（1993）まちづくりゲーム　環境デザインワークショップ，晶文社．
川崎健次（2004）環境マネジメントとまちづくり，学芸出版社．
越川秀治（2002）コミュニティガーデン，学芸出版社．
中瀬　勲・林まゆみ編（2002）みどりのコミュニティデザイン，学芸出版社．
高原栄重（1974）都市緑地の計画，鹿島出版会．

関連ウェブサイト

米国の環境NPO "San Francisco Beautiful"
　http://www.sfbeautiful.org/
ニュージーランド政府　http://www.govt.nz/
世田谷まちづくりセンター
　http://www.setagaya-udc.or.jp/machisen/
コミュニティガーデン・ネットワーク
　http://www.g-cgn.jp/
兵庫県立淡路景観園芸学校
　http://www.awaji.ac.jp/

12

自然再生 —生物の視点—

　本章では，自然再生を生物の視点から扱う．前半では，自然再生の歴史的位置づけ，定義と区分，留意事項，自然再生事業のプロセスについて述べ，後半では，自然再生事業における環境ポテンシャル評価を用いたハビタットデザインの手法について実例に即して述べる．

12.1　自然再生の歴史的位置づけ

　近年，特に 2000 年代になって，自然再生という言葉が盛んに使われるようになった．しかし，ここ 40〜50 年ほどの歴史を振り返ると，まず 1960〜70 年代には，自然保護という言葉がよく使われ，1980 年代には環境アセスメント，1990 年代になるとミティゲーションという言葉が登場した．自然保護，環境アセスメント，ミティゲーション，自然再生は，いずれも自然環境，とりわけ生物的な自然を保全するための考え方や施策に関する用語である．そこで，本節では，まずこれらの用語を整理することにより，自然環境保全全般の中での自然再生の位置づけを明らかにしたい．

　1960 年代から 70 年代の高度経済成長期には，各種の観光開発や拡大造林によって奥地天然林などの自然破壊が激化した．そこで，こうした自然破壊に歯止めをかけるために，自然公園の特別地域や自然環境保全地域などの保護区に指定し，その範囲内だけは開発させないという政策がとられた．その際に多用された論理は，「植生自然度が高い場所は保護の必要性が高い」という考え方である．そのため，植生図及び植生図を転化した植生自然度図が作成され，主として自然植生が残存している場所に保護区が設定された．こうした対策によって，自然度の高いごく小面積の植生域だけは開発を免れた．

　1980 年代以降も，保護区以外の場所では，どんどん開発が進んでいった．とりわけ，大規模な公共事業が自然環境へ与える影響は重大であった．環境アセスメントは，その影響を評価するために導入された制度であったが，多くの事案では「影響は軽微である」「同様な自然が周囲にも残っている」といった評価がなされ，実際の保全にはあまり有効に作用しなかった．また，この時代の環境アセスメントは，法律に基づいたものではなく，閣議決定に基づく要綱や自治体の条例によるものだったので，法的制度としても力が弱かった．

　1990 年代の半ばには，ミティゲーションという考え方が登場して，急速に普及した．ミティゲーションは「開発が自然環境へ及ぼす影響を最小限度に抑制する（できる限りゼロにする）ための措置」と定義される．ミティゲーションは，本来は，環境アセスメントに基づいて行われる措置であるが，日本では，当初，環境アセスメントとは別個のものとして登場し，1997 年の環境影響評価法

の制定にともなって「環境保全措置」という名称で法律にも取り入れられた．ミティゲーションには，「回避」「低減」「代償」という3つの手法があり，それらを組み合わせることによって，自然環境へ及ぼす影響を抑制する．とりわけ，開発で失われる自然の代わりに，それを同等な価値の自然を創出するという代償ミティゲーションは，それまでにない斬新な考え方として注目を集めた．その一方で，安易な代償ミティゲーションがかえって開発を促しかねないという批判や，あらかじめ自然環境を創出しておいて開発によるロスに備える「ミティゲーションバンキング」という考え方についての議論が起こった．いずれにせよ，ミティゲーションが取り入れられることにより，環境アセスメントは，初めて，自然環境保全に実効のある制度に近づいた．

2000年代になると，過去に失われた自然を取り戻す「自然再生」についての議論がはじまった．その背景には，全国版・地方版のレッドデータブック（RDB）などによって明らかになった，「保護区の設定やアセス・ミティゲーションを実行してもそれだけでは生物多様性の減少には歯止めをかけられない」という事実がある．すでに多くの種にとっては，あまりにも生息地が減少・劣化し過ぎており，生息地を拡大・改善しない限り，多くの種がさらに絶滅することが予測された．そうしたことから，自然再生がにわかに注目され，2002年には「自然再生推進法」として法制化された．ここで注意したいのは，再生目標とされる自然には，必ずしも自然林や高層湿原といった原生自然だけでなく，二次林，二次草原，半自然湿地などの里地・里山の自然が多く含まれることである．これは，1990年台以降，里地・里山の自然に関する多くの研究が行われて，二次的な自然域に多くの絶滅危惧種が生息していることが明らかにされ，その再生もまた重要な課題であることが認識されるようになったためである．

以上述べた，自然保護，環境アセスメントとミティゲーション，自然再生の関係を図12.1に示した．保護区設定による自然保護は，開発をさせない最低限の区域を決めてその範囲内を守ることについて有効に作用する．しかし，保護区の外では次第に開発が進むので，それを放置すればやがては保護区内だけにしか良好な自然地が残らないことになる．そこで，新たな開発に対しては，環境アセメントとミティゲーションによって自然環境の純減がゼロになるようにバランスをとる．これが有効に作用すれば，自然環境の減少は食い止められるが，過去に減った分は依然としてそのままである．そこで，自然再生を行って，過去に失われた生態系を復元あるいは修復し，生物多様性を回復させる必要がある．

実際には各地域において，これらの手法を組合せながら計画的に自然環境の保全を図っていかなければならない．そのような計画は，地域の自然環境のグランドデザインと呼ばれるべきものである．自然環境のグランドデザインは，国土レベル，地方レベル，地域レベルなどさまざまな空間ス

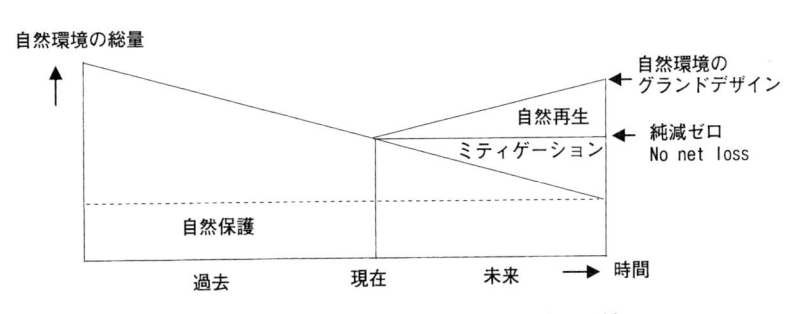

図 12.1 自然保護，ミティゲーション，自然再生の関係

ケールのものが考えられる．わが国では，例えば地方レベルの計画として首都圏における自然再生計画などが立案されている（自然環境の総点検等に関する協議会，2004）．

12.2　自然再生の定義と区分

　自然保護，環境アセスメントとミティゲーション，自然再生の関係は一応上記のように整理できるが，2002年に制定された自然再生推進法では，自然再生をより幅広くとらえて定義している．すなわち，同法第2条第1項には，良好な自然環境が現存している場所においてその状態を積極的に維持する行為としての「保全」，自然環境が損なわれた地域において損なわれた自然環境を取り戻す行為としての「再生」，大都市など自然環境がほとんど失われた地域において大規模な緑の空間の造成などにより，その地域の自然生態系を取り戻す行為としての「創出」，再生された自然環境の状態をモニタリングし，その状態を長期間にわたって維持する行為としての「維持管理」が，自然再生に含まれると記されている．

　上記は，各々どのような内容を指すのであろうか．

　まず「保全」とは，生態系や景観が，現状で良好な状態にある場合に適用される手法である．例えば広大な自然林のように，人為を加えずに良好な状態を維持できる場合には，あえて事業を行う必要はなく，人為的な悪影響の排除，すなわち保護あるいは厳正保護（protection）をすればよいことになる．一方，二次草原，二次林，小規模な湿地など，生態遷移によって変化する途中相をもって良好な状態とする場合には，遷移を食い止めることがすなわち保全になる．自然再生事業としての「保全」対象は，主として二次的な自然環境であると考えられる．

　次の「（狭義の）再生」は，生態系や景観の変化がいまだ根本的なものではなく，良好な状態に戻すことが可能な場合に適用される手法である．もちろん再生の可能性は一律ではなく，ケースバイケースである．そのため，自然再生事業にあたっては，後で述べる環境ポテンシャルの事前評価が非常に重要であり，それによって目標や計画・設計・施工方法を決める必要がある．

　「創出」は，すでに生態系や景観が不可逆的に変化している場合に適用される手法である．干潟が埋め立てられて完全な陸地にされたような土地や，丘陵地が造成されて地形や土壌が根本的に改変されたような土地では，元と同様な生態系を成立させることは不可能である．よしんばそれを目指したところで，費用や維持管理の上で，大きな障害にぶつかってしまうであろう．このような場合にはむしろ，現状の立地に見合った生態系を創出する方がはるかに合理的である．屋上緑化のような人工地盤緑化も，創出にあたる．

　「維持管理」は，上記の「保全」「（狭義の）再生」「創出」のいずれにおいても必要となる．

　なお，自然再生事業には，開発行為などに伴い損なわれる環境と同種のものをその近くに創出する代償措置，すなわちミティゲーションとして実施されるものは含まれないとされる．いうなれば，自然再生推進法では，時間軸で自然再生を定義しており，どのような理由や状況であれ，過去に損なわれた自然環境を取り戻す行為については，幅広く自然再生に該当するとしている一方，将来失われるであろう自然環境に対する代償は，含めないこととされている．

12.3　自然再生事業における留意事項

　自然再生推進法が制定されたことで，各地で本格的に事業がはじまった．これに対して，生態学者からは，自然再生が新たな自然破壊の免罪符となったり，生態学的に無意味なあるいは有害な「自然再生」が行われたりすることがないよう配慮を求める声が上がり，自然再生事業指針（日本生態学会生態系管理専門委員会，2005）という形でまとめられた．自然再生事業指針には，いうまでもなく法的拘束力はないが，自然再生事業に大きな影響力をもつものと考えられる．

　この指針には，自然再生事業を進めるうえで遵守すべき原則として，以下の各項が挙げられている．① その地域の生物を保全し（風土性の原則），② その地域の生物多様性（構成要素）を再生し（多様性の原則），③ その種の遺伝的変異性の維持に十分に配慮し（変異性維持の原則），④ 自然の回復力を活かして必要最小限の人為を加え（回復力活用の原則），⑤ 事業に関わる多分野の研究者が協働し（諸分野協働の原則），⑥ 伝統的な技術や制度を尊重する（伝統尊重の原則）．順応的管理の指針としては，⑦ 不確実性に備えて予防原則を用い，⑧ 管理計画に用いた仮説を継続監視して検証し，状態変化に応じて方策を変え，⑨ 用いた仮説の誤りが判明した場合には中止を含めて速やかに是正し，⑩ 将来成否が評価できる具体的な目標を定め，⑪ 将来予測の不確実性の程度を示す．さらに，合意形成と連携の指針として，⑫ 科学者が適切な役割を果たし，⑬ 自然環境教育の実践を含む計画をつくり，⑭ 地域の多様な主体の間で合意を図り，⑮ より広範な環境を守る取り組みとの連携を図る．

　また，横浜国立大学の 21 世紀 COE「生物・生態環境リスクマネジメント拠点」では，リスクマネジメント手続きの基本形（案）を以下のように取りまとめている（Rossberg *et al.*, 2006）．① リスク管理を行おうという社会的要請および科学者からの問題提起を受けて，② 利害関係者と対象地区など管理の範囲を列挙し，③ 合意形成の場としての協議会や科学委員会などを設置する．これを受けて科学委員会では，④ 守るべき対象が何かを科学的に整理し，⑤ その定量的評価指標を列挙し，⑥ 守るべき対象へのリスクとなる影響因子の分析とモデル構築を行い，⑦ 放置した場合に何が起きるかについてのリスク評価を行う．これらの分析により，⑧ 協議会で管理の必要性と管理の目的あるいは理念を合意する．その後，⑨ 達成すれば目的が成功しているとみなしえるような具体的な数値目標を仮に設定し，⑩ それを検証するための継続モニタリング項目を決定し，⑪ 管理計画により人為的に制御可能な項目と手法を選び，⑫ 仮に定めた目標が達成されるかどうかを評価する．目標達成の実現性が低ければ数値目標を設定し直し，上記の検討を繰り返す．

　自然再生事業は，地域住民をはじめ多くの利害関係者が関わるものであり，事業に当たってはその合意形成が欠かせない．上記の 2 つのガイドラインにおいては，科学（者）と地域住民の合議による合意形成の重要性が強調されている．なお，ここでいう科学者には技術者も含めてよいであろう．科学者や技術者のもっとも重要な役割は，関係者が議論し，的確な判断を下すうえで必要な情報を提供することにある．しかも，その情報とは，たんなる科学的事実の羅列ではなく，問題が生じた原因の究明，いくつかのシナリオによる将来予測，合理的な目標案とその実現可能性の評価，事業手法とモニタリング方法の提案，目標達成度の評価と事業へのフィードバックなど多岐にわたる．自然再生に関わる科学者や技術者には，こうした役割を的確に果たすことが求められているが，まだまだ課題が山積している．

12.4 自然再生事業の技術的プロセス

自然再生事業は，一般に，① 調査，② 目標設定，③ 計画と設計，④ 事業実施（施工），⑤ モニタリングと管理，というプロセスで進められる（図12.2）．

また，自然再生事業は，一種の壮大な野外実験だという考え方があり，このような考え方では，計画や設計は仮説に，事業実施は実験に，モニタリングは仮説検証に相当し，仮説が検証結果に基づいて修正され，より効果的な事業への軌道修正が行われる．

こうしたプロセスのうち，調査，施工（事業実施），モニタリングの段階については，類書に比較的詳しく述べられているので，ここでは，図12.2に沿いながら目標設定段階と計画・設計段階に力点をおいて述べる．

12.4.1 調査段階

まず，自然再生が行われる現場において，生態系の現状把握のための調査が行われる．また，必要に応じて，サイト周辺での調査や，過去の状況を調べるための調査も行われる．調査データは，① 現況の評価，② 生態系の劣化原因の特定，③ 環境ポテンシャルの評価，④ 再生目標となるモデルの設定に用いられる．具体的な調査方法については既刊書に詳しいので省略する．

12.4.2 目標設定段階

自然再生の目標は，保全型ではほぼ一義的に決めることができるが，再生型及び創出型の事業では，さまざまな意見が出て簡単には決まらないことが多い．関係者の合意形成を図るためには，目標設定に係わる多くの情報が整理され，生態学的

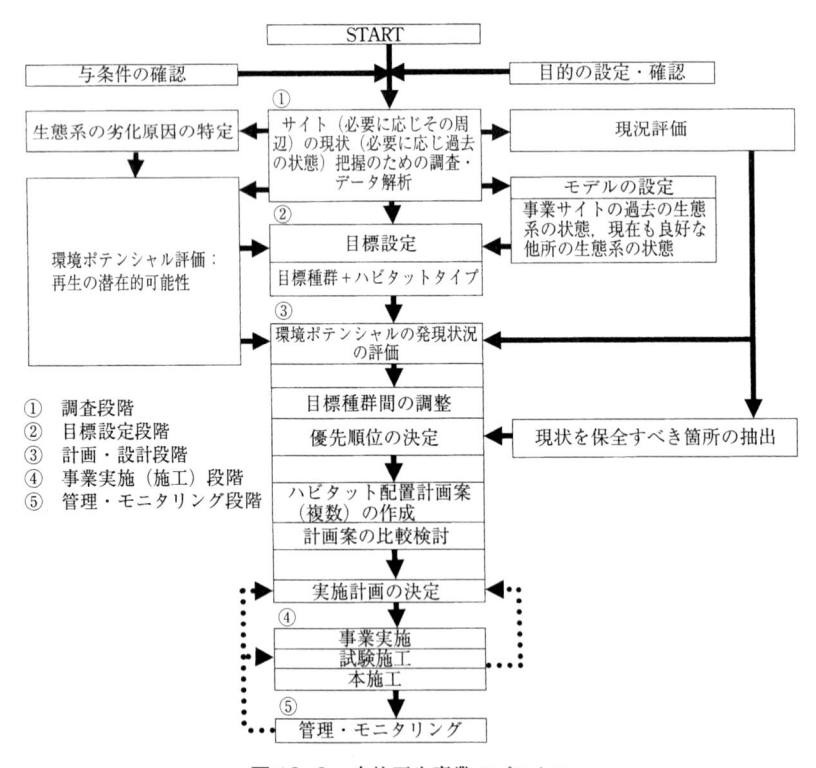

図12.2 自然再生事業のプロセス

な必然性と事業の実現可能性の両面から目標案を絞っていく必要がある．ここでは，そのための方法として，モデル設定と環境ポテンシャル評価について述べる．

a．モデルの設定

モデルとは，自然再生のお手本となる生態系のことである．モデルの設定には次のような情報を用いる．第一は，過去に生態系が健全であった時代における自然再生事業サイトの状態である．これは，歴史的（時間的）アプローチ（historical approach）とでも言うべき方法であり，過去における生態系の状態を情報的に復元し，それを目標設定の参考にするというやり方である．第二は，残存している健全な生態系の現況である．これは生きたモデルとなるものであり（鷲谷，2001），目標設定への空間的アプローチ（spacial approach）と呼ぶべき方法である．これは，自然再生のサイトにできるだけ近い場所に存在し，かつ，できるだけ事業でイメージしている生態系に近いものが望ましい．実際のところは，2つのアプローチを併用することが望ましい（日置，2002）．歴史的アプローチで景観，植生，土地利用，限られたいくつかの種の過去の状態などについて，また，空間的アプローチで植物群落の立地，構造，生物相などについて知ることによって，より明確にモデルを描くことが可能になるだろう．

現況とモデルとなる生態系を比較することによって，生態系の劣化の程度や劣化原因を考察する．劣化原因は，再生サイトによって，直接の土地改変だけが原因といった単純なものから，直接・間接の要因が絡み合った複雑な様相のものまで様々である．ちょうど環境アセスメントで将来の影響予測をするのと逆に，過去に遡りながら様々な原因がどのような影響をもたらしてきたのかを推定していくことになる．その上で，現時点で取り除ける原因と，除却が困難な原因とを整理してみる．現実に除却できる原因をできるだけ取り除

いたときに，どの程度の生態系が再生できるかということが，目標設定に大きく関わってくる．モデルは，いわば自然再生の理想像であるが，それがそのまま実現できるとは限らない．

b．環境ポテンシャル評価

自然再生の実現可能性は，環境ポテンシャルの評価によって行う．環境ポテンシャルとは，生態系の成立や種の生息・生育の潜在的な可能性のことである（日置，2003）．環境ポテンシャルは，次のような内容から構成される．第一は，立地ポテンシャルであり，気候，地形，土壌，水環境などの土地的条件などが，ある生態系の成立を許容するかどうかを表す．例えば，植物群落の成立可能性は，温量指数などで表される気候的なポテンシャルと地形・土壌・水環境などの土地的なポテンシャルによって決まる．植生は，動物の生息基盤となるので，植物群落の成立可能性は，動物群集の成立可能性を規定することにもなる．第二は，種の供給ポテンシャルであり，植物の種子や動物の個体の分散の可能性のことである．種の供給ポテンシャルは，個々の種の分散・移動能力と生息地間の距離や連続性によって決まる．第三は，種間関係のポテンシャルであり，食う－食われるの捕食関係，資源をめぐる競争関係，生物間相互作用による共生関係などである．種間関係のポテンシャルは，生物の種数が膨大であり，かつ入り組んだ関係にあるために，評価するのがたいへん難しい．第四は，遷移のポテンシャルであり，生態系の時間的変化がどのような道筋をたどり，どの程度の速さで進み，最終的にどんな姿になるかの可能性である．遷移のポテンシャルは，上記の3つのポテンシャル，特に立地ポテンシャルと種の供給ポテンシャルによっておおむね決まる（日置，2002）．

c．モデルと環境ポテンシャル評価の組合せ

再生目標は，モデルと環境ポテンシャル評価を組み合わせることで，より明確に設定することが

できる．ベクトルに例えると，モデルはベクトルの方向を示し，環境ポテンシャルはベクトルの長さの最大値を示すものである．モデルとする生態系の詳細が明らかな場合には，ベクトルの方向も明確に定まるが，そうでない場合には，方向に巾が生じる．同様に，環境ポテンシャルの評価の精度によってベクトルの長さも変化し得る．しかし，およその方向と長さが示されることは，再生目標の設定にとって有益であろう．

環境ポテンシャルが低下（劣化ともいう）している場合には，低下したままの環境ポテンシャルを前提にすると，自然再生の目標も低いものにならざるを得ない．しかし，モデルがあれば，それと現状を比較することによって，環境ポテンシャルそのものを段階的に改善していくような再生計画を立案することが可能になる．

しかし，ときにはモデルが設定できないこともある．先に述べた創出型の自然再生事業の場合には，立地がすっかり変わってしまっているためにモデルを求めること自体に無理がある．そのような場合には，環境ポテンシャル評価のみに立脚して目標を決めていかなければならないことになる．

d．目標の示し方

再生目標は，個々の目標種群とエコトープの組合せによって示される．生態系の構造は，① 生態系の構成要素である生物種群，② 地形・土壌・表層地質・水文環境といった基盤環境，③ 相観，優占種，群落高など植物群落の構造，の3つにより，おおよそ示すことができる．再生目標はこれらの組合せで示される．英語では，① を target species，② と ③ を合わせて target type と呼ぶ．target type は，目標とするエコトープ（ecotope）またはハビタットタイプ（habitat type）と呼んでも，ほぼ同義である．

12.4.3 計画・設計段階

計画・設計とは，目標種のハビタットの配置計画と構造設計のことで，両者をあわせてハビタットデザイン（habitat design）ともいう．なお，デザインという用語は，狭義には設計のみを指すが，ここでは計画（planning）と設計を合わせたものを指すこととする．

実際の自然再生事業においては，限られた面積のサイト内に複数の目標種群のハビタットを配置する必要に迫られる．どこにどれだけの広さで，各目標種のハビタットを配置するのが最適かを描くのがハビタット配置計画である．

配置計画は，次のような考え方で立案する．まず，生育に適したハビタットタイプが限られた特殊な立地にのみ成立するような目標種については，それを最優先する．例えば，湧水に依存する生物などがこれに当たる．また，全く異なる基盤環境に成立するハビタットタイプに依存する目標種同士は，そもそも空間的な競合関係が生じないので，それぞれ適した場所にハビタットを配置していけばよい．問題は，いくつかの目標種が，同一の基盤環境に成立し得る別のハビタットタイプに依存するような場合である．そのような場合の，ハビタット配置計画の方法については，後で詳しく述べる．

ハビタットデザインは，複数の案を立案し，各々の得失を比較するのが望ましい．その際には，純粋に生態学的な視点だけではなく，自然とのふれあい機能や，整備や管理に必要な費用も考慮されるべきである．案の中から，最もよいと考えられるものが選ばれて，実施に移される．

12.4.4 事業実施（施工）段階

この段階では，まず試験施工が行われる．自然再生に関わる工法は，一般の土木工事や造園工事のように標準化されておらず，個々の現場で新たに工法を考案する必要がある．はじめて試す工法を，いきなり本格的に施工するのは失敗の危険を伴う．そこでまず，小規模に施工して，その結果

12.5 自然再生における計画・設計（ハビタットデザイン）

をモニタリングによって評価し，工法に改良を加えたうえで本格的な施工を行う．

　施工時のインパクトを最小限に抑えることも重要である．自然再生事業では，事業サイト内かその近傍に，目標種が生息していることが多い．繁殖期の工事を避けたり，避難地や緩衝帯を設けたりするなど，現存する生きものに対する影響を最小限に抑えることが求められる．

　施工に用いる材料は，遺伝的撹乱を防止するために，外来種や国内外来種の使用を避ける．生物材料は，現地調達が原則である．現場の近傍で生物材料を調達するために，計画的に表土を採取したり，地域性種苗を育成したりする．

12.4.5 管理・モニタリング段階

　自然再生事業において，モニタリングと管理は一体のものである．モニタリングの主たる目的は，自然再生事業の評価と，管理へのフィードバック（反映）である．モニタリングのデザインとして，BARCI（Before‐After‐Reference‐Control‐Impact）デザインが提唱されている（中村，2003）．これに，もう1つ，事業実施サイトの過去の状態（P）を加えると，図12.3に示したようなモニタリングデザインになる．

　自然再生サイトの管理は，モニタリングデータの分析に基づいて，状況の変化に柔軟に対応しながらいわゆる順応的管理の手法で行う．再生を意図した生態系は時間とともに遷移していく．設定

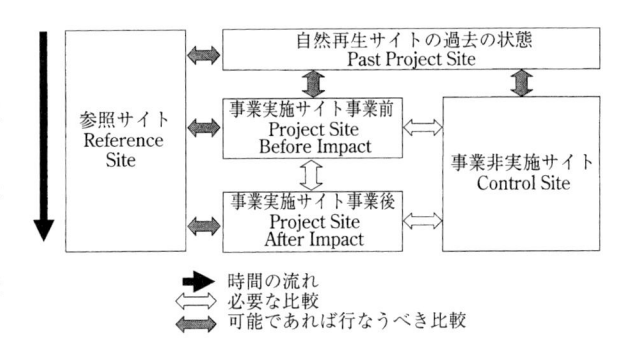

図12.3 自然再生事業のモニタリングデザイン

した目標に近づきつつあるのか，偏向遷移が起きているかの判断が重要で，偏向遷移が起きている場合には，管理の手を加えて，偏向の原因となっている植物を除去し，正常な遷移を促す．また，二次草原や二次林が目標の場合，目標に到達した後は，それを持続させるため刈り取りや，定期的な伐採更新といった管理を行う．

　外来種の侵入の予防や排除も重要である．外来種は，目標種の生存を脅かす要因となり，とくに侵略的外来種には警戒が必要である．予防が最も重要かつ効果的であるが，どんなに注意しても，表土の埋土種子としてや，近隣の群落からの種子散布などによって侵入することがあり，完全な侵入防止は期しがたい．在来種や目標種の生存に関わる危険な種に対しては，選択的な抜き取りや捕獲によって徹底した排除を行わなければならない．外来種の侵入が起きた場合には，早期の対処ほど効果的である．

12.5　自然再生における計画・設計（ハビタットデザイン）

　本節では，実例に即しながら，ハビタットデザインの手法について具体的に述べる．紹介する事例は，ダム湖畔における湿地生態系の再生計画である．

　近年，わが国では低湿地の改変が顕著で，それに伴う生物多様性の減少が憂慮されている．こう

した状況に対して，最近では，湿地の再生が盛んに行われるようになってきた．事例地は，宮城県にある国営みちのく杜の湖畔公園内にある面積約30 haの土地である．ダム湖である釜房湖の湖畔に位置し，毎年3月下旬から6月下旬まで水位が人為的に上げられ，対象地の約3分の1が水没す

るという条件の下にある．1960年代までは，全域が水田と畑であったが，ダム建設後，次第に耕作されなくなり，1990年台には，国営公園の一部となった．国営公園では，湿地として維持しながらレクリエーション利用に供するという方針が採られているものの，具体的な生態系の管理計画は立てられておらず，湿地生態系の再生が必要な土地であった．

12.5.1 事例地における環境ポテンシャル評価

先に述べたように，環境ポテンシャルは，立地ポテンシャル，種の供給ポテンシャル，種間関係のポテンシャル，遷移のポテンシャルという4つから構成されるが，この事例では立地ポテンシャルと遷移のポテンシャルに絞って評価が行われた．また，立地ポテンシャルについては，まず，生態系の基盤環境である土地（地形，土壌，水環境）と基盤の上に生活する生物（この事例では，植生，水生昆虫類，鳥類）に分けて評価が行われ，その後，全体を総合した評価が行われた．

a．土地的環境ポテンシャルの評価

湿地が成立する土地的環境ポテンシャルは，降水量の多い日本では，基本的には地形によって決定される．そのため，土地的環境ポテンシャルの評価では，特に地下水位，地表水の水供給力，土地の保水性など，その土地の水文環境の診断が重要である．

土地的環境ポテンシャルの評価は，湿地生態系の成立を考える上で基本となるものであり，動物群集に対しては，植生を通して間接的にではあるが大きな影響を与える．また，湿地生態系を再生する上では，「湿地を人為的に造成する」ことも必要な場合が多い．しかし，造成を無際限に認めることは，本来自然立地を重視する技術である環境ポテンシャル評価に反する．そこで，この事例では，必要最小限の造成を補助的手段として用いた場合に湿地が成立し得るどうかが評価された．

評価の基礎となるデータとして，地形，地下水位，表流水およびダム湖の水位変動が調査された．地形は，土地的環境条件が均質な最小の単位空間の抽出と図化のために，地下水と表流水は，直接的な水供給力を求めるために，また，ダム湖の水位変動は，湖水の湛水の可能性を区分するために調査された．土地的環境ポテンシャルの評価にあたっては，適当な空間単位を設定する必要がある．この事例では，微地形単位が用いられた．

評価は，以下の手順で行われた．まず，微地形区分図，表流水の分布図，湖水の水位上昇限界線図が作成された．また，地下水位については，各測定ポイントのデータをもとに，水位変動が同じパターンを示す観測井が類型化され，その類型と地形区分との対応関係の検討にもとづいて同様な地下水位を持つ空間が図化された．事例地は，36個の微地形単位に区分され，1個の単位空間は，平均1ha弱となった．事例地内には，4本の水流が認められた．ところどころで網目状に分流し，そうしたところでは面的な表流水が認められた．

次に，微地形単位ごとに地下水と表流水の水供給力が分級され，これにもとづいて，現況の地形を前提とした場合における過湿地成立の可能性が分級された．さらに，軽度の造成を行った場合における浅水域の成立可能性についても分級が行われた．

以上の検討を踏まえて，土地的環境ポテンシャルが総合的に評価された結果，計画対象地は，湿地の成立可能性という観点から次の5つの立地に区分された．

1) 過湿立地　　地下水位が常に高い立地であり，この立地に属するほとんどの微地形単位では表流水も豊富である．人為を加えない状態で過湿地となり，軽度の掘削で浅水域を造成できる．

2) 一時的過湿立地　　降水後，一時的に過湿地となるが，その後，地下水位が徐々に低下するために長期的には過湿状態が維持できない立地．

3) 適潤立地　恒常的に地下水位が低い立地であり，人為を加えても湿地とするのには適さない．
4) 水位変動立地（Ⅰ）　恒常的に地下水位が低く，そのままの状態では湿地とはならない立地であるが，補助的手段として湖水の水位変動を利用して人為的湛水を行えば，浅水域や過湿地を形成することができる．
5) 水位変動立地（Ⅱ）　降水後，一時的に過湿地となるが，そのままの状態では長期的には過湿状態が維持できない立地．補助的手段として湖水の水位変動を利用して人為的湛水を行えば，浅水域や過湿地を形成することができる．

軽度の造成によって湿地が成立する可能性は，実験によって検証された．実際に浅水域を造成して，その水位をモニタリングした結果，年間を通して造成でできた水域が消滅することはなく，この方法で湿地を形成できることが実証された．

b. 生物的環境ポテンシャルの評価

計画対象地に湿地性の生物群集が成立する可能性が，次のような考え方で診断された．浅水域では，水塊の物理的状態，すなわち水深，水温，流速と，底質の状態によって生物の生息地としての質が決まる．水塊・底質は直接的に水生動物群集の成立可能性と植生の成立可能性を規定し，また，浅水域に成立した植生が水生動物群集の成立可能性を規定する．一方，陸域では地形・土壌が，植生の成立可能性を規定し，土壌の水分条件によって湿性植物群落となるか通常の陸域植生となるかが決まる．さらに，植生が動物群集の成立可能性を規定する．

陸域では，生物的環境ポテンシャルのうち，植生は生態系の基盤となるものであるため，その生育ポテンシャルの評価は，特に重要である．動物の生息ポテンシャルは，個別の種を単位として評価することもできるし，同様な環境資源を用いる種群であるギルド（guild）を単位として評価することもできる．この事例では，飛翔性で移動力が大きく，移動距離や種の供給源との距離などの要因を排除して，純粋に定着先の生息条件だけを評価することができる種群として，浅水域では水生昆虫類，陸域では鳥類が評価対象に選ばれた．

1) 植生　植生の生育ポテンシャルは，植生の立地を区分することと，立地ごとの群落環を明らかにすることによって評価された．群落環とは，ある基盤環境の上で，遷移や人為干渉によって植物群落がどのように変化するかを表すものである．縮尺1/2000で作成された植物社会学的現存植生図をもとに，各植物群落と微地形単位の対応関係が群植物社会学的な手法で分析された結果，植生の生育立地は，MW（moderate wet site），TW（temporal wet site），PW（permanent wet site），FW（fractural wet site Ⅰ），FW（fractural wet site Ⅱ）の5つの立地に区分された．また，①種組成，②4年代の空中写真の比較による植生の歴史的変遷，③本研究地おいてもっとも発達した木本群落であるヤナギ群落の林齢，④高茎草本群落の刈取り実験結果，⑤浅水域の造成実験を行った場所で成立した群落の組成・構造，のデータから，群落環と進行遷移に要するおおよその年数が明らかにされた．

2) 水生昆虫　水生昆虫類の生息ポテンシャルは，事例地に成立する可能性のあるタイプの水域で，実際に調査により水生昆虫群集を把握することによって評価された．潜在的に成立し得る各水域の水生昆虫群集の組成は，①急流水域，②緩流水域，③水草のない止水域，④水草のある止水域，の4タイプに区分された．特に，流水域と止水域の違い，止水域の中では水草の有無による種組成の違いが大きかった．流水性昆虫類の生息ポテンシャルは，流水域の成立が可能な場所にあるので，微地形区分もとづいて，その範囲が明らかにされた．また，止水性昆虫類の生息ポテンシャルは，止水域の成立が可能な場所にあると考え，さきに示した土地的環境ポテンシャルが過湿立地

と水位変動立地では生息ポテンシャルが高く，その他の立地ではポテンシャルがない，と区分された．

3）鳥類　鳥類の生息ポテンシャルは，鳥類の生息適地を植生の組合せから予測するモデルによって評価された．サンプリング調査による鳥の個体（群）の確認地点周辺の植物群落の種類と面積からは，① その鳥が選好する植物群落の組合せと面積割合などの量的な情報，② 同様な植物群落の組合せを選好する鳥のギルド，の2つが抽出できる．鳥類の生息適地は，サンプリング調査の結果をもとに，現存植生図を用いて，計画対象地全体について鳥類のギルドの生息適地を推定するという方法で作成された．その結果，草地性（ギルド1），疎林性（ギルド2），ヨシ原性（ギルド3＝オオヨシキリ）の3つのギルドに区分されたが，特定の群落が特定の種またはギルドの生息地であるという単純な関係ではなく，植物群落の複合体が鳥類のギルドと結びついていた．また，構築したモデルを利用して，ヨシ群落を最大限に拡大させた場合に，ハビタットタイプの分布がどのように変化するかがシミュレーションされた．

12.5.2　湿地生態系の再生計画案の策定

この事例では，まず，湿地再生の目的が，① 湿地に特有な複数の生物種群が，各々適地で生育できるようにすること，② 国営公園内であるため，来園者の自然とのふれあいができるだけ図れるようにすること，という2つとされた．

目標については，周囲にモデルとなるような適当な湿地が存在せず，また，ダム湖ができて，ダム建設以前とは立地環境自体が一変してしまったので，計画対象地の過去の状態にモデルを求めることも適当ではないと判断されたため，環境ポテンシャルのみによって設定することとなった．

そこで，計画対象地に生育ポテンシャルがある種群の中から，上記の目的に合致するよう目標種群が選ばれ，それに対応するハビタットタイプとセットで再生目標が設定された．

植物については，湿地に特有な湿生植物が再生目標種群とされた．その多くは，アゼスゲ群落，チゴザサ群落など，湿性の低茎～中茎の草本群落に生育する種であり，再生目標は，これらの湿性植物群落とされた．水生昆虫類は，全て浅水域に生息する種であり，湿地の再生目標種群となり得るが，特に，流水性種群では，河川の環境指標種としてよく用いられるカゲロウ類，トビケラ類，カワゲラ類，および人々に好まれる種の多い流水性トンボ類が，また，止水性昆虫類では，人々に好まれる中型から大型の遊泳性の種であるゲンゴロウ類や止水性トンボ類が再生目標種群とされ，各々の生息に適したタイプの水域が目標とされた．鳥類では，湿地性の種であるオオヨシキリが再生目標種とされた．そのハビタットはヨシ群落である．

図12.4は，事例地における環境ポテンシャル評価の結果が総合的に示されたものである．この図から，各立地の，どの遷移段階で，各目標種群の生育ポテンシャルが発現されるのかがわかる．生育ポテンシャルの発現とは，ポテンシャルが表に現れて実際にその生物が生育している状態になることである．計画対象地では，過湿立地や水位変動立地の遷移途中相で多くの目標種群の生育ポテンシャルが発現することから，配置計画をできるだけ合理的に決めるために，ポテンシャルとその発現状況が目標種群間で比較され，どの場所でどの目標種群を優先すべきかが検討された．以下に，その具体的手順を記す．

まず，種群間でポテンシャルを比較するために，次のように生育ポテンシャル値（P値）が与えられた．

P値3：ポテンシャルが非常に高い
　　2：ポテンシャルが高い
　　1：ポテンシャルが低い

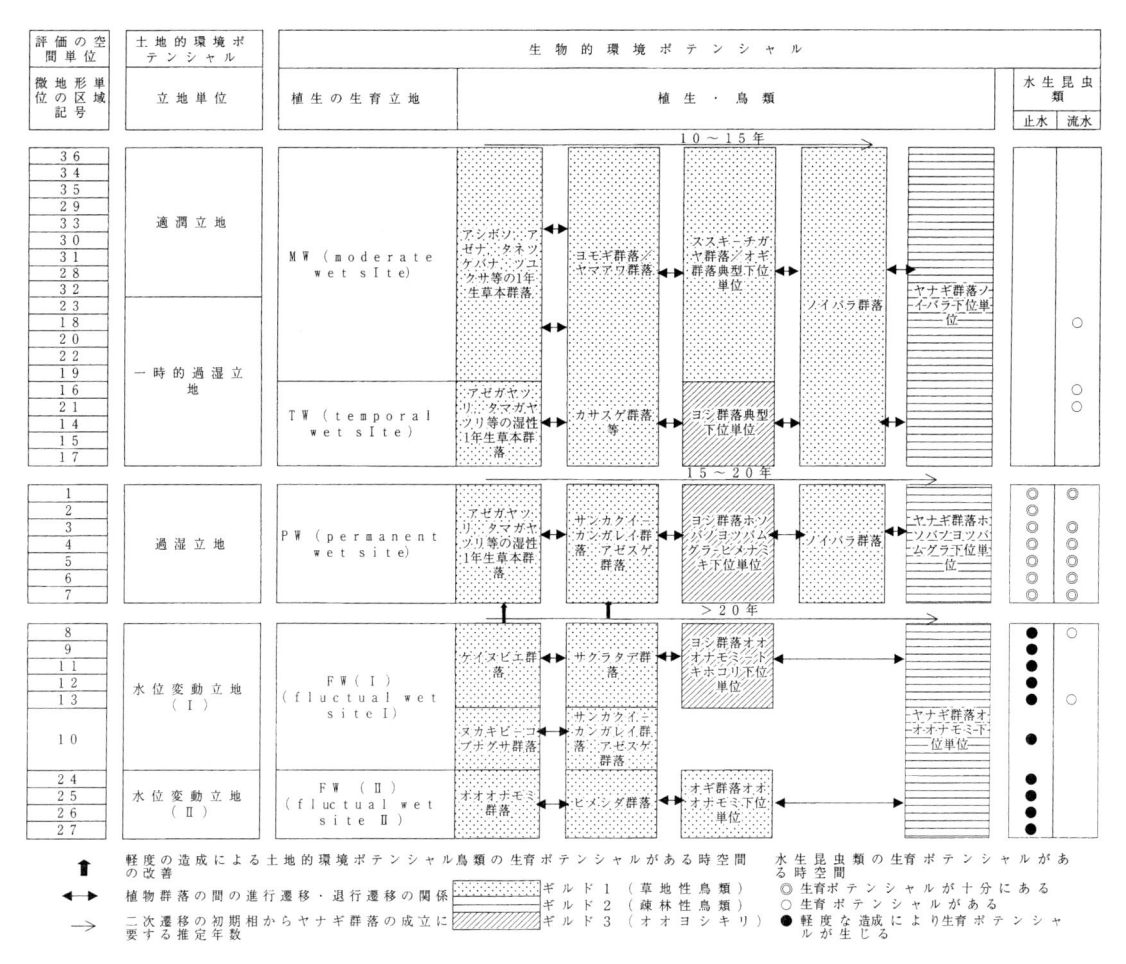

12.5 自然再生における計画・設計（ハビタットデザイン）

図 12.4 湿地再生計画事例地（国営みちのく杜の湖畔公園内）における環境ポテンシャルの相互関係

0：ポテンシャルがない

また，配置計画を決める上では，ポテンシャルが実際にどの程度発現しているかということも重要である．すでにポテンシャルが発現している場所では，それを保全することが最もよい計画であると考えられるからである．

そこで，ポテンシャルの発現状況値（R値）が，次のように与えられた．

R値3：現状で非常に多数／大面積で生育

　　2：現状で相当数／相当面積で生育

　　1：現状で少数／少面積で生育

　　0：現状ではほとんど生育しない

ポテンシャルの広がりとその発現状況の間には大きな乖離がある場合も少なくない．湿性植物の場合，面積で計算したポテンシャルの発現率は，生育可能地の10％に過ぎなかった．こうした場合，顕在化していないポテンシャルの発現を促す必要がある．

一方，特定の同じ場所で複数の目標種群の生育ポテンシャルが高い場合には，そこでどの種群を優先させるかを決めなければならない．事例地では，2つ以上の種群のP値が2以上のグリッドが全体の82％を占めていた．例えば，過湿立地には，①オオヨシキリのハビタットとしてのヨシ群落，②多様な湿性草本の生育する低茎〜中茎湿性植物群落，③止水性昆虫類のハビタットとしての

止水域，④流水性昆虫類のハビタットとしての流水域，それに，⑤ヤナギ類を主体とする木本群落，という5つの異なるハビタットタイプが成立するポテンシャルがある（図12.5，12.6）．

そこで，環境ポテンシャル評価の結果をハビタット配置計画に反映させるための原則が次のように立てられた．

① 高ポテンシャル種群の優先の原則：1つの場所において複数の再生目標種群のポテンシャルがある場合には，より高いポテンシャルがある方を優先する．

② 高ポテンシャル発現種群優先の原則：すでにポテンシャルが発現している再生目標種群がある場合には，そのハビタットの保全を優先する．

上記の2つの原則を配置計画に反映させるために，生育ポテンシャルとその発現の程度を総合的に表す指標値として，PPR値が考案された．

　PPR = P値（生育ポテンシャル値）× 2 +
　　　　R値（発現状況値）

PPR値は，P値が2回加算されるため，必ず生育ポテンシャル値が高い種群が優先され，かつポテンシャル値が同じ場合には，ポテンシャルがより高く発現した種群が優先される．図12.7は，PPR値の大きい順にハビタットを割り当てた配置計画案である．なお，この案は，現存のヤナギなどの木本群落はすべて保存し，残った空間で目標種群のハビタットの最大化を図るという考え方に立っている．その理由は，ヤナギ群落などの木本群落が成立するにはおおよそ20年以上を要し，一旦伐採すると回復に時間がかかるためである．表12.1は，木本群落の保存の程度の異なる複数の計画案を比較したもので，各々の案におけ

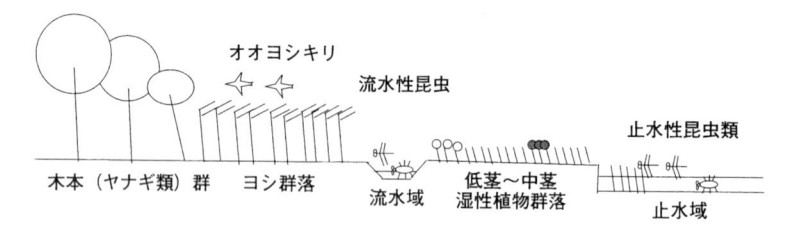

図 12.5 同一の立地に成立し得る異なるハビタットタイプ
過湿立地には，5つの異なるハビタットタイプが成立する可能性がある．これらをどう配置するかが問題である．

図 12.6 過湿立地に成立し得るハビタットタイプ
手前から，低茎〜中茎湿性植物群落，止水域，ヨシ群落，木本（ヤナギ）群落．

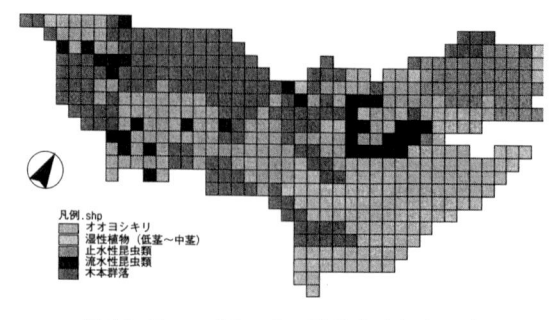

図 12.7 ハビタットの配置計画案（B案）
グリッドは 25 m × 25 m．

12.5 自然再生における計画・設計（ハビタットデザイン）

表12.1 事例地におけるハビタット配置計画案の考え方の例

計画案A	現状の木本群落は無制限に伐採できるという前提に立って目標とする4つの種群のハビタットの最大化を図る案
計画案B	現状の木本群落は，すべて残存させ，残りの空間を使って目標とする4つの種群のハビタットの最大化を図る案
計画案C	現状の木本群落は，できるかぎり残存させるが，必要に応じてヤナギ群落等を伐採して，目標とする4つの種群のハビタットの拡大を図る案

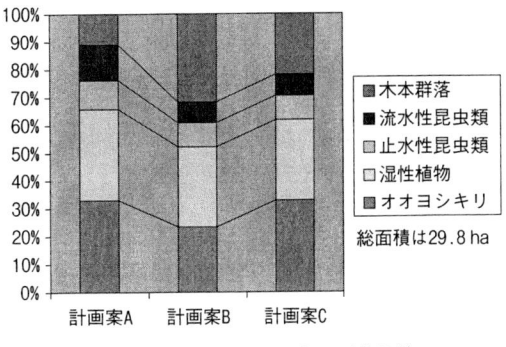

図12.8 3つの計画案の面積比較

るハビタットの面積も，図12.8のように算出することができる．

12.5.3 環境ポテンシャル評価を用いたハビタットデザインの特徴

以上，事例にもとづいて述べた，環境ポテンシャル評価を用いたハビタット配置計画の特徴は，次のように整理できる．

第一は，この手法を用いると，再生目標種（群）のハビタットを最大化する計画を立案できることである．ハビタットに関する従来の計画論理は，「現存するハビタットを保全する」ことであった．この論理はもちろん正しくまた重要であるが，残存する良好なハビタットの保全だけでは，当該種（群）の個体群の維持が図れないような場合には，積極的にハビタットの拡大を図らなければならない．このような場合に，特にこの計画手法が有効である．

第二は，再生目標種（群）が複数ある場合に，その競合関係を調整が合理的にできることである．生態系の再生計画では，多くの場合，複数の目標種（群）がある．生育ポテンシャルとその発現状況の評点化を用いると，環境ポテンシャルを最大限に生かしながら目標種（群）のハビタットを，最適な場所に配置する計画が立案できる．

第三は，現状で重要な植物群落や動物の生息地などの保全計画も包含できることである．現状で重要な場所については，例えば，環境ポテンシャルの発現状況に重み付けをすることによって，評点化の過程で保全対象空間として抽出することができるし，木本群落の保全を例として示したように，現存植生図などを用いて，手を加えるべきでない重要なハビタットをあらかじめ抽出・特定することによって，もっぱら保全すべき対象空間とすることも可能である．

第四は，この計画手法が定量的な複数の計画案を提示できることにある．計画対象地の立地ポテンシャルが総合的に把握できれば，人為に対応して各目標種群のハビタットが空間的・時間的にどのように変化するかが予測できるようになるため，様々な計画案を比較しながら，ハビタットの配置計画を検討することができる．

このように，環境ポテンシャル評価は，自然再生事業におけるハビタットデザインに有効な方法だといえるが，今後は，種の供給ポテンシャルや種間関係のポテンシャルの評価も加えて，さらに改良していく必要がある．

参考文献

日置佳之（2002）生態系復元における目標設定の考え方，ランドスケープ研究 **65**, 278-281.

日置佳之（2002）環境ポテンシャルの評価，生態工学（亀山 章編），97-110，朝倉書店．

日置佳之（2003）湿地生態系の復元のための環境ポテンシャル評価に関する研究，ランドスケープ研究 **67**, 1-8.

第12章 自然再生 —生物の視点—

亀山章・倉本宣・日置佳之編（2005）自然再生—生態工学的アプローチ—，ソフトサイエンス社．

環境省・社団法人自然環境共生技術協会編（2004）自然再生—釧路から始まる—，ぎょうせい．

日本生態学会生態系管理専門委員会（2005）自然再生事業指針，保全生態学研究 **10**，63-75．

中村太士（2003）河川・湿地における自然復元の考え方と調査・計画論—釧路湿原および標津川における湿地，氾濫源，蛇行流路の復元を事例として—，応用生態工学 **5**（2），217-232．

Rossberg, A.G. *et al.*（2005）A Guideline for ecological risk management procedure, *Landscape Ecol.Eng.*, 221-228.

自然環境の総点検等に関する協議会（2004）首都圏の都市環境インフラのグランドデザイン〜首都圏に水と緑と生き物の環を〜．

自然再生を推進する市民団体連絡会（森づくりフォーラム，里地ネットワーク，全国水環境交流会，海辺つくり研究会）編（2005）森，里，川，海をつなぐ自然再生—全国13事例が語るもの—，中央法規出版．

鷲谷いづみ（2001）生態系を蘇らせる，日本放送出版協会．

鷲谷いづみ（2004）自然再生，中公新書．

日本緑化工学会編（2005）環境緑化の事典，朝倉書店．

13

自然再生 —文化の視点—

　1980年代以降,里地(satochi),里山(satoyama)など身近な自然に対する国民意識が急速に高まってきた.地域固有の二次的自然である里地里山には,絶滅危惧種を含む多様な生物がみられ,文化的,歴史的にも高い価値が見出されている.このような二次的自然の再生にあたっては,一般的に,人為によって遷移を止め,昔ながらの生態系の状態を維持することが求められる.

　2003年1月に施行された自然再生推進法(Law for the Promotion of Nature Restoration)では,自然再生(nature restoration)を「過去に損なわれた自然環境を取り戻すため,関係行政機関,地域住民(local residents),NPO(non-profitable organization),専門家など地域の多様な主体が参加して,河川,湿原,里地,里山,森林などの自然環境の保全,再生,創出等を行うこと」と定義している.人が生態系の構造や機能を左右しうる存在であるという自覚をした上で,後世の人が持続的に生態系の恵みを受け続けるため,積極的に生態系を管理しようとするものである.

　日本生態学会生態系管理専門委員会(2005)では,自然再生事業(nature restoration project)を進める上での7つの原則を示しており,その1つに伝統的な技術や文化を尊重する,伝統尊重の原則(principle of respect for traditions)がある.伝統的な自然資源管理の技術や文化には,短期的な便益には結びつかなくても,持続性の確保という点で価値の高いものがある.このような伝統的な技術や文化は,ひとたび消滅すれば復活させることは困難である.伝統尊重の原則は,地域の自然だけでなく,その自然に関わる地域の技術や文化の特徴を科学的に吟味し,可能な限り活用することの重要性を説いている.

　里地里山の問題は,地域の自然,生活,文化に密接にかかわる問題であり,広範な問題を一体的,総合的に捉えたアプローチを必要とする.こうした包括的なアプローチ(holistic approach)を行う上では,長い歴史の中で持続的に保たれてきた人と自然の関係から学ぶべきことが多い.地域個性をふまえた里地里山の将来像を描き,人と自然の関わりを再生していくという,文化の視点からの自然再生のあり方が強く求められている.

13.1　日本の里地里山の今

　環境省によれば,日本の里地里山は,奥山自然地域と都市地域の間の幅広い中間地域に位置し,多様な価値や権利関係が錯綜する多義的な空間である.このような空間は,二次林を中心に水田等の農耕地,ため池,草地等の構成要素から構成されるとともに,人為による適度な攪乱によって特有の環境が形成され,固有種を含む多くの野生生物を育む.里地里山の中核をなす二次林は,国土

の約2割（約800万ha）を占めるほか，周辺農地を含めると国土の約4割の範囲を占める．新・生物多様性国家戦略（National Strategy for the Conservation and Sustainable Use of Biological Diversity）においては，里地里山はメダカ等の希少種やカエル，カタクリ等を育む，生物多様性（biodiversity）の保全上重要な地域であり（全国の希少種の集中分布地域の5割以上が里地里山に当たる），身近な自然とのふれあいの場，自然環境教育のフィールドとして重要な地域と位置づけられている．

　里地里山は，地域の自然との関わりからつくられている生活様式や営みのかたち，そしてそのかたちに即した仕組みの中で形成されてきた．その仕組みの発現が地域個性であり，地域の文化を表現するものといえよう．それぞれの地域の気候や風土がもたらす自然環境と地域の人々の生活，生業，信仰，年中行事などが結びつきながら，地域固有の文化が形成されてきたのである．そして，人との関わりの濃淡やその歴史の中で，地域固有の生態的な特質が維持されるとともに，日本人の心のふるさととでもいうべき文化的景観（cultural landscape）が形成されてきた．このような里地里山には，全体としてまとまっている「一体性」，いろいろな要素があるという「多様性」，さらにそこにしかない「地域性」に裏打ちされた美しさがあるといえよう．

　今日，近代化，都市化，過疎化などにより，里地里山をとりまく環境は大きく変化している．燃料革命や農業の機械化，大規模かつ画一的な開発の進行などによって，地域資源と地域住民の生活や生業との連関が途切れ，伝統的な土地利用のシステムは失われつつある．里地里山そのものの消失や質の低下が顕在化し，農林地の管理放棄や廃棄物の投棄，生物多様性の低下，環境汚染など，問題は深刻である．地域固有の景観，そしてその中で伝承されてきた知恵や技術は，その存在さえ認識されぬまま急速に失われようとしている．

　1980年代以降になると，開発から里山を保全しようとする活動や，居住地の周囲に残されていた里地里山にレクリエーションや環境教育的な要素を折り込んで積極的に関わろうとする都市住民，NPOなどの活動が各地でみられるようになった．里地里山は，地域環境を形成し，環境教育や社会参加の場として今日的な役割を担うようになった．里地里山に関する科学的な研究の蓄積もなされ，多様な機能と意義が広く認知されるとともに，行政の枠組みの中での里地里山に焦点をあてた施策がみられるようになった．今後の新たな管理主体として期待される市民活動は，里地里山に対する理解者をいかに広げていくか，という視点で重要であり，里地里山に関わることが人々の生活の豊かさを高め，さらには新たな社会の仕組みを生み出していく原動力となる可能性を秘めている．

　一方，大部分の里地里山においては，その所有者あるいは管理主体は地域住民や財産区などの伝統的な組織であり，積極的に里地里山を活用しようとする動きは限られる．所有形態が不明のまま管理放棄されている里地里山も増加しており，これからの方向性が見いだされないまま，時代の流れに翻弄されている地域も多々ある．地域に暮らす人々の生活や生業の中で共有され，伝承されてきた価値観やそれを支える技術をいかに活かしていけるか，早急に対応すべき大きな課題である．里地里山のもつ地域個性を，現実の社会を支える礎として担保し，活かしていく術が強く求められている．

13.2 里地里山をめぐる今日の行政上の枠組み

　以上のように里地里山を取り巻く状況が急速に変化する中，関連する新たな法律の整備，改正が行われてきた．

　まず，2002年3月，人間と自然がバランスよく共存していくための羅針盤として「新・生物多様性国家戦略」が策定された．国家戦略では，生物多様性の危機をもたらしている要因を，① 開発や非持続的な利用，② 伝統的な農業の衰退や里山，里地，森林への手入れの縮小，撤退，③ 外来侵入種や人工化学物質による汚染，としている．また，生物多様性の3つの危機の1つに里地里山の危機を示し，施策の基本方向として，保全の強化，自然再生，持続可能な利用の3点を掲げている．

　自然再生推進法は，新・生物多様性国家戦略の策定を背景として立法化され，2003年1月に施行された．自然再生推進法が対象とする自然再生とは，復元だけでなく，修復，創出，保全，維持管理を含む，広い概念である．その基本理念は，① 生物多様性の確保を通じた自然と共生する社会の実現等を旨とすること，② 地域の多様な主体による連携・透明性の確保・自主的かつ積極的な取り組みによること，③ 地域の自然環境の特性，自然の復元力，生態系の微妙な均衡を踏まえ，科学的な知見にもとづくこと，④ 自然再生事業の着手後も自然再生の状況を監視（モニタリング）し，その結果に科学的な評価を加え，これを事業に反映させる方法（順応的管理）によること，⑤ 自然環境学習の場としての活用への配慮が必要なこと，である．

　2003年4月になると，自然公園法（National Parks Law）が農業的土地利用と結びついた景観を保全する枠組みをもつように改正された．文化的景観を広く指定してきた日本の自然公園内には，かなりの里地里山が含まれている．今回の改正により，自然公園内で維持管理が行き届かなくなった里地里山を対象に，国，地元自治体，NPO等と土地所有者とが管理協定を結ぶとともに，特別土地保有税の免除などの経済的な奨励措置を講じるなどの施策が実施されるようになったのである．

　2005年4月には文化財保護法（Law for Protection of Cultural Properties）が改正され，里地里山を含む文化的景観が，人々が自然と関わる中で育まれた文化的な所産である，という新しい概念の文化財として位置づけられた．文化的景観は，「農山漁村地域の自然，歴史，文化を背景として，伝統的産業及び生活と密接に関わり，その地域を代表する独特の土地利用の形態又は固有の風土を表す景観で価値が高いもの」（文化庁，2005）とされ，保護施策の対象になった．文化的景観の特質としては，以下の7つが挙げられている．① 伝統的産業及び生活を基盤として成り立つ，② 豊かな地域性，③ 一定の周期に基づく変化，④ 多様な構成要素とそれらの有機的な関係，⑤ 景観構造における多様性，⑥ 多様な生物種とその生息地の維持，⑦ 2種類の「文化的景観」（それ自体できわめて高い価値を有するものと，他の記念物等とその一体として展開することに価値を有するもの），である．

　2004年6月には景観基本法が成立し，都市，農山漁村等における良好な景観の形成を促進するため，景観計画の策定等の施策を総合的に講ずる法的な根拠ができた．これにより，景観形成に対する住民参加が明確に制度化され，棚田など景観上守るべき重要な地域が景観計画区域内にあれば，景観保全のための勧告が可能になった．また，農家が高齢化などにより農地を管理できない場合は，農地法に特例を設け，NPO法人等がその土地を借りたり，取得して耕作ができるようになった．

　今日，行政上の枠組みにおいては，里地里山の

保全, 再生に不可欠な一員としてNPO法人等の新たな力を重視するようになった. 里地里山を保全, 再生するということは, その地域で営まれてきた資源の利用の仕組みを担保することにほかならない. 里地里山の保全, 再生のためには, 農家や土地所有者による従来からの生産, 管理活動に加え, 多くの主体, NPOや地域・都市住民の幅広い参加や協力が必要である, というコンセンサスが得られるようになったといえよう.

13.3 里地里山を対象とした自然再生事業の動向

自然再生推進法の施行に伴い, 同法の理念を実現させるための自然再生事業が全国各地で展開されるようになった. 自然再生事業は, 地域における自然環境の特性, 自然の復元力および生態系の微妙な均衡を踏まえて, 科学的知見に基づき実施するものである. 実施者は, 自然再生基本方針及び協議会での協議結果に基づき, 自然再生事業実施計画を作成し, 地域の多様な主体の参加を促す必要がある (図13.1). また, 実施に際しては, 科学的情報に基づく社会的合意の形成が不可欠とされている.

今日行われている自然再生事業の事例として, 釧路湿原, くぬぎ山, 琵琶湖, 大台ケ原, 椹野川干潟, 阿蘇草原などがある. このうち都市近郊の里山である埼玉県のくぬぎ山 (川越市, 所沢市, 狭山市, 三芳町にまたがる三富地域) では, 失われた武蔵野の里山林 (satoyama forest) を再生する事業が, 地元NPO, 自治体, 関係各省などとの連携によって始められている. この地域の里山林は, 江戸時代の新田開発によって農用林として作られ, 300年以上にわたり農家による落ち葉はき, 定期的な伐採更新がなされてきた. 現在, 都市部に残された貴重な生物の生息・生育空間となり, 地区の一部が県条例による「ふるさとの緑の景観地」に指定されるほか, 市民団体による緑地の買取りや管理活動も行われている. しかしながら, 産業廃棄物関連施設や資材・残土置場, 倉庫などが建設され, 里山林の荒廃が問題となっている.

埼玉県は, 2002年7月に「くぬぎ山自然再生

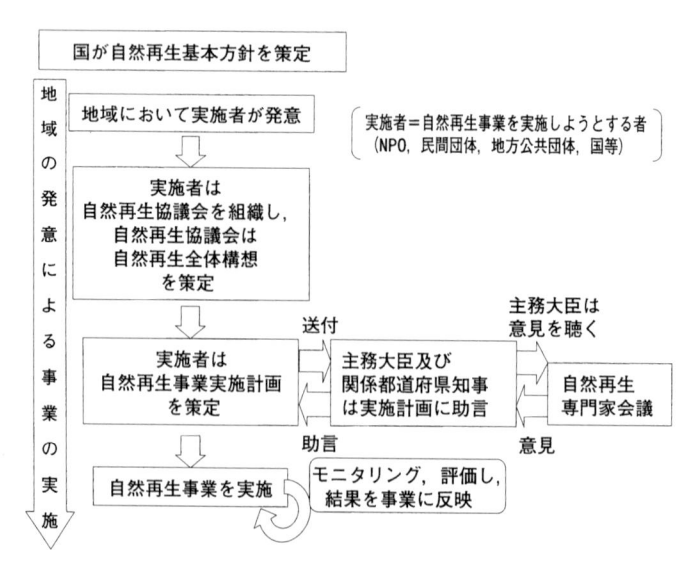

図13.1 自然再生推進法に基づく自然再生事業実施の流れ (環境省)

計画検討委員会」を設置し，くぬぎ山地区における自然再生の進め方についての検討を行ってきた．その結果は，「くぬぎ山自然再生計画検討委員会報告書」(2003)にとりまとめられ，4つの基本方針と9つの実施方針が示された．自然再生の目標を，多様な環境を有する二次的自然の再生としつつ，当面の実現方策として，くぬぎ山の「環境保全特区」への指定，土地取得や管理のための財源確保，各主体の連携と役割分担の実施，をあげている．図13.2は，くぬぎ山自然再生事業の考え方であり，再生，保全，活用の概念が具体的なテーマとともに整理されている．自然再生の取り組みは，里山林を保全し，その歴史的，文化的，環境的価値を伝承することを目的に行うものとしている．

滋賀県の琵琶湖においては，1990年代以降，滋賀県，水資源開発公団など，行政主体によるヨシ群落の再生事業が行われてきた．また，2001年からの「魚のゆりかご水田プロジェクト」では，水田の魚類繁殖機能を取り戻すことにより，湖辺域の田園環境を再生し，人と生き物が共生できる農業，農村の創造を目指した活動を行なっている．2005年になると，自然再生事業の一環として，「琵琶湖湖北地域ヨシ群落自然再生事業」が始まり，昭和30年代の豊かで健全なヨシ群落の再生にむけた取り組みが開始された．ヨシ群落や水田の魚類繁殖機能を再生することは，水辺の生態系の保全を図るだけでなく，住民の心の支えである湖国の風土や文化を守るうえで大きな意義をもつ，とされている．

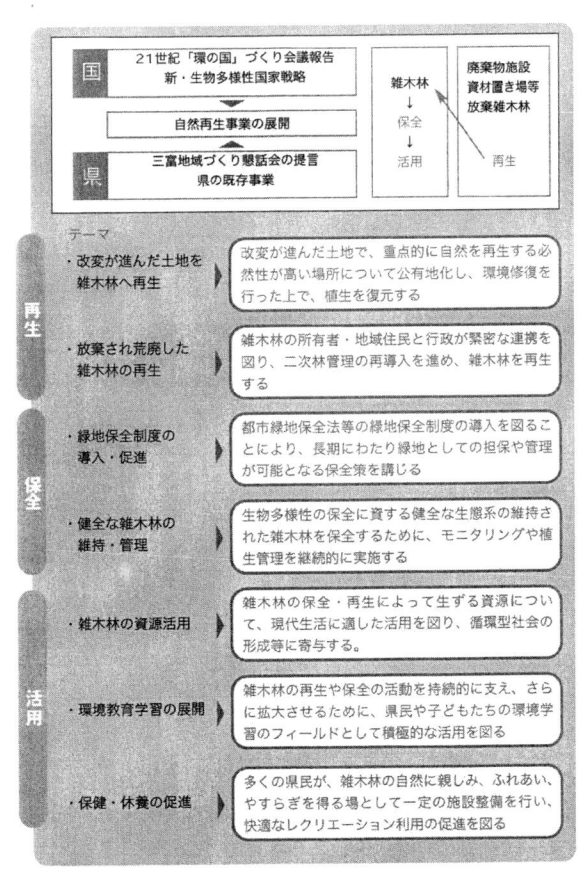

図 13.2 くぬぎ山自然再生事業の考え方（環境省，2003）

環境省では，2004年から「里地里山保全再生モデル事業調査」を開始しており，全国の里地里山の生態系タイプ，立地特性等を踏まえ，モデル事業実施地域として4地域を選定した．これらは，神奈川西部地域（秦野市等），京都北部・福井地域（宮津市，綾部市，武生市等），兵庫南部地域（三田市等），熊本南部地域（宮原町等）である．それぞれの地域では，地域の特性に応じ，環境省，関係省庁，地元自治体，NPO，住民，専門家等が連携した，里地里山保全再生のための地域戦略が作成されている．それぞれの役割分担に基づき，保全再生のモデル事業（例えば，落ち葉かきやタケ除去等の保全管理の実践，活動拠点及び体制の確立など）を展開し，これらの取組を広く発信することによって，全国の里地里山の保全再生活動を促進しようとしている．

13.4　自然再生に向けた取り組み——琵琶湖での試み

13.4.1　比良山麓の里地里山と市民組織

次に，滋賀県の比良山麓，および京都府の丹後半島山間部の里地里山を事例に，市民組織（civic organization）を中心とした自然再生の取り組みについてみていく．

滋賀県琵琶湖西岸に位置する，大津市比良山麓の里地里山では，湖岸周辺に集落や水田が点在し，その背後には広大な里山林がみられる（図13.3）．この地域は，京都と北陸を結ぶ街道筋にあり，湖上交通の発達により交易も盛んであった．標高1000mに及ぶ比良山系からは，急峻な地形を縫うように多数の小河川が琵琶湖に向かって流れており，林業，石材生産，稲作，漁業などの産業が発達してきた．集落周辺では，ヨシ葺き民家や地元の石材を使った石垣や水路，等状に刈り込まれたクヌギの畦畔木などがみられ，集落ごとに特徴をもった文化的景観が形成されてきた．1950年には，湖岸から比良山系にいたる大部分の地域が琵琶湖国定公園に指定されている．

比良山麓では，戦後以降，急速な宅地開発や観光開発，農林地の管理放棄，大規模なスギやヒノキの人工造林，壊滅的なマツ枯れなどにより，里地里山の姿が大きく変化してきた．この地域で屋根材として用いられてきたヨシ群落の面積は，戦中・戦後の内湖等の干拓事業，琵琶湖総合開発による湖周道路や湖岸緑地の建設などによって大きく減少した．

1990年に設立されたびわ湖自然環境ネットワークは，琵琶湖とその周辺の自然と環境を守ること，国内・国際環境NGOとの連携を進めること，などを目的に活動している．そして，環境問題に関する定期的なシンポジウムの開催などを行ない，2004年からは，比良山麓の琵琶湖でヨシ帯を再生する「びわ湖よしよしプロジェクト」を開始した．2003年の環境省「NGO／NPO企業環境政策提言」に選ばれるなど，国，県レベルでの環境政策に対する提言も積極的に行っている．会員は，環境に対する意識が高い滋賀県内外の個人が中心であり，76名（2005年現在）である．

やぶこぎ探検隊は，滋賀県の比良山麓の里地里

図13.3　滋賀県比良山麓の里地里山

山を主なフィールドとする活動組織で，1997年から活動を継続している．会員の多くはここ10年ほどで移住してきた人々が中心となり，その数は200名程（2005年現在）である．活動の契機は，地域や自然とのつきあい方について知りたい，という移住してきた複数の家族の願いからであった．2年目以降，「夢の森」と名付けられた里山林0.5 haと畑を地域住民から借り，これらを拠点とする様々な活動を展開してきた．活動の柱は大きく2つあり，1つは里山林の資源を畑や水辺などとつなぐミニ循環系の構築であり，もう1つはそれらの多様なフィールドでの活動を通した体験教育である．

NPO法人比良の里人は2005年に設立され，比良山麓の豊かな自然と景観を生かして地域を創造することを目標に活動を行なっている．活動内容は，比良の景観を後世に残す為の新たなシステムの調査，まちづくりや環境保全の推進，地域経済の活性化事業などである．第1次産業の衰退，土地の乱開発，地域コミュニティの喪失など，地域固有の景観を維持してきた人々の暮らしの変化に対し，地域の自然や文化を保全，再生し，地域特性を生かした自立できるまちづくりを目指そうとしている．会員は，地元の農家や民宿経営者などの地域住民と新たに移住した住民双方であり，12名（2005年現在）である．

13.4.2 市民組織による里地里山の再生

びわ湖自然環境ネットワーク，やぶこぎ探検隊，NPO法人比良の里人の活動は，大きく2つの方向性がある．生活や余暇での里地里山の利用と管理，そして里山林再生と水辺再生の連携である．

生活や余暇での里地里山の利用と管理の具体的な事例として，薪ストーブ利用を通した里山林の再生について取り上げる．市民組織の会員の中には，家庭の暖房器具として薪ストーブを用いる人も多く，こうした会員にとっては，いかに十分な薪を安定的に集めることができるか，ということが大きな関心事である．薪集めなどを通して，薪ストーブ仲間の組織化や森林所有者との交流もみられるようになった．薪ストーブを利用することは，里山林の資源の循環的な利用に結びつくだけにとどまらず，日常で火や樹木に直接触れる機会を提供し，子供の教育や環境問題を身近に感じる契機になる．

このような薪としての持続的な利用を含めた里山林管理の目標は，地元で「あぶらぼん」と呼んでいるキノコが豊富に採れていた頃の里山林の姿を取り戻すことであり，地元の人たちの言う「傘をさして歩けるような里山林」の再生である．再生のための作業としては，低木の常緑樹を除去し，高木を疎林的に残すことなどを行っている．一つ一つの管理作業をしながら，週に何時間かを里地里山で過ごすこと自体が新たな体験となり，学びの場ともなる．管理作業によって出てくる薪や柴は，石組みの手作り炉で燃やして暖をとるほか，バーベキューその他のアウトドア料理にも活用される．秋の落ち葉は，家庭の生ゴミなどとともに畑に集めて堆肥化され，良質な肥料として畝にすき込むことで有機栽培野菜へと変わる．有機栽培野菜は，森で開かれるパーティーに登場し，焼き芋や漬物などとして管理作業のエネルギーの素になる．このようなミニ循環系が生まれている．

また，作業の際には，長年里山に関わってきた地域住民により，作業の手順，かつての山の様子や山とのつきあい方が伝えられている．最近は未就学の子供達を持つ家族の関心が高く，里地里山で培われた知恵と技，あるいはその応用を楽しみながら体験できる仕掛けに進展し，地域文化の伝承の仕組みとして機能し始めている．

次に，里山林再生と水辺再生の連携の事例として，2004年から開始された「よしよしプロジェクト」を取り上げる．これは，水辺の環境をできるだけ壊さずに琵琶湖のヨシ帯を回復させるため，

自然素材（間伐材，粗朶，竹など）を活用した消波堤を設置し，波浪の作用を軽減することで，既存のヨシ群落の再生を促すことを目的としている．必要に応じて竹筒を用いて地元産のヨシを植栽しており，その際には，地域住民や子供の参加を呼びかけ，環境意識の高揚を期待している．なお，粗朶とは，切り取った木の枝のことであり，柴，薪などの燃料のほか堰や堤を築く材料にも用いられている．水辺域の再生に市民参加型公共事業としての里地里山の再生を取り込み，その中で継続的な利用，管理の中で生み出される地域資源を有効活用していこうという試みである．

2004年1月に行われた実験作業（図13.4）では，消波工（長さ10m×幅60cm・2列×高さ2m）の設置に対し，杭（スギ・ヒノキ）80本，杭（アカマツ）50本，および柴170束を用いた．また，ヨシ植栽に関しては，竹筒（モウソウチク，長さ50〜90cm）50本，ハチク（長さ10m）12本が用いられた．この作業には，関連市民組織のほか，地元氏子会や行政の担当者も参加した．

粗朶消波工の設置とヨシの植栽は，実験的な試みも行いながらその後も回数を重ねており，材料の供給体制や設置に関する技術の向上もみられるようになった．比良山麓の里山林と水辺再生を連携させたこのプロジェクトは，地域固有の自然や文化の尊重，市民参加，技術開発，啓蒙活動を特徴とした自然再生の試みとして，徐々に進展している．

13.4.3 琵琶湖周辺の里地里山の再生にむけて

比良山麓で行われている自然再生の試みは，森と畑，あるいは水辺など文化的景観を構成する異なる要素間での関わりや，地域内での資源の循環を考慮しつつ，身近な里地里山を再生しようとするものである．生活や余暇の中で里地里山の資源や空間を利用することで，スケールは小さくても，1つのサイクルとして資源と人の活動がまわることを重視している．

一方，里地里山の大部分は，地域住民あるいは社寺林や，氏子や財産区などの伝統的な集落組織が所有しており，伝統的な管理形態が継続している事例もみられる．例えば，大津市八屋戸地区では，「道つくり」（集落間の境界確認や，歩道の草刈りを定期的に行う惣仕事の仕組み）や「山の神」（竹や柴，藤蔓などを用いたドンド焼き）などの年中行事をとおした里山林の利用，管理が行われてきた．旧来からの集落組織の役割は一部形骸化も進んでいるものの，地域文化の伝承，あるいは里地里山の今日的な利用という観点からの意義は大きい．伝統的な集落組織が担ってきた役割が移住者や外部の人々に広がることで，地域にとっての里地里山の今日的な役割がより強固になる可能性がある．この際には，里地里山の管理の要となる空間を把握するとともに，仕組みが機能し続けるための管理主体，組織のあり方について議論を深める必要がある．

比良山麓においては，里地里山の再生を通じて，地域住民と移住してきた住民との間に交流が生まれ，そのことが両者の間で，また地域住民間で地域文化の伝承をしていく機会となりつつある．また，里山林再生と水辺再生の連携の試みは，今日，琵琶湖周辺における，地域，市民組織，行政が一

図13.4 市民組織による粗朶消波工の試み（琵琶湖西岸）

13.5 自然再生にむけた取り組み――丹後半島山間部での試み

表13.1 琵琶湖湖北地域ヨシ群落自然再生協議会の構成

区　分	団体・機関	役　割
関係団体 地域住民	自然保護団体，NPO，地域住民等	環境学習，自然観察，モニタリング，刈り取り等維持管理，ヨシ植栽等の企画・立案・実施
関係機関	水資源機構，淡海環境保全財団等	情報提供，関係事業との調整
研究機関 専門家	琵琶湖博物館，琵琶湖・環境科学研究センター等	調査・研究・科学的知見に基づく助言
関係行政機関	びわ町，湖北町，環境省近畿地区自然保護事務所，国土交通省近畿地方整備局琵琶湖河川事務所	環境学習，自然観察，モニタリング，刈り取り等維持管理，ヨシ植栽等の企画・立案・実施 情報提供，関係事業との調整
滋賀県	自然環境保全課	自然再生施設の設置 広報・啓発 関係事業との調整

(滋賀県，2005)

体となった自然再生に発展しつつある．これまで行政によって行われてきたヨシ群落再生事業は，人工地盤を形成したヨシ帯が自然景観になじみにくい，陸域から水域にかけての生態的連続性がない，などの課題を抱えていた．このような問題の解決策の1つとして，「琵琶湖湖北地域ヨシ群落自然再生事業」(2005年開始)においては，ヨシ群落の再生手法として，波浪抑制構造物(粗朶や間伐材による消波堤等)の設置によって局所集中波を軽減する方法がとられている．また，表13.1に示すように，自然再生協議会の構成は，地域住民，自然保護団体，専門家，関係行政機関などであり，多様な主体が協力しながら，合意形成と事業実施により自然再生を行おうとしている．

比良山麓の里地里山を初めて訪れ，歩き回ったある大学生は，その感想として次のような言葉を述べている．「ところどころに地蔵や鳥居などがみられて，地域の守り神として人々の心のよりどころとなっている感じがした．自然の近さをいろんなところで実感できる素敵な所．なぜか住んでもいないのに懐かしく思ってしまう」．そこに暮らす人のみならず，訪れる人が歩きながら，ふとこんな思いを抱く，そんな里地里山の魅力を伝承し，そして再生するためには，文化的な視点が不可欠である．琵琶湖周辺で展開する，多様な主体が連携し，里地里山を構成する要素間を有機的に結びつけるための試みは，これからの里地里山の再生の重要な礎となる．このような試みを積み重ねることによって，地域資源が生活や余暇の中で循環し，里地里山における文化の伝承や創造，そして地域固有の生態系の再生につながる強固な仕組みの構築が期待できる．

13.5　自然再生にむけた取り組み――丹後半島山間部での試み

13.5.1　丹後半島山間部の里地里山と市民組織

丹後半島山間部に位置する宮津市世屋地区は，環境省による「里地里山保全再生モデル事業調査」の1つ，京都北部・福井地域(宮津市，綾部市，武生市等)に含まれる．この地域の里地里山は，「京都府レッドデータブック」に記載された文化的景観であり，2001年度から丹後天橋立大江山国定公園(仮称)区域の拡大・新規指定に向けた取り組みがなされている．

丹後半島の里地里山は，日本海から標高700m

付近のブナ林までが大小の河川によってつながり，集落をとりまく水田や落葉広葉樹林を主体とする里山林など，多様な要素によって構成される．稲作を中心とした農業のほか，薪炭利用がさかんに行われ，定期的な森林の伐採や草地の刈り込みなど，長い歴史の中での様々な人々の働きかけによって里地里山が形成されてきた．チマキザサを用いた笹葺き民家や棚田，クリとモウソウチクを使った稲木などは，この地域に特有の文化的景観を構成する要素である（図13.5）．

しかしながら，1960年代以降には過疎化，高齢化が著しく進み，農林地の管理放棄が深刻になった．今日では，集落そのものの維持さえ困難な状況になった．例えば，世屋地区の上世屋集落においては，1960年頃に281人（40世帯）の人口であったものが，2004年現在では26人（15世帯）となった．時代の流れとともに笹葺き民家は減少し，トタンをかぶせた状態の家屋が当時の面影を残しているだけとなった．持続的な資源利用の場であり，地域社会と深い関わりをもってきた里地里山の姿も大きく変化している．

このような世屋地区を拠点に，生業や生活を通した世屋の里地里山やその景観の魅力を伝承，創造するための活動を行い，世屋の活性化につなげることを目指す複数のNPO法人や学生組織がみられるようになった．その1つ，NPO法人里山ネットワーク世屋は，2003年に設立され，会員は35名（2005年現在）である．世屋の棚田米を使った醸造会社，藤織り保存会，移住者，ペンション経営者，建築家，学生，そして世屋で長年生活している農家などがNPOの輪に加わっている．活動は，会員相互の活動を尊重し，共生してネットワーク化することにより，情報の共有と活動の連携を目指している．具体的な事業としては，世屋の里山文化伝承の場として拠点の整備，衣・食・住を通した里山管理，環境教育やレクリエーションの場としての里山利用などがある．2004年6月には，「日本の里地里山30コンテスト」（読売新聞社主催，環境省共催）の1つに選ばれている．

笹葺き家屋再生活用コンソーシアム（笹葺きパートナーズ）は，上世屋集落にある笹葺き家屋の再生，活用を目的とした活動を行なっている．このコンソーシアムは2004年より活動を開始し，笹刈りを通した里山の再生，地域固有の文化の伝承，地域特性を活かした持続性のある小さな事業の起業を目的としている．立命館大学の学生組織である丹後村おこし開発チーム，NPO法人美しいふるさとを創る会のほか，笹葺き職人などの専門家，学識者，企業，財団法人など多様な主体が参加，協力している．

世屋地区周辺の里地里山をめぐるもう1つの新しい動きは，研究・教育機関（京都府立大学，京都大学，（独）森林総合研究所，京都府立郷土資料館など）と，地域あるいは市民組織との連携である．里地里山の生態，歴史的特質の包括的な把握，里地里山が成り立っていたシステムの再構築および新たな創出にむけての記録，調査研究が展開されつつある．

13.5.2 市民組織による里地里山の再生

NPO法人里山ネットワーク世屋，笹葺きパートナーズの活動は，大きく2つの方向性がある．

図 13.5 京都府丹後半島山間部における1970年の文化的景観

1つは棚田の保全・再生・活用であり，2つめは地域文化の伝承のための里山林の管理である．

具体的な事例として，まず，棚田の保全・再生・活用について取り上げる．世屋地区の地域住民の生活基盤は稲作であり，水の利用が可能な土地であれば可能な限り水田として利用されてきた歴史がある．集落周辺から山間部にかけて広がる棚田は，この地の文化的景観を構成する主要な要素である．源流部のブナ林や地すべり地形などがもたらす豊富で良質の水を活かしながら生産されるお米の味は格別であり，どぶろくや酢などの原料ともなって豊かな食文化を築いてきた．世屋地区の棚田をいかに保全し，再生し，そして活用していくかは，地域の資源をこれからに活かすための鍵をにぎっているといえよう．

市民組織の活動は，まずは棚田の現況把握（所有者，畦畔植生，水管理など），棚田保全や休耕田の再生を考える場づくり，米作り体験や農業体験教室への展開，という段階をふまえ，棚田を維持するための仕組みにつなげようというものである．地元農家や企業などと連携しながら，米づくりを地域住民の生活基盤として強化する試みも行なわれている．その根底には，地域の自然や文化を活かした米づくりをしている人々を支え，新たな担い手づくりにつなげていこうという思いがある．2004年より開始された米作り体験の企画では，周辺地域の家族連れのほか，京都市の学生など，若者を中心とする参加者が集まった．

次に，地域文化の伝承のための里山林の管理の事例として，笹葺き民家の再生について取り上げる．これは，1980年代，上世屋集落に「農林漁業体験教室」として建設された後，使用されず荒廃化が著しい笹葺き家屋2棟を再生することにより，里山林の再生と持続的な利用を目指すものである．

上世屋集落では，笹葺き民家の屋根材のためのチマキザサの採取，藤織りのための藤蔓の採取，ブナを利用した炭焼きなど，この地域に特徴的な里山林の利用があった．一年を通した生活や生業のサイクル，火災といった非日常的な出来事，あるいは自然撹乱などに応じた動的なメカニズムがあり，その中で，農地と林地の境界に位置し，頻繁に刈り込まれた林地はチマキザサの供給の場として機能していた．このような境界地は，生物多様性の保全の場として重要なことに加え，今日，深刻な問題となっているイノシシなどによる獣害に対処する上でもポイントとなる場所である．

市民組織を中心に繰り広げられている活動は，2004年9月より開始された笹葺きの材料に用いるチマキザサの刈り取り（図13.6），および2005年10月からの笹葺き民家の葺替え作業である．通常の大きさの民家を一棟葺替えるためには，数千束のチマキザサが必要になる．そして，それに相当する量を持続的に確保することは，管理放棄されていた里山林を持続的に利用，管理していくことにもなる．笹刈りは里山林の管理と連動しており，笹刈りが樹木の更新を促進し，一方，上層木の定期的な伐採が林内の光条件を高め，屋根材としての良質なチマキザサの生育を可能にする．このような里山林の管理は，世屋地区の地域文化である藤織りや薪炭利用を伝承するための管理にもつながり，人との関わりの濃淡によって維持さ

図 13.6 笹葺き民家再生に向けた笹刈り（宮津市世屋地区）

れてきた里地里山のモザイク構造を再生する第一歩となる試みである．

　笹葺き民家の再生は，地域で培われた里地里山の利用，管理に関する知恵や技術の仕組みを伝承する試みになっている．例えば，笹刈りを行なう際には，地元の経験者に笹刈りを行なう里山林の特徴，刈り取り方法，束ね方などについての指導を受けている．また，葺替え作業は，丹後で唯一となった笹葺き職人から次世代の若手茅葺き職人へと笹葺き技術を伝承する場となっている．地域文化を伝承する仕組みは，里地里山の再生に幅広い年代層の参加を促す上でも重要である．

13.5.3　丹後半島山間部の里地里山の再生にむけて

　丹後半島山間部の里地里山は，過疎化や高齢化が急速に進む中，これからの地域の担い手がほとんどいない，という厳しい状況下にある．地域住民も加わった市民組織が，里地里山の再生の中でいかに地域そのものを継続させる道筋を見いだせるかが，大きな課題となっている．このような状況の中，地域，市民組織，行政，大学，研究機関，企業などが連携し，失われつつある地域文化を，今日に活きるかたちで伝承し，地域の活力にする方向に向かって歩み出している．それは，生業として成り立つ里地里山の資源利用，あるいは文化的景観としての活用のために，伝統的な技術や文化，資源の利用の仕組みを理解し，必要と判断されたものを里地里山の再生，創造につなげていくというプロセスである．丹後半島山間部における自然再生は，地域再生そのものである．

　今日，様々な問題をかかえる地域社会の仕組みを支え，時にはそれに代わる現代的な仕組みへの置換を担い得る新しい力の1つが市民活動である．丹後半島山間部では，若者を含む地域内外の人々が，里地里山再生の輪の中に集い始めている．その原動力は，その地域でしか体験できない地域個性であり，その地域個性を活かした里地里山の将来像を，自らが参加しながら描いていけるという魅力にある．

　2004年に開始された「里地里山保全再生モデル事業調査」（京都府北部地域を対象）は，各地区における里地里山の特色と課題をふまえ，全体懇談会，地区別意見交換会を積み重ね，保全再生の方向性を明確にしていこうとするものである．そのための地域戦略素案の検討は，自治会，NPO，大学，関係行政機関などのメンバーによって行われている．意見交換会（宮津地区）では，棚田の保全，農業の継続に向けた手法の検討のほか，体験フィールドとして里山林を活用することの重要性について理解を深める議論がなされた．また，地域住民とNPOとの意識のギャップの解消，一過性で地域の実情に合わないイベント等ソフト事業の再考，経済基盤などNPO運営上の問題の解決などが，里地里山の保全再生を行う上での課題として認識された．

　市民活動の一環として，笹葺き屋根を葺き替えることは，笹葺き民家そのものの伝承になるだけでなく，多くの人の連携をもたらし，里山林の利用，そして地域で培われてきた知恵や技術の伝承につながっていく．里地里山の再生は，次世代を担う子どもや学生たちが，その土地本来の自然や，その土地で育まれた伝統産業や文化に接し，里地里山の今後について共に考える場としても位置づけられる．地域文化の伝承と活用という視点を尊重することにより，1つの里地里山の再生に向けた取り組みが，これからの地域再生にむけた連鎖反応を引き起こしていく可能性を秘めている．

13.6 今後にむけて

　里地里山にみられる文化的景観は，地域の自然と地域ごとの生活様式や営みのかたち，そのかたちに即した仕組みの固有性が表徴されてきたものである．里地里山の構成要素となる水田，里山林などの要素間の連関や地域住民との相互作用のあり方が，地域の文化のあり方を規定してきた．里地里山を対象とした自然再生には，地域の自然環境のみならず，地域の歴史的な文脈がいかに活かされ，文化的景観を構成する要素間がいかに有機的なつながりを担保しているか，といった文化的な視点が不可欠である．

　琵琶湖周辺および丹後半島山間部における事例では，以上のような，里地里山における要素間の連関や地域住民との相互作用を今日の仕組みとして活かすための試みがなされていた．それは，地域に適した今日的な地域資源の循環の仕組み，そして，地域文化の伝承の仕組みを構築することを目指した，市民組織と地域，行政等の連携による里地里山の再生の試みである．このような仕組みの構築にあたっては，単に過去の仕組みをそのまま受け継ぐに留まらず，新たな主体としての市民組織の役割を明確に位置づけ，里地里山が再生されることの魅力，そして科学的な見地からの意義を積極的に見いだそうとしている．その基本は，それぞれの地域が歩んできた歴史や伝統を今日に活かすという視点（時間），そして里地里山の構造やつながりを理解し応用する視点（空間），という2つの概念で里地里山をとらえ，目標とする里地里山の将来像を描いていく，という姿勢にある．

　一方，里地里山の将来像とそれを支える仕組みのあり方についての普遍的な解は存在せず，多様な主体の中での合意形成というプロセスを経ることにより，社会的な解決を図ることが重要である．今後の里地里山の再生の試みの中では，地域住民，NPO，行政など関連する多様な主体の価値観を尊重した合意形成のプロセスについて，さらに議論を深める必要がある．

　今後，環境デザイン学というアプローチは，里地里山の自然，文化という文脈の中で引き継ぐべきものが何かを抽出し，あるいは創造し，具体的なデザインとして提案する，という観点から大きな貢献ができる．将来を見据えながら，地域の自然と地域が歩んできた歴史を見つめ直す地道な作業を繰り返しながら，共有に値する地域固有の里地里山の将来像，そしてそれを支える技術や仕組みを見いだし，現実の社会の中で適応していく術を指し示す，という包括的な学問分野としての役割が期待されているのである．

参考文献

深町加津枝・井本郁子・倉本　宣ほか（1998）特集「里山と人・新たな関係の構築を目指して」，ランドスケープ研究 **61**，275-324．

深町加津枝（2002）丹後半島における明治後期以降の里山景観の変化，京都府レッドデータブック下巻，372-382．

深町加津枝（2001）地域性をふまえた里山ブナ林の保全に関する研究，東京大学農学部付属演習林報告 **108**，77-167．

広木詔三（2002）里山の生態学，名古屋大学出版．

今森光彦（2002）里山を歩こう，岩波ジュニア新書．

環境省編（2002）新・生物多様性国家戦略～自然の保全と再生のための基本計画～．

日本自然保護協会編（2005）生態学からみた里やまの自然と保護，講談社．

日本生態学会生態系管理専門委員会（2005）自然再生事業指針，保全生態学研究 **10**，63-75．

奥　敬一（2004）里山と市民活動，森林科学 **42**，24-30．

養父志乃夫（2002）荒廃した里山を甦らせる自然生態修復工学入門，農産漁村文化協会．

14 自然環境のアセスメント

14.1 アセスメントの目的と概要

　日本では，1960年代に大気や水，土壌等の汚染が公害問題となり，環境保全の必要性が強く認識されるようになった．さらに，近年は生態系もまた私たちの生存に不可欠な環境であるとの理解が深まりつつある．本章で解説する環境アセスメント（環境影響評価，environmental impact assessment）は，これから起こそうとする人為的活動の影響を定量的あるいは定性的に評価し，複数のシナリオのもとで将来の予測を行い，よりよい環境を選択して作り上げるための仕組みである．

　制度としては，アメリカ合衆国で1969年に連邦政府の関わる事業を対象とする国家環境政策法（National Environmental Policy Act, NEPA）が公布されたのを始めとし，その後，先進諸国で環境アセスメントの制度が整えられていった．日本では1972年の「各種公共事業に係る環境保全対策について」の閣議了解の後，1984年には「環境影響評価の実施について」閣議決定がなされている（いわゆる「閣議アセス」）．しかし，国の施策として環境アセスメントが法律上位置づけられたのは1993年に制定された環境基本法においてであり，これを受けて1997年に環境影響評価法が制定された．

14.1.1 戦略アセスと事業アセス

　環境アセスメントには，事業の実施段階で行われる，いわゆる「事業アセス」のほか，事業に先立つ上位計画や政策などの段階で行われる「戦略的環境アセスメント（戦略アセス，strategic environmental assessment）」がある（表14.1）．戦略アセスと事業アセスはともに環境の将来シナリオを決定する過程を住民に公開することによって，環境が適正に保全されることを目指す．効果的なアセスの実施には，適切な評価と予測を行うとともに，理解が容易な形で情報を公開し，第3者の監視の目を得ることが必要条件である．

　従来から行われている事業アセスには大きく2つの問題点がある．1つ目は事業計画の熟度と変更可能性の問題である．事業アセスでは事業の実施段階になってからアセスメントを行うので，「事業の撤回（no action）」や大幅な変更が要求されるシナリオが選択されることはほとんどなく，アセスの有効性に関して疑問があげられている．2つ目は「軽微な影響」の累積的効果（cumulative effects）の問題である．事業アセスでは事業が個別に評価されるが，個々の事業で「軽微な影響」で問題がないと評価されたとしても，軽微な影響が累積することにより重大な影響を環境に及ぼす可能性がある．

　事業アセスのこれらの問題を解決し，補完する役割を担うものとして，戦略アセスが検討，導入され始めている．戦略アセスでは，変更可能性の

14.1 アセスメントの目的と概要

表 14.1 戦略アセスと事業アセスの比較

	戦略アセス	事業アセス
目的	意思決定過程の公開にもとづく環境への配慮	意思決定過程の公開にもとづく環境への配慮
対象範囲	政策，計画，プログラム等	個別の事業
実行可能な代替案	事業の実施の有無を含めた代替案の検討が容易	事業の実施の有無を含めた代替案の検討は困難
予測の不確実性	予測に必要な具体的な情報に乏しく，不確実性は事業アセスより高い	具体的な情報が豊富な分，不確実性は戦略アセスよりも低い
累積的影響	評価する	評価は困難
国内法の整備状況	国のガイドラインや一部の地方公共団体の制定する条例が先行的に整備されている	環境影響評価法および地方公共団体の制定する条例が整備されている

高い政策や計画，プログラム（Policy, Plan, Program の 3P と呼ばれることもある）の段階でアセスメントが行われ，複数の事業の累積的効果についても評価が行われる．

日本でも戦略アセスのための国家的制度が急速に整えられつつある．諸外国の戦略アセス制度の整備状況を参考にすれば，① 複数の事業等を総合する地域全体の開発計画（例：総合開発計画，圏域計画等）や，② 事業そのものを決定するものではないが，事業量の総枠を規定する計画（例：各種五箇年計画等），③ 個々の事業に直接結びつくものではないが，事業の内容を拘束する政策・計画（例：土地利用計画，資源の有効な利用の促進に関する基本方針），④ 個々の事業についての構想や基本計画（例：高速道路の基本計画）などを戦略アセスの対象とすることが考えられる（環境庁戦略的環境アセスメント総合研究会，2000）．

14.1.2 アセスメントの流れ

環境アセスメントの流れを，1997 年 6 月に制定，1999 年 6 月に施行された環境影響評価法を例に説明する．環境影響評価法のもとでの環境アセスメントの手続きは，スクリーニング，スコーピング，アセスの実施，評価書類の作成，審査，フォローアップという流れが基本となる（図 14.1）．環境影響評価法は，事業者が広範な人々から意見を聴取して事業者自らが評価を行い，国は事業者の評価を環境への配慮の観点から審査して事業の許認可をするという手続法として法制化されてい

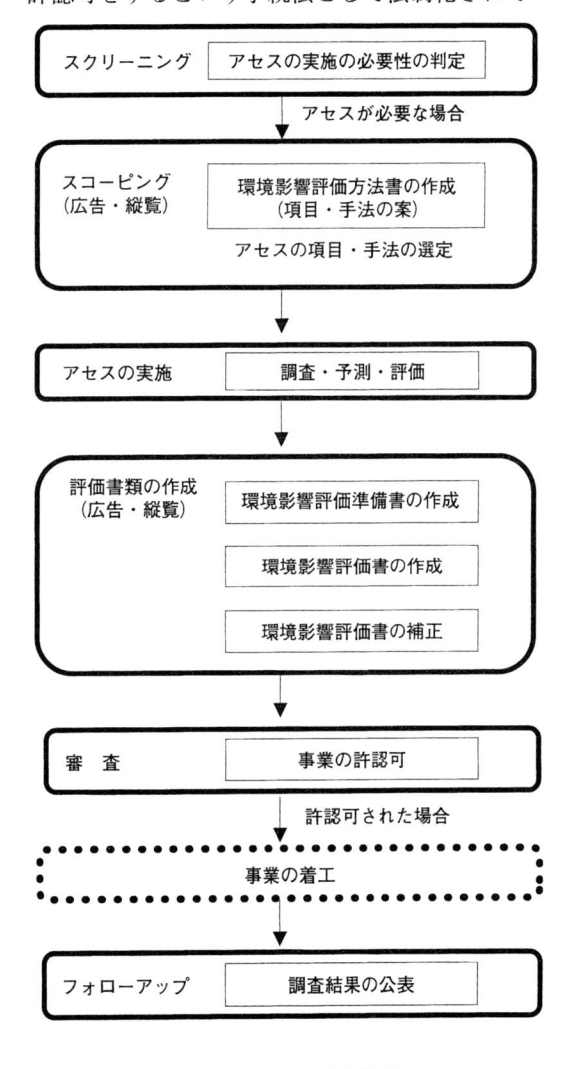

図 14.1 アセスの基本的な流れ

る（森島，1997）．

a．スクリーニング

アセスが必要であるかどうかを判断し，アセスの対象とする事業を選別する過程のことをスクリーニングと呼ぶ．環境影響評価法でアセスの対象となる事業は，道路，ダム，鉄道，空港，発電所など13種類で，一定規模以上の開発をともなう，国の関与する事業である（表14.2）．国の関与する事業には，免許，特許，許可，認可，承認または届出が実施に際し必要な事業，国の補助金の交付の対象となる事業，特別の法律により設立され国が出資している法人が行う事業が含まれる．

このうち規模の大きい事業は環境に重大な影響を及ぼすおそれがあることから「第1種事業」として定められ，アセスが必ず行われる．また，これに準ずる規模の事業は「第2種事業」として定められ，アセスを行うかどうかは事業の内容や周囲の自然的社会的環境等を考慮して個別に判断される．これらの判断基準は環境影響評価法に基づく「基本的事項」や事業種ごとに主務省令において定められている．

なお，環境影響評価法の対象とならない事業であっても，地方自治体の定める環境影響評価条例によりアセスメントの対象となる場合がある．

b．スコーピング

スコーピングとはアセスの項目と手法を選定する過程のことである．環境影響評価法では事業者が，対象事業や周囲の環境の概要とともに，アセスの項目と，調査，予測，評価の手法が記載された「環境影響評価方法書」（方法書）を作成する．

表 14.2　環境影響評価法におけるアセス対象事業

事業の種類	第1種事業	第2種事業
1 道路		
高速自動車国道	すべて	—
首都高速道路等	4車線以上のものすべて	—
一般国道	4車線以上・10 km 以上	4車線以上・7.5～10 km
緑資源幹線林道	幅員6.5 m 以上・20 km 以上	幅員6.5 m 以上・15～20 km
2 河川		
ダム，堰	湛水面積100 ha 以上	75～100 ha
湖沼開発，放水路	改変面積100 ha 以上	75～100 ha
3 鉄道		
新幹線鉄道	すべて	—
普通鉄道，軌道	10 km 以上	7.5～10 km
4 飛行場	滑走路長2500 m 以上	1875～2500 m
5 発電所		
水力発電所	出力3万 kW 以上	2.25万～3万 kW
火力発電所	出力15万 kW 以上	11.25万～15万 kW
地熱発電所	出力1万 kW 以上	0.75万～1万 kW
原子力発電所	すべて	
6 廃棄物最終処分場	30 ha 以上	25～30 ha
7 公有水面埋立及び干拓	50 ha 超	40～50 ha
8 土地区画整理事業	100 ha 以上	75～100 ha
9 新住宅市街地開発事業	100 ha 以上	75～100 ha
10 工業団地造成事業	100 ha 以上	75～100 ha
11 新都市基盤整備事業	100 ha 以上	75～100 ha
12 流通業務団地造成事業	100 ha 以上	75～100 ha
13 宅地の造成事業	100 ha 以上	75～100 ha

港湾計画は，港湾環境アセスメントの対象となる．

事業者は方法書を公告，縦覧し，都道府県知事，市町村長，住民等の意見を聴き，これらの意見や事業や地域の特性を踏まえてアセスの項目と手法を選定する．環境影響評価法において住民等に地域的な限定はなく，環境の保全上の意見であれば誰でも意見を提出することができる．

環境影響評価法では「基本的事項」において表14.3のような項目を評価することが基本的指針として定められている．必要に応じてこれら以外の項目についてもアセスの対象とする場合がある．

次節以降に，環境影響評価法により新たに評価項目として設けられた「生態系」と，景観法の施行により関心の高まっている「景観」のアセスメントについて解説を行う．

c．評価書類の作成

事業者は方法書に記載した方法に従って，調査，予測，評価を行い，評価書類を作成する．環境影響評価法では「環境影響評価準備書」（準備書）と「環境影響評価書」（評価書）の2種類の評価書類が順に作成される．

準備書は事業者により作成され，方法書の内容，方法書に対して寄せられた意見と事業者の見解，アセスの項目と調査，予測，評価の手法を整理したもののほか，複数案などの検討経過を含む環境保全のための措置，事業着手後の調査，環境影響の総合的な評価などが記載される．事業者は準備書を公告，縦覧して都道府県知事，市町村長，住民等の意見を収集する．

さらに，事業者は準備書への意見をもとに必要に応じて準備書の内容を修正し，評価書を作成する．評価書について環境省大臣は必要に応じて許認可等を行う行政機関に対して意見を述べ，許認可等を行う行政機関はその意見をふまえて事業者に意見を述べる．事業者はこれらの意見をふまえて評価書を修正し，最終的な評価書を公告，縦覧する．

d．審査

最終的な評価書をもとに許認可等を行う行政機関は，実施されようとする事業計画案において環境保全に適正に配慮されているかどうかの審査を行う．環境保全への配慮が不十分である場合には，許認可や補助金の交付は行われない．

e．フォローアップ

フォローアップとは事後調査の段階である．工事中および供用後の状態をモニタリングし，必要に応じて環境保全の措置をとることにより，アセスの成果をより有意義なものに変える．環境影響評価法では，予測の不確実性が大きい場合や，効果に関する知見が不十分な環境保全措置を講ずる場合等に，環境保全措置の1つとして事後調査を検討する．準備書および評価書に，事後調査の項目と手法，公表の方法，調査結果から環境への影響が著しいことが明らかとなった場合の対応の方針等を整理し，記載することになっている．

なお，フォローアップ自体は環境影響評価法の手続きの外であるが，多くの地方公共団体が条例等に事後調査報告書の提出や必要な措置の勧告等

表14.3　アセスの対象項目の例

環境の自然的構成要素の良好な状態の保持	大気環境	大気質
		騒音
		振動
		悪臭
		その他
	水環境	水質
		底質
		地下水
		その他
	土壌環境・その他の環境	地形・地質
		地盤
		土壌
		その他
生物の多様性の確保および自然環境の体系的保全		植物
		動物
		生態系
人と自然との豊かな触れ合い		景観
		触れ合い活動の場
環境への負荷		廃棄物等
		温室効果ガス等

の規定を設けている．

14.2 生態系アセスメントの要点

14.2.1 評価手法

評価を行う場合は，何を評価の対象とするかによって結果が大きく異なってくる．環境省は生態系を指標する種を，①上位性，②典型性，③特殊性，の3つの観点から選定することを提案している．上位性は，生態系の栄養段階の上位に位置する種を示す．このような種には，哺乳類では食肉類のヒグマやキツネ，鳥類では猛禽類のイヌワシ，オオタカ，フクロウ，爬虫類ではヘビ類のアオダイショウ，ヤマカガシ等がある．また，典型性は，現存量や占有面積が大きく生態系において重要な機能を果たしている種や，多様性や遷移の状態を特徴づける種を示す．コナラ林のコナラやススキ草原のススキ，里地落葉広葉樹林を特徴づけるヤマガラ，水田や森林からなる里山を特徴づけるヤマアカガエル等がその例である．特殊性は，小規模な湿地，洞窟，噴気口の周辺，石灰岩地域などの特殊な環境や，周囲にあまり見られない環境に生息する種を示す．湿地のサギソウ，モウセンゴケ，蛇紋岩地のヒダカトリカブト，ナンブイヌナズナ等が例として挙げられる．生態系の栄養段階の上位に位置する猛禽類など，いわゆるアンブレラ種を保全することは，栄養段階の下位に位置する種の保全を必ずしも保証するわけではない．しかし，以上の3つの観点が種の選定に関してある程度有効であることは間違いない．

一般的な生態系の評価手法の1つに，評価対象種に必要なハビタット（生息環境）をモデル化して評価する方法がある．その1つがアメリカで開発されたHEP（habitat evaluation procedures）である．HEPは開発事業が野生生物へ与える影響やミティゲーション（保全措置）の効果を定量的に評価するための手法である．HEPの基本概念は，選定された評価対象種にとってのハビタットの価値を，ハビタットの質と量，および時間によって定量化するというものである．まずハビタットの質と量を表すHU（habitat units）が次式により計算される．

HU = ハビタットの量 × ハビタットの質

ハビタットの量はふつう面積によって表される．また，ハビタットの質は0（生息環境として不適当）から1（生息環境として最適）の数値をとるHSI（habitat suitability index）という指標によって表現される．なお，HSIは次式により表される．

$$\text{HSI} = \frac{\text{調査地のハビタットの価値}}{\text{最適なハビタットの価値}}$$

HSIは個体数密度や繁殖可能なつがいの密度といったある種の生息状況を指標する数値において，調査地のハビタットが最適なハビタットと比較して相対的にどれくらいの価値をもつのかを表す数値となる．具体的には，例えばある鳥について，1 haの森林で最大で10つがいが生息できることがわかっているとする．調査地の森林では1 haあたり4つがいが生息していたとすると，調査地の森林のHSIは0.4であると定義される．HSIを算出するモデルには，条件の定性的な記述からなるワードモデルの他，生産力や個体数等の観測値から算出される指標モデル，生息環境別の面積や資源の量等から求められる生息環境モデル等がある．

最終的にHEPでは通時的な評価を行うために，時間軸に沿ってHUを積分して（図14.2の斜線部分の面積を求めて），THU（total habitat units）を算出し，調査地の生息環境としての価値を予測する．この予測のための期間としてはおおよそ50年から100年という期間がとられることが多

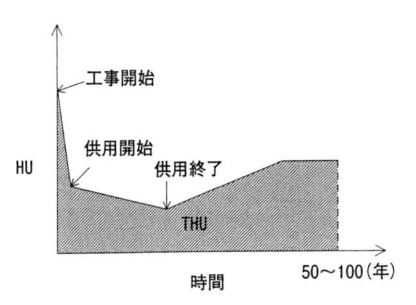

図 14.2 HEP における THU の算出例

い．THU は用意されたシナリオごとに算出され，シナリオの比較，検討に用いられる．アメリカにおいて HEP は 200 以上のモデルが作成され，沿岸域，海浜から，河川，池沼，草原，森林に至るまでさまざまな生態系への影響を定量的に評価するのに使われている．

このほか，注目種に関するデータが十分に集まっている場合には，個体群存続可能性分析（PVA）から求められる絶滅リスクにより生態系への影響の評価を行うことも可能であろう．

以上に紹介した特定の種を選定して評価する方法においては，種の選定方法が合理的でなければ，偏った結果となる可能性がある．また，対象種に関する情報が不十分な場合は評価のためのモデルを構築することが難しいし，対象種の保全は必ずしも他の多くの種の保全を保証するものではない．そこで，特定の種を選定する評価手法を補完する方法として，景観生態学的な生物種群に着目したアセスメントも試みられている．例えば，今西・森本（2002）はアメリカ合衆国モンタナ州における高速道路建設の初期計画段階において，各計画路線のハビタットへの影響を，ジェネラリスト，林内種，林縁種，草原種，水系種の各生物種群について評価を行った．これらの生物種群の結果を統合する過程では，利用可能なハビタットの面積的な稀少性から，各種群の重みづけをハビタット依存度指数（habitat dependency index, HDI）によって行う方法を提案している．

この他，湿地の生態系の評価に特化した手法の1つとして，米国陸軍工兵隊によって提案されたHGM アプローチ（hydrogeomorphic approach）がある．HGM では水文地形学的な観点から湿地の大分類が行われ，さらに，地域の気候や地質条件，水の供給様式，傾斜，氾濫原および流域の位置と大きさ，塩分濃度，景観構成要素などの条件により，同一の機能をもつと考えられるサブクラスに湿地が細分される（矢部ら，2002）．そして，各サブクラスについて，人為の影響をできる限り受けていない湿地や，季節的あるいは地理的相違の影響を評価するのに参考となる湿地を含めた調査対象範囲が設定され，評価チームの専門家によって選定される湿地の機能について調査が行われる（Smith *et al.*, 1995）．このように HGM の特徴は，① 無機的な環境に着目し湿地の機能により評価を行う点，② 湿地の分類体系の中で対象湿地を位置づける点，③ 他の参考となる湿地と比較して評価を行う点等にある．

また，戦略アセスで扱われる計画レベルでの生態系アセスメントとしては，アメリカで広く行われている GAP 分析が挙げられる．GAP 分析は，絶滅が危惧される状態となってから保全対策が進められることが多かった従来の政策を一歩進めた考え方で，普通種が普通種のままであり続けられることを目標とした分析手法である．GAP 分析では普通種を含む多くの種（主に脊椎動物と植物）を選定して潜在的分布域を予測し，現在の自然保護区域や開発規制区域等の設定が，これらの種の保全に対して有効に機能しているか，保全政策に抜け穴（ギャップ）がないかが検討される．

14.2.2 代替案の検討

環境アセスメントでは実行可能な複数の代替案の評価が行われる．各案のメリットとデメリットは比較され，総合的に考えて，最終的にどのシナリオを選択するかが決定される．環境影響評価法においては環境への悪影響が最も少ない案を選択

する義務は事業者に課されていない．しかし，基本的事項には，対象事業の実施により選定項目にかかわる環境要素に及ぶおそれのある影響が回避され，または低減されているものであるか否かについて評価されるものとすることとの規定があり，環境への重大な影響を避ける仕組みとなっている．

生態系のアセスメントは様々な要因が複雑に絡み合っているため予測の不確実性（uncertainty）は一般的に高いといわれている．各シナリオの予測評価を行うときには，感度分析（sensitivity analysis）等により予測の確からしさがどの程度あるのかを検討する必要がある．感度分析では，予測の前提条件を変化させることにより，結果がどの程度変化するかが分析される．

また，生態系は一度破壊されると復元することが難しいという不可逆的な性質をもつ．深刻な影響があることや不可逆的な事象が起こりえることが想定される場合は，予防原理（precautionary principle）に基づき，リスクの少ないシナリオの選択を行う．

「事業なし（no action）」のシナリオは，通常，生態系への影響を評価する際の基準（baseline）として用いられ，比較衡量される複数のシナリオの中に含められることが多い．しかし，「事業なし」は評価基準として不適切な場合があることに注意する必要がある．なぜなら，里山の自然のように人為的介入が必要な自然の場合，事業を行わないことは現状を維持するどころか，生態系を劣化させる可能性があるからである．

14.2.3　ミティゲーションの検討

各シナリオではさまざまな緩和措置（ミティゲーション，mitigation）が図られる．代替案の選択において優先されるべきミティゲーションの順序（mitigation sequence）には原則があり，ミティゲーションの手法は以下に示す順序で考慮するのがよいとされる．① 回避（avoidance）：事業をしないことで影響を避ける．② 最小化（minimization）：事業の規模や程度を制限して影響を最小化する．③ 修正・修復（rectification）：影響を受ける環境を修復，回復，復元して影響を矯正する．④ 軽減（reduction or elimination）：保護や管理により影響を軽減する．⑤ 代償（compensation）：代替資源や環境を提供して影響の代償措置を行う．なお，代償ミティゲーションには事業区域内で代償措置を行うオンサイト・ミティゲーション（on-site mitigation）と事業区域外で行うオフサイト・ミティゲーション（off-site mitigation）の2種類があり，できる限りオンサイトで代償措置を行うことが望ましいとされている．

ノーネットロス（no net loss）の原則は，開発で自然が失われたとしても，別の場所で同等以上の量，機能，価値をもつ自然を復元・創出することにより，地域全体として自然の消失を差し引きでゼロにする（あるいは差し引きで自然を増やす）という考え方のことである．これはミティゲーションの基本的な理念である．アメリカ合衆国では湿地のノーネットロス政策がとられており，ミティゲーションの優先順位の徹底，復元事業の支援の他に，ミティゲーション・バンキングの利用が進められている．

湿地のミティゲーション・バンキングは，バンクが代償となる湿地を別の場所に復元，創造あるいは改良して管理を行い，湿地を債券化しておくことにより，オフサイトでの代償が避けられない場合に失われる湿地の価値以上の債券を事業者が購入して必要な環境保全措置とする制度である．アメリカでは民間企業を含む約100の湿地のミティゲーション・バンクがあり，バンキング制度が体系的に整えられつつある．バンキングのメリットには，① 開発の力（資金）を使って保全できること，② 大面積の湿地を戦略的に確保することにより，オンサイト・ミティゲーションよ

りも生態学的に効果的な保全を行えること，③ 集約的な管理により経済的費用を抑えることができること，④ 債券化されている湿地はすでに機能することが約束されており，不確実性を減らすことができること，⑤ 専門的な技術の蓄積に役立つこと等が挙げられている．一方，バンキングの問題点としては，① オフサイトに用意される湿地は開発によって失われる湿地の代償とはなりえない面があること，② 湿地の復元，創造あるいは改良に関する技術が未熟であり，リスクが高いこと，③ 債券を購入するだけでミティゲーションを行えることになり，運用次第では結果的に開発が促進される可能性があること，④ 民間バンクでは経済的利益が追求されがちであるという懸念，等が挙げられている．以上のように，さまざまな問題点が指摘されているものの，本質的なメリットも多く，日本でも自然環境の保全のための手段のひとつとしてバンキング制度の検討が進められているところである．

戦略的環境アセスメントでは比較的広域のスケールで環境保全措置を検討する必要がある．現在は事業対象区域内において保全措置をとることのみが検討されれば十分であるが，今後は戦略的ミティゲーションとして，オフサイト・ミティゲーションを含めた検討が必要となるであろう．

14.2.4 フォローアップのデザイン

生態系に関する予測は一般に不確実性が高いので，順応的管理（adaptive management）と呼ばれるフォローアップの手法が採用される（図14.3）．順応的管理は，管理を実践した結果から学び，管理の方法を継続的に改良するためのシステムのことである．効果的な順応的管理を行うためには，あるプログラムに従った管理を行った場合に生態系がどのように推移するかを仮説を立て予測し，定められた期間の後，仮説が正しかったかどうかを検証できるような仮説検証型のモニタリング計画を立てる．

このような順応的管理の仕組みを実現するためには，実際に事業区域内に MBARCI デザイン（Chapman and Underwood, 2000）か，それに準ずる仮説検証用の区域を設置しておくことが重要である．MBARCI デザインでは環境保全措置を実施する区域の他に，保全措置実施区とほぼ同条件であるが保全措置を行わない対照区（control sites）と自然のよい状態で保存されている近くの参照区（reference sites）を複数箇所（multiple）繰り返して設定し，これらの状態を事前（before-intervention）および事後（after-intervention）に渡ってモニタリングを行う（Lake, 2001）．同じ条件の区域の複数の繰り返しは，自然の変動や測定の誤差等を統計的に処理し，信頼性の高い評価を行うために利用される．

しかし，都市近郊等の開発がすでに進んでいる地域では参照区を設定することが難しい．また事業計画地が狭隘な場合は対照区を設定できなかったり，複数の繰り返しをとれないこともあるであろう．このような場合は，MBARI や MBACI，BARI や BACI，BAI というデザインにならざるをえない．次善の策としては，当該地域の歴史的データや類似の事例等を参考にフォローアップを続けることとなる．

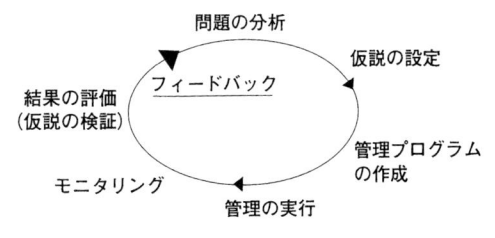

図 14.3 順応的管理の流れ

14.3 景観アセスメントの要点

14.3.1 評価基準の設定

環境影響評価法において景観は、人と自然との豊かな触れ合いの確保を目的とした環境要素として位置づけられている。しかし、このような位置づけは景観の評価基準を明確に示しているものではない。例えば、人工物を自然の中に設置するという単純な課題を考えたとしても、人工物をできるだけ目立たないようにするのがよいのか、人工と自然を対比させた美しさを追求するのがよいのかは、事業の内容や地域の特性によって変わってくることは容易に想像できるであろう。一般に景観の評価基準を一律に決めることは困難であるので、アセスにおいてはスコーピングの段階で事業の内容と地域の特性を整理し、景観整備の方針を策定し、どのような観点で景観の評価を行うのかを明確にしておくことが重要である。

一般的に重要であると考えられる景観評価のための評価軸としては、景観の固有性、象徴性、文化性、歴史性、親近感など地域に固有の価値のほか、景観の審美性や眺望、力量感、調和感、統一感、自然性など比較的普遍的な価値が挙げられる。

14.3.2 視覚的な予測の手法

視覚的に景観を予測するための手法としては、透視図、フォトモンタージュ、模型、3次元コンピュータ・グラフィックス（CG）が代表的である（表14.4）。近年は特にコンピュータを援用したフォトモンタージュや3次元モデルからのCG作成、バーチャル・リアリティ（VR）が活用されることが多くなっている。フォトモンタージュでは現況の写真が利用されるが、経験的に35mmフィルムのカメラで焦点距離35mmか28mmのレンズによって撮影した場合が、景観を一望する場合に意識される視野に近いとされている。VRは人工的に現実感を作り出す技術のことであり、景観予測の分野でもVRの利用についての研究が進められている。インターネット上で3次元CGを表現するための言語であるVRML（Virtual Reality Modeling Language）を用いれば、インターネットを使って、仮想空間内を自由に移動し予測景観をインタラクティブに体験することも可能である。

14.3.3 評価の手法

評価にあたっては事業区域内の景観資源に改変が加えられる場合（景観資源の改変）と、事業区域内外からの眺望に影響がある場合（眺望景観への影響）の2種類を区別して考えるとわかりやすい。塩田ら（1967）はこれとほぼ対応する概念として、前者を囲繞景観、後者を眺望景観として定義している。

景観の範囲の目安としては、近景、中景、遠景の概念を用いることができる。篠原（1982）によれば景観における視距離は、樹木を単木として認識する340～460mまでの近景域、樹木のテクスチャを認識する2.1～2.8kmまでの中景域、それよりも遠く地形を認識する遠景域として分割することができる（図14.4）。遠景域の限界距離としては気象台で観測されている視程を参考に設定することができる。

評価対象を抽出するためには、景観資源となりうる対象や重要な眺望景観、利用状況等を、現地踏査や文献、アンケート、ヒアリング等により調査する。対象の視覚的な変化について評価する手法としては、予測画像を住民に提示しヒアリングを行う方法のほか、不特定多数にアンケートを採る方法、景観画像の特徴を視覚景観指標により分析する方法等が総合的に活用される。

景観の特徴を客観的に表現する際に用いられる視覚景観指標の例を表14.5に挙げ、以下に解説

14.3 景観アセスメントの要点

表 14.4 景観予測手法の概要と特徴

	概要	特徴
透視図	視点とアングルを定め，平面図等の資料をもとに透視図（パース）を描く．	自由な表現が可能であり，デザインの意図を積極的に伝えることに適する．客観的な景観の評価に用いるには工夫が必要である．
フォトモンタージュ	現況写真をもとに修正を加え，景観の変化を予測する．コンピュータ上で作成することも可能．	現実に即した予測景観を比較的容易に作成することが可能であり，景観評価によく用いられる．現況写真をもとにするため，現況の視界が不良な地点等での採用は難しい．
模型	目的にあわせてスケールを設定し，予想模型を作成する．文書化のためには，主要な視点から写真を撮影する．カメラを置けない視点からの撮影には，ファイバースコープが用いられる．	3次元により表現され，一度に広範囲を眺めることができる．あらゆる視点からの景観を体感的に理解することができ，予測景観の理解が容易である．大型模型の場合は運搬や保管上の問題を伴う．
3次元コンピュータ・グラフィックス（CG）	コンピュータ内に3次元モデルを作成し，視点とアングルを定めて透視図を描く．即時に作図することにより，あたかも実際の3次元空間を移動しているような体験をさせることも可能である．	視点やアングル，対象物，環境光などの設定を変更して，透視図を作成することが可能である．ルートを設定して歩行や飛行時に見える景観をアニメーションにより確認することや，仮想3次元空間をインタラクティブに移動することができ，予測景観の理解が促進される．パソコンの高性能化により，コスト面においても導入が容易になった．実際の事業でも利用されることが多くなっている．

表 14.5 予測景観画像の分析に用いられる視覚景観指標の例

評価される景観の性質	景観指標	概要
自然性	緑視率	画像内に緑が占める割合
眺望性	視野角	眺望景観の見込角
主題性	対象の見込角	ラジアンを単位とする場合は，（対象の水平・垂直方向の大きさ）÷（対象までの距離）
力量性	見えの面積	対象の画像上の面積
	視距離	視点から対象までの距離
	仰角	対象物の上端と視点を結ぶ線と水平線のなす角
	高さ／視距離	（対象の高さ）÷（対象までの距離）＝（対象の垂直見込角）
調和性	背景との色彩対比	明度（輝度）や彩度，色相
	スカイラインの切断の有無	山稜が空を背景として描く輪郭線を対象が切断するか否か
	シルエット率	（山稜から突出する対象部位の垂直見込角）÷（対象の垂直見込角）
	スケール比	（対象の垂直見込角）÷（眺望の背景となる山稜の垂直見込角）

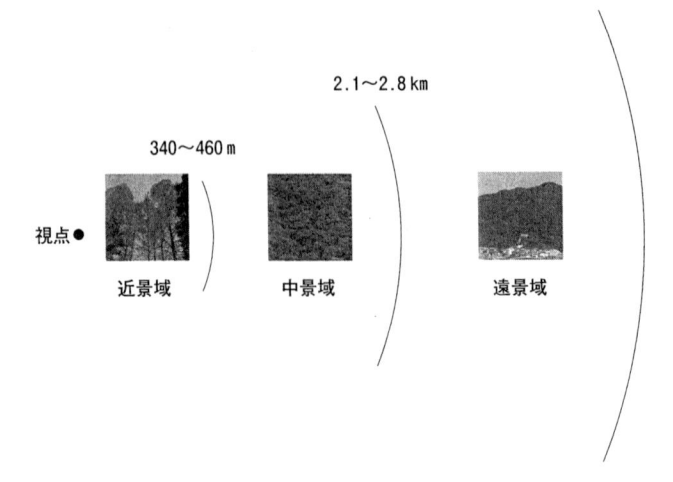

図14.4 近景,中景および遠景の概念

を加える.「緑視率」は画像内の緑の割合であり,一般に緑視率が高いほど景観にたいする評価は好ましいものになる.「見込角」は対象の見えの大きさを角度で表した値であり,ラジアンを単位とする場合は表中の式により近似される.人間の視力で対象をはっきりと識別することができる限界の見込角は,条件にもよるがおおよそ 0.5～2°として設定されることが多いようである.力量感や圧迫感と関連のある「仰角」は簡便な指標として使われることが多いが,仰角よりも「見えの面積」の方が景観の圧迫感を説明する指標としてふさわしいとの報告がある(篠原,1982).色彩に関しては,人工物が目立つか否かは「色相(いわゆる色)」よりも「明度(明るさ)」や「彩度(鮮やかさ)」の影響が大きい(篠原,1982).また,「スカイライン」を切断する人工物はシルエットとして現れるので景観への影響が大きい(図14.5).景観の調和性と関連のある「シルエット率」はスカイラインの切断の影響の程度を表す指標,「スケール比」は背景となる景観に対する人工物の見えの大きさの指標である(図14.6).自然風景地を通る送電鉄塔の研究例では,シルエット率 0.5 以上の場合に景観に大きな混乱が生じ,スケール比 0.5 以上で景観に混乱が生じ始めるとの結果が報告されている(熊谷・若谷,1982).また,送電鉄塔のように連続的に配置される人工物の場合は,注目の高い対象までの視軸を遮らないように配置すると景観への影響は緩和される.

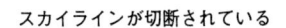

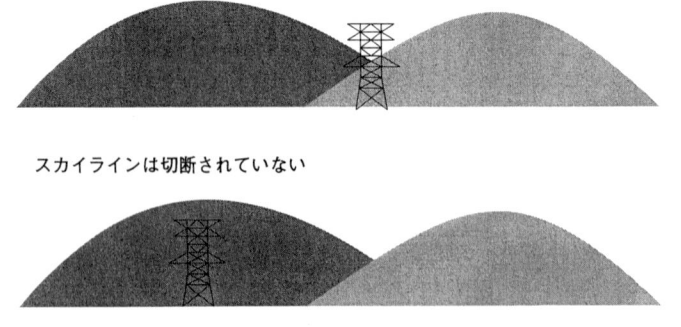

図14.5 スカイラインの切断の概念

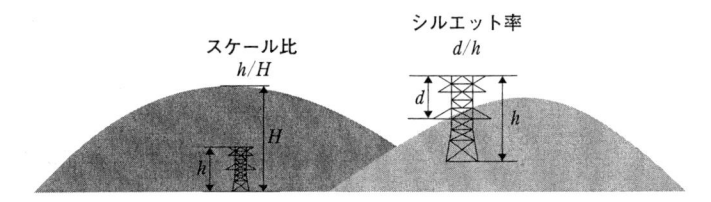

図 14.6 スケール比とシルエット率の定義

予測画像を用いて実験を行い，被験者の反応を統計的に解析する手法には，一対比較法や SD 法，共分散構造分析などがあり，客観性の高い評価が可能である．一対比較法は，画像のすべての組み合わせのペア（対）を被験者に提示し，各景観の好ましさの順位を統計的に決定する方法である．二者択一でどちらの景観が好ましいかを問うため，被験者の判断は容易で，順位付けの方法としての信頼性が高い．SD（semantic differential）法は，明るい−暗いなど景観を評価する形容詞対からなる尺度を 15〜30 対程度用意し，被験者による 5 段階あるいは 7 段階の評価結果を因子分析によって分析し，各景観の特徴を明らかにする方法である．SD 法は景観の評価構造を分析するための手法であるので，景観の好ましさを問う総合評価的な設問は別に用意して分析する必要がある．共分散構造分析は比較的新しい分析手法で，因子と変数の関係を自由にモデル化し，モデルの妥当性を検証したり，因子や変数の関係の強さや方向などを分析することができる．また，モデルを示したパス図では景観の評価構造を視覚的に分析することができるという特徴をもつ．

14.4 アセスメントに不可欠な分析ツール

14.4.1 地理情報システム（GIS）

a．GIS の定義

GIS（geographic information system）は，現実世界の空間データを収集，格納，検索，加工，表示するための強力なツールのセットのことである（Burrough and McDonnell, 1986）．従来の紙地図による保管庫との大きな違いは，デジタル化したデータを収集，格納し，自由に検索，表示できるだけでなく，分析機能をあわせもつ点である．Ian McHarg が『Design With Nature』で紹介したような適地抽出のためのオーバーレイ分析も，GIS が得意な分析の 1 つである．

b．GIS の概要

ここでは専門用語に解説を加えながら，GIS の概要を説明する．GIS はデータの保存形式によりベクター（vector）型とラスター（raster）型に大別される（図 14.7）．ベクター型では空間データの形状は座標 (x, y) によって定義される．ポリゴン，ライン，ポイントはベクター型の GIS データの基本構成要素であり，それぞれ面，線，点データに対応する．フィーチャ（地物）は，すなわち地球上の物また生起する現象のことで，道路や家屋，河川，台風，雲などはすべてフィーチャとして，ポリゴンやライン，ポイントデータとして表

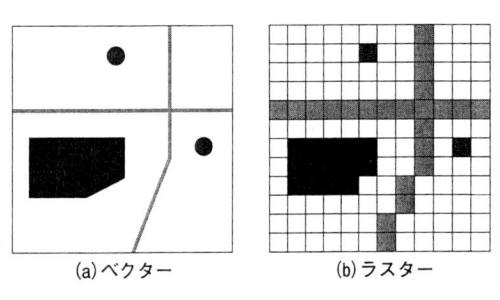

図 14.7 データ保存形式の違いを表した概念図
（a）ベクター　　（b）ラスター

すことができる．一方，ラスター型では空間データは，普通，デジタルカメラ画像のようにグリッド（格子）状に並んだ四角形をしたセルにより表現される．

一般に，ベクターは境界のはっきりとした情報（例：行政界や分水嶺）を表現するのに適し，表現の精度は高く，データサイズは比較的小さい．一方，ラスターは徐々に値が変化するような情報（例：標高や汚染物質の濃度分布）を表現するのに適し，セルの大きさにより表現の精度が決まり，データサイズは比較的大きい．最近の GIS はベクターとラスターの両方の型のデータを扱えるようになっているが，両者の特徴を理解して利用することは重要である．

GIS の空間データに付与され，性質を表すデータは属性（attribute）と呼ばれる．面積，人口密度，土地被覆タイプ，地名などである．通常，空間データと属性データはセットで意味のある地図となる．GIS では 1 つの地図をレイヤー（layer）として取り扱い，複数の地図を重ねて分析するオーバーレイ（overlay）分析などが行われる．

空間データは座標系と楕円体，投影法を決定すれば，2 次元の地図上に表現することが可能である．座標系は地球の原点 O の位置と 3 つの座標軸 XYZ の方向を定義し，楕円体は地球の形を回転楕円体により近似する．座標系と楕円体には決まった組み合わせがあるので覚えておくとよい（表 14.6）．日本測地系-ベッセル楕円体は，日本で従来採用されていた組み合わせである．2002 年 4 月からは日本測地系 2000（世界測地系と呼ばれることもある）として ITRF94 系-GRS80 楕円体が採用されている．GPS（global positioning system）では WGS-84 座標系-WGS-84 楕円体が採用されている．「投影法」は平面上に射影するための手法であり，座標系と楕円体とは別に自由に選択することができる．円錐図法であるランベルト正角円錐図法や，円筒図法であるユニバーサル横メルカトル図法（UTM），日本独自で定義されている平面直角座標系などがある．

c. GIS による分析

GIS の最も基本的な分析方法に属性による検索がある．属性検索では，例えば面積が 100 ha 以上の森林を抽出したり，人口密度が 10 人/ha 未満の地域を特定して表示することなどが可能である．オーバーレイは複数の地図を重ねて分析する手法である．GIS が普及するまでは透明のフィルム等に描いた地図を重ねてオーバーレイ分析を行っていた．GIS でもレイヤーを半透明にして重ねて表示し視覚的に分析することは可能であるが，通常は複数のレイヤーにたいして属性検索や論理演算，算術演算を行う．この他の主要な機能には，ポイントデータの補間，バッファーの作成，ネットワーク解析などがある．

これらの分析機能を利用すれば，例えば，標高データから斜度や地形凹凸度（convexity）を求めて地形区分を行う．集水域を自動的に区分し各地点から上流にある集水面積を計算する．眺望点から視線が遮られずに見ることのできる可視領域を抽出する．3 次元景観シミュレーションを行うなど，アセスメントに必要な数々の分析を行うことができる．

元となる GIS データは，デジタイザやスキャナを用いて紙地図をデジタル化したり，GPS の座標情報を用いて入力する等して自分で作成することができる他，国や地方公共団体，民間企業等の作成した第 3 者データを利用することも可能である．また，次項に述べるリモートセンシングも GIS データを整備するための強力なツールである．

表 14.6 日本でよく使われる座標系と楕円体の組み合わせ

座標系	楕円体
日本測地系	ベッセル楕円体
ITRF 94 系	GRS 80 楕円体
WGS-84 座標系	WGS-84 楕円体

14.4.2 リモートセンシング

a. リモートセンシングの定義

リモートセンシング（remote sensing）は広義の意味では「接触することなしに物体の物理的データを取得すること（Lintz and Simonett, 1976）」と定義することができる．しかし，リモートセンシングといえば，航空機や人工衛星から地球表面を観測するという狭義の意味で使われることも多い．本章では後者の意味でリモートセンシングという語を用いることとする．

b. リモートセンシングの概要

ここでは専門用語に解説を加えながら，リモートセンシングの概要を説明する．リモートセンシングでは，電磁波を解析することにより，遠く離れた地球表面の情報を取得する．電磁波は波長（図14.8）により異なる性質をもつため，いくつかに区分されている（図14.9）．私たちの目にみえる，いわゆる光，可視光線はおおよそ400〜750 nmの波長の電磁波で，波長が短い方から順に紫，青，緑，黄，橙，赤色に見える光である．リモートセンシングでは可視光線の他に，近赤外（波長750 nm〜1.0μm），中間赤外（波長1.0〜2.5 μm），熱赤外（遠赤外）（波長8.0〜14.0μm）やマイクロ波（波長1 cm〜30 cm）の領域の電磁波がよく利用される．

リモートセンシングのためのセンサは，受動センサ（passive sensor）と能動センサ（active sensor）に大別することができる．受動センサは太陽光を受けて地表で反射された電磁波を計測する．通常，可視光線から熱赤外までの電磁波を扱う光学リモートセンシングでは受動センサを用い，各波長における反射の強度を反射スペクトルとして計測する（図14.10）．実際には，ある波長範囲に反応する複数のバンド（波長帯）がセンサに設定されており，これらのセンサによって反射スペクトルが計測される．バンドの数が数個から10個程度のセンサはマルチスペクトルセンサ（multispectral sensor），数十〜200個以上にも及ぶセンサはハイパースペクトルセンサ（hyperspectral sensor）と呼ばれる．ハイパースペクトルセンサではほぼ連続的な反射スペクトルが計測されるため，微分（厳密には差分）したスペクト

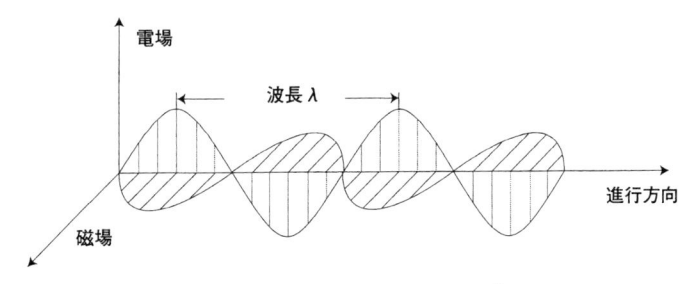

図14.8 電磁波の波長の定義

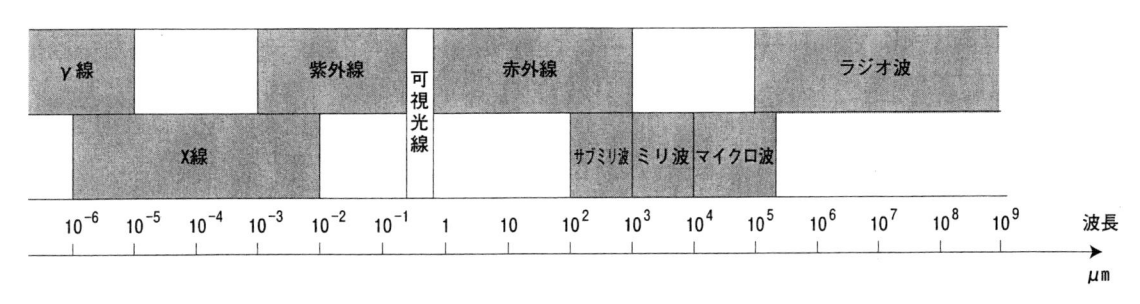

図14.9 電磁波の区分

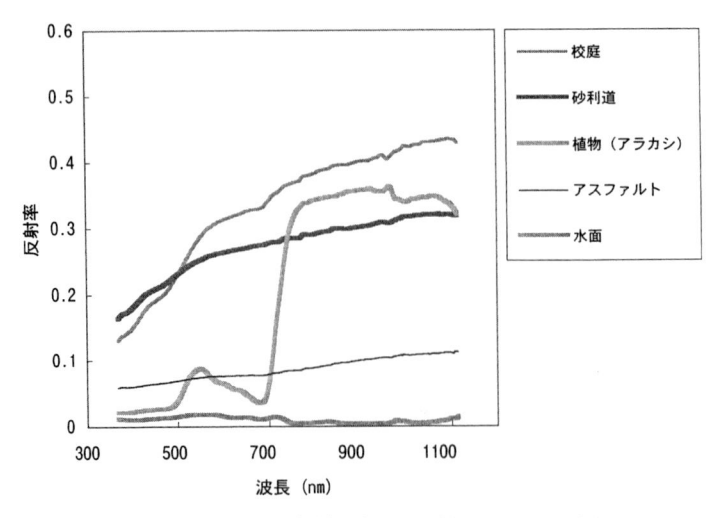

図14.10 各種地表面の反射スペクトルの例

ルを分析することにより新たな情報を得ることが可能である（例えばImanishi et al., 2004）．

一方，能動センサはセンサ自らが所定の電磁波を発射し，地表で反射された電磁波を計測する．大気や雲の影響をうけにくいマイクロ波を利用する合成開口レーダ（SAR）や，レーザ光を発射して主に対象物までの距離の計測を行うレーザスキャナは能動センサの一種である．

センサで記録された数値は輝度値（DN）と呼ばれる．輝度値は，例えば8 bitで記録するセンサであれば256階調の0～255, 11 bitのセンサであれば2048階調の0～2047の整数となる．輝度値はそのまま分析に用いられることもあるが，目的によってはセンサ校正時の変換式を用いて輝度値から分光放射輝度に変換したり，既知の基準面を用いて反射率に変換してから分析が行われる．

リモートセンシング画像をGISデータとして利用する場合は，画像の歪みを補正する幾何補正（geometric correction）を行い，画像に地理情報をもたせる必要がある．代表的な方法には，リモートセンシング画像上に，地図上の点との対応が確実な地上基準点（ground control point, GCP）を多数設定し，画像の座標を変換する方法がある．

光学リモートセンシングでは大気中の気体分子やエアロゾルの影響を受けやすい波長があるため，観測高度や分析対象によっては大気の影響を事前に補正しておく必要がある．これを大気補正（atmospheric correction）という．また，太陽光の反射の程度は，斜面の向きや傾斜度によって異なるため，地形の影響を補正する場合もある．これを地形補正（terrain correction）という．

c. リモートセンシングによる分析

各種地表面における反射スペクトルの例を図14.10に示す．植物の反射スペクトルは青と赤色光の反射率が低く，近赤外域の反射率が高いことが特徴である．また，可視光の中では緑色光の反射率が比較的高く，植物が緑色に見えることもわかる．校庭の砂のような無機質土壌は，可視光から近赤外にかけて直線的に反射率が増加することが特徴である．一方，水は可視光から近赤外までの電磁波をほとんど反射しない（鏡面反射は起こる）．このように各種地表面の反射スペクトルにはそれぞれ特徴があるため，反射スペクトル情報から土地被覆の分類を行うことが可能である．

植物の反射スペクトルは基本的に前述したような特徴をもつが，植物がストレスを受けている場合や，葉の密度が異なる場合には，図14.11のような反射スペクトルの違いとなって表される．こ

の反射スペクトルの変化を指標化したものが植生指数（vegetation index）である．例えば，現在でも最もよく利用されている正規化差分植生指数（normalized differential vegetation index, NDVI）は次式により表される．

$$NDVI = \frac{R_{NIR} - R_{RED}}{R_{NIR} + R_{RED}}$$

ただし，R_{NIR} は近赤外の反射率，R_{RED} は赤の反射率を表す．

NDVI は，活力度と葉の密度が高い植生では近赤外と赤の反射率の差が大きく，活力度と葉の密度が低い植生ではこれらの差が小さいことを利用した指数である．NDVI は−1 から 1 の範囲の数値をとり，葉の密度や活性度が高いほど 1 に近い値を示すように設計されている．NDVI の他にもさまざまな目的で多くの植生指数が提案されており（表 14.7），植生のバイオマスの推定や活性度の評価，植物と他の地表面の判別等に用いられている．

熱赤外バンドの画像からは地表面温度に関する情報を取得することができる．熱画像は都市スケールでのヒートアイランド現象の把握や，活火山の監視，地熱調査に活用されている．また，熱慣性を算出して土地被覆分類や地表面含水率の推定，植生活性度の評価等が試みられている．

光学リモートセンシングのための代表的なセンサを表 14.8 に挙げた．光学センサでは空間分解能と波長分解能の性能を高めることは一般に相反する要求である．高空間分解能の衛星センサには QuickBird や IKONOS 等があり，約数十 cm から数 m の地上解像度をもつ．航空機搭載のセンサでは数 cm の地上分解能をもつ画像も得られる．これらの高空間分解能のセンサを使えば建物や道路等の輪郭線の検出や小規模な緑被の抽出（図 14.12），樹木単位の植生活性度評価，家屋単位の被災状況地図の作成等が可能である．また，幾何補正を施して各種調査のベースマップとして使用される場合も多い．一方，高波長分解能のセンサには Hyperion や航空機搭載の CASI3 等があり，可視光から赤外域にかけて 200 以上のバンドを有する．高波長分解能のセンサは多数のカテゴリによる土地被覆分類や，樹種の判別，高度な樹木診断，農作物の作柄判定，鉱物資源の探索，水中の

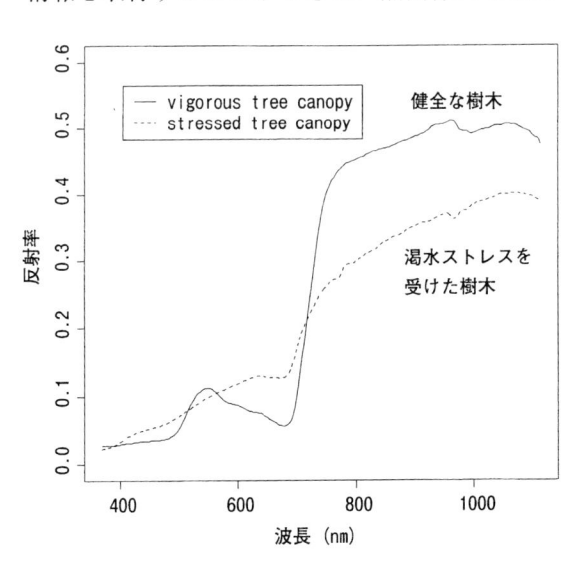

(a) ストレスにともなう樹冠反射スペクトルの典型的な変化の例

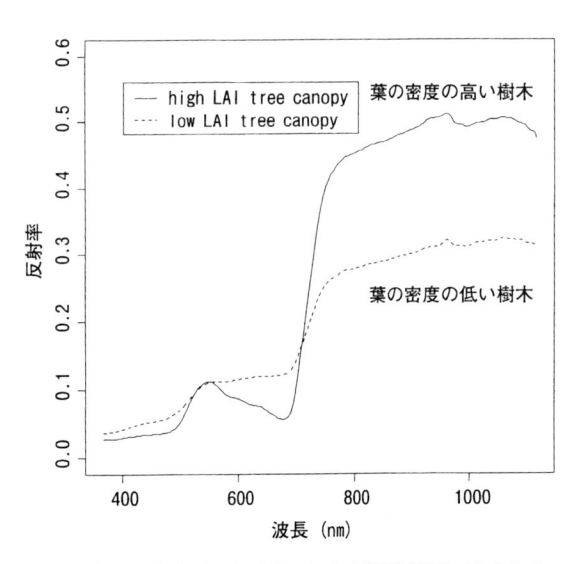

(b) 葉の密度（LAI）の違いによる樹冠反射スペクトルの典型的な変化の例

図 14.11 植物の反射スペクトルの変化

第14章 自然環境のアセスメント

表 14.7 植生指数の例

名称	省略形	式	参考文献
Ratio Vegetation Index	RVI	$RVI = \dfrac{R_{NIR}}{R_{RED}}$	Pearson and Miller (1972)
Difference Vegetation Index	DVI	$DVI = R_{NIR} - R_{RED}$	Jordan (1969)
Normalized Differential Vegetation Index（正規化差分植生指数）	NDVI	$NDVI = \dfrac{R_{NIR} - R_{RED}}{R_{NIR} + R_{RED}}$	Rouse (1974)
Atmospherically Resistant Vegetation Index	ARVI	$ARVI = \dfrac{R_{NIR} - (2 \cdot R_{RED} - R_{BLUE})}{R_{NIR} + (2 \cdot R_{RED} - R_{BLUE})}$	Kaufman and Tanré (1992)
Enhanced Vegetation Index	EVI	$EVI = \dfrac{G \times (R_{NIR} - R_{RED})}{L + R_{NIR} + C_1 \cdot R_{RED} - C_2 \cdot R_{BLUE}}$ $L = 1;\ G = 2.5;\ C_1 = 6;\ C_2 = 7.5$	Boegh et al. (2002), Justice et al. (1998)
Perpendicular Vegetation Index	PVI	$PVI = \dfrac{1}{\sqrt{a^2 + 1}} \times (R_{NIR} - a \cdot R_{RED} - b)$	Richardson and Wiegand (1977)
Soil Adjusted Vegetation Index	SAVI	$SAVI = \dfrac{R_{NIR} - R_{RED}}{R_{NIR} + R_{RED} + L} \times (1 + L)$ $L = 0.5$	Huete (1988)
Transformed Soil Adjusted Vegetation Index	TSAVI	$TSAVI = \dfrac{a \cdot (R_{NIR} - a \cdot R_{RED} - b)}{a \cdot R_{NIR} + R_{RED} - a \cdot b + X \cdot (1 + a^2)}$ $X = 0.08$	Baret et al. (1989), Baret and Guyot (1991)
Modified Soil Adjusted Vegetation Index	MSAVI2	$MSAVI2 = \dfrac{(2 \cdot R_{NIR} + 1) - \sqrt{(2 \cdot R_{NIR} + 1)^2 - 8 \cdot (R_{NIR} - R_{RED})}}{2}$	Qi et al. (1994)

R_{BLUE}：青（470 nm 付近）の反射率
R_{RED}：赤（670 nm 付近）の反射率
R_{NIR}：近赤外（800 nm 付近）の反射率
a：赤-近赤外空間におけるソイルラインの傾き
b：赤-近赤外空間におけるソイルラインの切片

ソイルライン（soil line）とは，横軸に赤の反射率を，縦軸に近赤外の反射率をとった赤-近赤外空間上の土壌の点群に対し，回帰した直線のことである．

表 14.8 光学リモートセンシングのための代表的な衛星搭載センサ

衛星名称	QuickBird	IKONOS	Landsat7	Terra	EO-1
センサ名称	−	−	ETM+	ASTER	Hyperion
タイプ	マルチスペクトル	マルチスペクトル	マルチスペクトル	マルチスペクトル	ハイパースペクトル
計測波長範囲	可視光，近赤外	可視光，近赤外	可視光，近赤外，中間赤外，熱赤外	可視光，近赤外，中間赤外，熱赤外	400-2400 nm
バンドの数	5	5	8	14	220
バンドの間隔（nm）	−	−	−	−	10
空間分解能（m）	直下点で 2.44（可視光，近赤外），0.61（パンクロ）	4（可視光，近赤外），1（パンクロ）	30（可視光，近赤外，中間赤外），60（熱赤外），15（パンクロ）	15（可視光，近赤外），30（中間赤外），90（熱赤外）	30
観測幅（km）	16.5	11	185	60	7.5

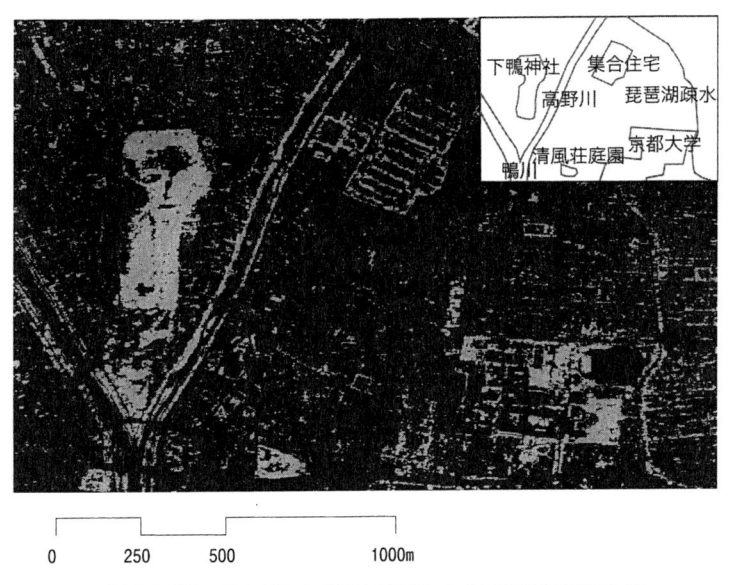

図 14.12　QuickBird 画像を利用した小規模緑被抽出の例

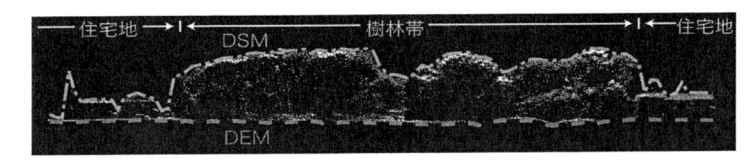

図 14.13　DSM と DEM の概念図

有機物量の推定等に有効である．

　航空レーザスキャナは飛行機やヘリコプタから地表の形状を計測することができる．航空レーザスキャナのデータは3次元位置情報をもつポイントデータが多数集まったものであり，標高モデル（digital elevation model, DEM）や表層モデル（digital surface model, DSM）を作成することが可能である（図14.13）．DEM は地形データとして利用でき，DEM と DSM からは構造物の高さや樹高を求めることができる．また，航空デジタル画像とあわせることにより，3次元 CG により景観を再現することも可能である．

参考文献

Burrough, P. A. and McDonnell, R. A.（1986）Principles of Geographical Information Systems，Oxford University Press.

Chapman M. G. and Underwood A. J.（2000）The need for a practical scientific protocol to measure successful restoration，*Wetlands（Australia）* **19**, 28-49.

今西純一・森本幸裕（2002）高速道路予定地選定の一般的指針としてのハビタット影響評価の試み，国際景観生態学会日本支部会報 **7**（2），41-49.

Imanishi, J., Sugimoto, K. and Morimoto, Y.（2004）Detecting drought status and LAI of two Quercus species canopies using derivative spectra，*Computers and Electronics in Agriculture* **43**（2），109-129.

環境庁戦略的環境アセスメント総合研究会（2000）戦略的環境アセスメント総合研究会報告書　2000 年 8 月．

熊谷洋一・若谷佳史（1982）自然風景地における垂直構造物の視覚的影響，造園雑誌 **45**（4），247-254.

Lake P. S.（2001）On the maturing of restoration: Linking ecological research and restoration，*Ecological Management and Restoration* **2**（2），110-115.

Lintz, J. and Simonett, D. S.（1976）*Remote Sensing of Environment*，Addison-Wesley Publishing Company.

森島昭夫（1997）環境影響評価法までの経緯（1），ジュリスト **1115**，25-30.

塩田敏志・小島通雅・前田　豪・布施六郎（1967）自然風景地計画のための景観解析　II，観光 **16**，63-69.

篠原　修（1982）新体系土木工学 59 土木景観計画，技報堂出版．

自然との触れ合い分野の環境影響評価技術検討会（2002）環境アセスメント技術ガイド　自然とのふれあい，財団法人自然環境研究センター．

Smith, R.D., Ammann, A., Bartoldus, C. and Brinson, M.M. (1995) *An approach for assessing wetland functions using hydrogeomorphic classification, reference wetlands, and functional indices*, Technical report WRP‐DE‐9. U. S. Army Engineer Waterways Experiment Station, Vicksburg, MS.

矢部　徹・野原精一・宇田川弘勝他（2002）干潟生態系のレストレーションに際しての生態系機能評価，ランドスケープ研究 **65**（4），286-289.

（財）日本生態系協会（2004）環境アセスメントはヘップ（HEP）でいきる，ぎょうせい．

索　引

欧　文

ARGOS システム　87
CASI3　205
GAP 分析　83, 195
GIS　201
HEP　194
HGM アプローチ　195
HSI　194
Hyperion　205
IKONOS　205
LAC　103
MBARCI デザイン　197
PFI　120, 137
POD　142
PPR 値　174
QuickBird　205
ROC 分析　86
San Francisco Beautiful　152
structural soil mix　145
VERP　103

あ　行

愛・地球博　61
アジェンダ 21　148
足利義満　14
アセス　82
アドリアーナ荘　25
アトリウム　25, 133
雁鴨池　22
荒磯　10
アルハンブラ　26
アンブレラ種　194

イギリス式庭園　29
石神遺跡　10
維持管理　164
移植　124
イタリア式庭園　27
逸出種　134
癒しの景観　64
院御所　13
インディペンデンス・モール　35

ヴィスタ　27
ウィルダネス　96
ウィルダネス法　100
ウィーン万博　51
上野公園　57
ヴェルサイユ宮園　28
浮き床構造　145

エクボ, G.　31, 39
エコシステム　149
エコシステムマネジメント　77, 96
エコツーリズム　104
エコトープ　81, 83, 168
エコトーン　6
エコリゾート赤目の森　150
エコロジカルネットワーク　87
エコロジカルプランニング　76, 83
エコロジーパーク　91
エコロジー緑化　129
エステ荘　28
エメラルド・ネックレス　7
遠景　198
園冶　6, 22

大型機械移植技術　125
大阪万博　59
大阪緑地計画　108
岡崎公園　57
小川治兵衛　57
屋上緑化　124, 132
小澤圭次郎　56
オーバーレイ分析　202
オープンガーデン　160
オルムステッド, F.L.　7, 49, 76

か　行

回遊式庭園　17
外来種　134
外来生物法　124
カイリー, D.　33
回廊　87
架空園　4
閣議アセス　190
ガス・ワークス・パーク　44

桂離宮　17
ガーデニング　148
華林園　19
枯山水　15
環境アセスメント　162, 190
環境意識　184
環境影響評価書　193
環境基本計画　93
環境基本法　93
環境計画　106
環境コリドー　98
環境ポテンシャル　167
環境問題　1
環境容量／環境収容力　102
感度分析　196

幾何補正　204
希少種　82
ギャップ分析　86
宮廷庭園　23
行政計画　106
京都和風迎賓館　146
曲池　10
曲水の宴　20
景福宮　23
ギルガメッシュ　3
禁苑　19, 21, 26
銀閣寺　144
近景　198
近代ランドスケープ・デザイン　31

空間スケール　5
空間的アプローチ　167
クシュストス　25
クラウストリウム　27
グラウンドワーク運動　153
クリスタル・パレス　48
グリーンツーリズム　155, 161
グリーンネット　152
グリーンベルト計画　119
宮南池　22

景域　2
景観基本法　179

索　引

景観生態学　3, 77
景観適性アプローチ　77
景観評価　198
景観法と景観計画　113
ケント, W.　29

公園緑地　108
航空レーザスキャナ　207
格子配列　31, 33
合成開口レーダ　204
皇帝庭園　19, 21, 26
後楽園　18
国土利用計画法　93
国立公園区域　121
国立公園法　100
国連ミレニアムアセスメント　1
小堀遠州　16, 18
コミュニティガーデン　156
コラージュ　37
コリドー　3
艮嶽　21
コンサベーション　95
コンドル, J.　51

さ　行

再生　44, 164
再生目標　168
埼玉ケヤキ広場　145
作庭記　12
笹葺きパートナーズ　186
サステイナブル　148
里地　177
里地里山保全再生モデル事業調査　185, 188
里山　104, 157, 177
里山ネットワーク世屋　186
砂漠化　3
砂防指定地　121
3次元ヴォリューム　35
山腹工　126

視覚景観指標　198
シカゴ万博　50, 54
シカゴ美術館南庭　35
事業アセス　190
シギリヤ　23
試験施工　168
刺繍花壇　28
施設整備水準　102
自然環境のグランドデザイン　163
自然環境保全指針　89
自然環境保全法　93, 100
自然公園　93

自然公園法　93, 179
自然再生　124, 162
自然再生事業　162, 166, 180
自然再生推進法　5, 124, 177, 179, 180
自然主義風景式庭園　18
自然地域　93
自然地域計画　94
室内緑化　133
シノワズリー　30
市民参画　154, 157
ジャクソン公園　50
シャン・ド・マルス　53
修学院離宮庭園　6
自由な矩形性　37
重複管理制　105
樹林化技術　126
馴化　133
順応的管理　81, 99
上位性　194
瀟湘八景　2
定禅寺通り　119
浄土庭園　14
上陽宮　20
植生管理工　125
植生指数　205
植生自然度　162
植生自然度図　162
植生(導入)工　125
シルエット率　200
人工浮島　128
人工土壌　125, 132
新・生物多様性国家戦略　104, 178
神泉苑　11
神仙思想　23
寝殿造庭園　12
侵入種　134
森林セラピー　68, 69
森林セラピー基地　70, 72, 73
森林法　93, 99
森林浴　69

推移帯　6
水濠　9
スカイライン　200
スクリーニング　192
スコーピング　192
鈴木禎次　59
州浜　10
スプロール現象　108
西苑　20
正規化差分植生指数　205
整形式庭園　29
生産緑地地区　116

生態系アセスメント　194
生態系評価　90
生物多様性　4, 104, 110, 123, 178
生物的環境ポテンシャル　171
世界遺産　103
世田谷まちづくりセンター　151
設計図書　138
セラピー基地　69
セラピーの森　71
ゼロエミッション　149
潜在自然植生　91
禅宗伽藍　14
選択的未来分析　80
セントラル・パーク　49
セントルイス万博　54
戦略アセス　190

総合計画　106
創出　164
祖型的治癒力　64
ゾーニング　99

た　行

太液池　20
大気補正　204
代替医療　69
大名庭園　17
ダウニング, A.J.　50
滝　10
タージマハル　24
多変量解析　81
ダラス美術館　35
ダル・セントラル　35

地域制　104
地域性種苗　134
置換不能度　82
地形補正　204
治山　123
治水　123
チャーチ, T.　39
チャル・バーグ　24
中景　198
中心市街地活性化計画　106
鳥獣保護法　94
眺望隠れ家理論　64

通気性　125
鶴舞公園　57
鶴見緑地　61

庭園　5, 6
テラス　27

典型性　194
伝統尊重の原則　177
天王寺公園　57
天龍寺庭園　15

桃花源記　64
透過性　37, 39
東京勧業博覧会　57
東京緑地計画　107
桃源郷　64
透水性　125
動的表現　41
登録ランドスケープアーキテクト　136
特殊性　194
特別緑地保全地区　116
都市気候の緩和　124
都市計画　94
都市計画法　108
都市計画マスタープラン　106, 111
土壌物理性改良資材　126
土地的環境ポテンシャル　170
留山　97
豊臣秀吉　16
トランセクト　85
トロカデロ広場　53

な　行

内国勧業博覧会　57
ナショナルトラスト　153
南越王宮　19

日英博覧会　55
日本庭園　9
ニュー・ラナーク　65

根株移植　130
ネーションズバンク・プラザ　35
根回し　124

農村共同体　149
ノーネットロスの原則　196

は　行

排水性　125
排水層　125
ハイド・パーク　48
パクストン, J.　48
バークンヘッド公園　49
発掘庭園　10, 11, 25
パッチ　3
パティオ　26
花と緑の国際博覧会　60

羽根木公園プレイパーク　151
ハハー　29
ハビタット依存度指数　195
ハビタットタイプ　168
ハビタットデザイン　168, 169
ハビタットポテンシャル　82
ハビタットモデル　83, 85
パブリックインヴォルブメント　150
バランス　41
パーリダエサ　24, 26
パリ万博　51, 53
バロック庭園　29
万国博覧会　47

ビオトープ　158
干潟　131
避暑山荘　22
評価と計画　88
標高モデル　207
表層モデル　207
平等院庭園　13
非予定調和性　45
比良山麓　182
比良の里人　183
肥料木　128
びわ湖自然環境ネットワーク　182, 183

ファウンテン・プレイス　35
フィジオトープ　83
フィラデルフィア万国博覧会　51
風景　2
風景式庭園　29
風致地区　116, 121
風致保全計画　114
風土　2
フォレスト・パーク　54
フォローアップ　193, 197
不確実性　196
吹付資材　126
福羽逸人　53
藤戸石　16
部族公園　98
プティ・トリアノン　30
ブラウン　30
プラーター公園　51
フランス式庭園　28
プリザベーション　95
古田織部　16
ブレニム宮殿　30
プロジェクト・デザイン・マトリックス　80
プロセス　45

ブロック移植　130
プロテクション　95
文化財保護法　94, 100, 179
文化資源　97
文化的景観　178

平城宮東院庭園　11
壁面緑化　124
別業庭園　12
ヘネラリーフェ　26
ペリステリウム　25

法定計画　106
保護地域　93
保護林制度　94
保水性　125
保全　164
保肥性　125
ボボリ園　27
本多錦吉郎　56
本多静六　59
ポンペイ　25

ま　行

埋土種子　130
前池型形式　12
マクハーグ, I.L.　76
マトリックス　3
マルチスペクトルセンサ　203

見込角　200
水と緑のネットワーク　88
水辺祭祀場　9
ミティゲーション　162, 196
ミティゲーション・バンキング　196
緑の基本計画　110, 111
緑のマスタープラン　109
ミニマルアート　144
ミラー邸庭園　33

夢窓疎石　14
無用の土地　97
無鄰庵　18

名石　16
メタバーグ　25
メタモルフォシス　43

モデル　85
モニタリング　124, 131, 169
藻場　131

や　行

やぶこぎ探検隊　183
山縣有朋　18
山里　16, 65
遣水　12

有効土層　125
ユートピア　65

ヨシ群落再生事業　185
予定調和　45
予防原理　196

ら　行

ラウドン，J.C.　48
楽園願望　19
洛陽名園記　21

ランドスケープ　1
ランドスケープアーキテクト　7, 143
ランドスケープマネジメント　7

陸域生態系アセスメント　82
六義園　18
リサイクル　149
リスク評価　80
リズム　41
理想郷　66
リモートセンシング　203
龍安寺庭園　15
利用調整地区　100
緑化　155
緑化技術　123
緑化基礎工　125
緑化重点地区整備計画　114
緑視率　200

緑地計画　106, 107
緑地保全計画　114
リンカーン・センター　35

歴史的アプローチ　167
歴史的風土保存計画　113
レクリエーション機会多様性　100
レーザスキャナ　204
レストレーション　95

ローカルアジェンダ21　148
露地　16
ローズ，J.　39

わ　行

ワークショップ　155, 158

編者略歴

森本幸裕
1948年　大阪府に生まれる
1977年　京都大学大学院農学研究科
　　　　博士課程単位取得退学
現　在　京都大学大学院地球環境学堂教授
　　　　農学博士（京都大学）

白幡洋三郎
1949年　大阪府に生まれる
1980年　京都大学大学院農学研究科
　　　　博士課程単位取得退学
現　在　国際日本文化研究センター教授
　　　　農学博士（京都大学）

環境デザイン学
―ランドスケープの保全と創造―

定価はカバーに表示

2007年4月20日　初版第1刷

編　者　森　本　幸　裕
　　　　白　幡　洋三郎
発行者　朝　倉　邦　造
発行所　株式会社　朝　倉　書　店
　　　　東京都新宿区新小川町6-29
　　　　郵便番号　162-8707
　　　　電話　03(3260)0141
　　　　FAX　03(3260)0180
　　　　http://www.asakura.co.jp

〈検印省略〉

ⓒ 2007〈無断複写・転載を禁ず〉

壮光舎印刷・渡辺製本

ISBN 978-4-254-18028-2　C 3040　　Printed in Japan

元千葉県立中央博 沼田　眞編

景　相　生　態　学
―ランドスケープ・エコロジー入門―

17097-9　C3045　　　　B5判 196頁 本体5300円

狭い意味のランドスケープエコロジーではなく広義のomniscape ecologyの入門書。〔内容〕認知科学と景相生態的アプローチ／研究手法と解析／リモセンとGISによる景観解析／山岳域・河川流域・湖沼・湿原・海岸・サンゴ礁の景相生態／他

前東大 井手久登編

緑　地　環　境　科　学

10146-1　C3040　　　　A5判 260頁 本体4500円

グローバルから地域スケールまで，緑地環境，緑地空間を計画・デザインするための新たな手法を展開。〔内容〕歴史に学ぶ緑地計画思想／アジアの環境／国土計画／ランドスケープエコロジー／都市環境デザイン／環境緑化技術の体系化

兵庫県大 江崎保男・兵庫県大 田中哲夫編

水　辺　環　境　の　保　全
―生物群集の視点から―

10154-6　C3040　　　　B5判 232頁 本体5800円

野外生態学者13名が結集し，保全・復元すべき環境に生息する生物群集の生息基盤(生息できる理由)を詳述。〔内容〕河川(水生昆虫・魚類・鳥類)／水田・用水路(二枚貝・サギ・トンボ・水生昆虫・カエル・魚類)／ため池(トンボ・植物)

富士常葉大 杉山恵一・東農大 進士五十八編

自　然　環　境　復　元　の　技　術

10117-1　C3040　　　　B5判 180頁 本体5500円

本書は，身近な自然環境を復元・創出するための論理・計画・手法を豊富な事例とともに示す，実務家向けの指針の書である。〔内容〕自然環境復元の理念と理論／自然環境復元計画論／環境復元のデザインと手法／生き物との共生技術／他

富士常葉大 杉山恵一著

ビ　オ　ト　ー　プ　の　形　態　学
―環境の物理的構造―

10134-8　C3040　　　　B5判 164頁 本体5000円

ロングセラー「自然環境復元の技術」の編者の一人が生態系復元へ向けてより一歩踏み出した問題提起の書。凸凹構造等を豊富な事例で示し，ビオトープ形成をめざす。〔内容〕自然環境とその復元／環境の物理的構造／付・ビオトープ関係文献

富士常葉大 杉山恵一・西日本科学技術研 福留脩文編

ビ　オ　ト　ー　プ　の　構　造
―ハビタットエコロジー入門―

18004-6　C3040　　　　B5判 192頁 本体5000円

ビオトープの実践的指針。〔内容〕ビオトープの構造要素／陸水系(河川，小川，湧水地，ホタルの生息環境，トンボのエコアップ，他)／海域(海水魚類，海域の生態環境)／陸域(里山の構造と植生，鳥類，昆虫，チョウ，隙間の生きものたち)

富士常葉大 杉山恵一・九大 重松敏則編

ビ　オ　ト　ー　プ　の　管　理・活　用
―続・自然環境復元の技術―

18008-4　C3040　　　　B5判 240頁 本体5600円

全国各地に造成されてすでに数年を経たビオトープの利活用のノウハウ・維持管理上の問題点を具体的に活写した事例を満載。〔内容〕公園のビオトープ／企業地内ビオトープ／河川ビオトープ／里山ビオトープ／屋上ビオトープ／学校ビオトープ

環境情報科学センター編

自　然　環　境　ア　セ　ス　メ　ン　ト　指　針

16019-2　C3044　　　　B5判 324頁 本体9200円

従来，記述の統一性を欠いていた自然環境保全項目につき，各分野の専門家が調査・予測・評価方法を具体的事例に基づいて解説した実務レベルの手引書。〔内容〕地形・地質／植物／動物／景観／野外レクリエーション地／土壌／生態系／他

四日市大 小川　束著

環　境　の　た　め　の　数　学

18020-6　C3040　　　　A5判 164頁 本体2900円

公害防止管理者試験・水質編では，BODに関する計算問題が出題されるが，これは簡単な微分方程式を解く問題である。この種の例題を随所に挿入した"数学苦手"のための環境数学入門書〔内容〕指数関数／対数関数／微分／積分／微分方程式

九大 楠田哲也・九大 巖佐　庸編

生　態　系　と　シ　ミ　ュ　レ　ー　シ　ョ　ン

18013-8　C3040　　　　B5判 184頁 本体5200円

生態系をモデル化するための新しい考え方と技法を多分野にわたって解説した"生態学と工学両面からのアプローチを可能にする"手引書。〔内容〕生態系の見方とシミュレーション／生態系の様々な捉え方／陸上生態系・水圏生態系のモデル化

日本デザイン学会編

デ　ザ　イ　ン　事　典

68012-6　C3570　　　　B5判 756頁 本体28000円

20世紀デザインの「名作」は何か？―系譜から説き起こし，生活〜経営の諸側面からデザインの全貌を描く初の書。名作編では厳選325点をカラー解説。［流れ・広がり］歴史／道具・空間・伝達の名作。［生活・社会］衣食住／道／音／エコロジー／ユニバーサル／伝統工芸／地域振興他。［科学・方法］認知／感性／形態／インタラクション／分析／UI他。［法律・制度］意匠法／Gマーク／景観条例／文化財保護他。［経営］コラボレーション／マネジメント／海外事情／教育／人材育成他

◈ 地球環境シリーズ（普及版） ◈
地球環境を考える普及版シリーズ

大原　隆・西田　孝・木下　肇編
地 球 の 探 究（普及版）
16751-1 C3344　　　B 5 判 240頁 本体4300円

地球とそれを取り巻く広大な自然現象を，宇宙の中の地球，地球の構成と変動，地球の熱的営力，地球環境の変遷の四部に分け，第一線の研究者がオムニバス形式で具体的に解説。大学の教養課程および学部学生のテキスト。初版1989年

千葉大大原　隆・千葉大西田　孝編
地 球 環 境 の 変 容（普及版）
16752-8 C3344　　　B 5 判 208頁 本体4300円

近年，地球環境の変化が大規模かつ急速に進行し人類存亡にかかわる深刻な問題に直面している。本書は23人の専門家が地球表層部におけるいくつかの自然環境系の時間的・空間的な変容を最新の情報に基づき具体的に描出。初版1990年

大原　隆・井上厚行・伊藤　慎編
地 球 環 境 の 復 元（普及版）
―南関東のジオ・サイエンス―
16753-5 C3344　　　B 5 判 352頁 本体4300円

地球表層環境の変化について，南関東地方の地球科学的な事象例(23)と室内実験(18)について多数の図表(375)を用いて解説。学部学生の実習テキスト，中・高校教師の実験マニュアル，生涯教育の野外観察ガイドブック。初版1992年

東大大澤雅彦・千葉大大原　隆編
生物-地球環境の科学（普及版）
―南関東の自然誌―
16754-2 C3344　　　B 5 判 216頁 本体4300円

地球環境の変化を総合的に把握するため南関東を題材として生物-地球環境系の時空的な変容を具体的に描き出す。〔内容〕房総の成立ち／海岸の成立と貝の生活／植物の変遷と生活／身近な動物の生態／森と動物のかかわり／他。初版1995年

千葉大新藤静夫・千葉大大原　隆編
地 球 環 境 科 学 概 説（普及版）
16755-9 C3344　　　B 5 判 144頁 本体4300円

〔内容〕地球環境解析とリモートセンシング／気候と大気大循環／気候環境と地形形成作用／変動地形／自然の猛威／環境問題として 水文環境／地下の熱的環境／地球表層圏の物質循環と安定同位体／地層の形成と環境変化／他。初版1996年

日本環境毒性学会編
生態影響試験ハンドブック
―化学物質の環境リスク評価―
18012-1 C3040　　　B 5 判 368頁 本体16000円

化学物質が生態系に及ぼす影響を評価するため用いる各種生物試験について，生物の入手・飼育法や試験法および評価法を解説。OECD準拠試験のみならず，国内の生物種を用いた独自の試験法も数多く掲載。〔内容〕序論／バクテリア／藻類・ウキクサ・陸上植物／動物プランクトン（ワムシ，ミジンコ）／各種無脊椎動物（ヌカエビ，ユスリカ，カゲロウ，イトトンボ，ホタル，二枚貝，ミミズなど）／魚類（メダカ，グッピー，ニジマス）／カエル／ウズラ／試験データの取扱い／付録

太田猛彦・住　明正・池淵周一・田渕俊雄・眞柄泰基・松尾友矩・大塚柳太郎編
水　　の　　事　　典
18015-2 C3540　　　A 5 判 576頁 本体20000円

水は様々な物質の中で最も身近で重要なものである。その多様な側面を様々な角度から解説する，学問的かつ実用的な情報を満載した初の総合事典。〔内容〕水と自然（水の性質・地球の水・大気の水・海洋の水・河川と湖沼・地下水・土壌と水・植物と水・生態系と水）／水と社会（水資源・農業と水・水産業・水と工業・都市と水システム・水と交通・水と災害・水質と汚染・水と環境保全・水と法制度）／水と人間（水と人体・水と健康・生活と水・文明と水）

前千葉大丸田頼一編
環 境 都 市 計 画 事 典
18018-3 C3540　　　A 5 判 536頁 本体18000円

様々な都市環境問題が存在する現在においては，都市活動を支える水や物質を循環的に利用し，エネルギーを効率的に利用するためのシステムを導入するとともに，都市の中に自然を保全・創出し生態系に準じたシステムを構築することにより，自立的・安定的な生態系循環を取り戻した都市，すなわち「環境都市」の構築が模索されている。本書は環境都市計画に関連する約250の重要事項について解説。〔項目例〕環境都市構築の意義／市街地整備／道路緑化／老人福祉／環境税／他

京大 森本幸裕・千葉大 小林達明 編著

最新環境緑化工学

44026-3 C3061　　A5判 244頁 本体3900円

劣化した植生・生態系およびその諸機能を修復・再生させる技術と基礎を平易に解説した教科書。〔内容〕計画論・基礎／緑地の環境機能／緑化・自然再生の調査法と評価法／技術各論（斜面緑化，都市緑化，生態系の再生と管理，乾燥地緑化）

鳥取大 恒川篤史 著
シリーズ〈緑地環境学〉1

緑地環境のモニタリングと評価

18501-0 C3340　　A5判 264頁 本体4600円

"保全情報学"の主要な技術要素を駆使した緑地環境のモニタリング・評価を平易に示す。〔内容〕緑地環境のモニタリングと評価とは／GISによる緑地環境の評価／リモートセンシングによる緑地環境のモニタリング／緑地環境のモデルと指標

兵庫県大 平田富士男 著
シリーズ〈緑地環境学〉4

都市緑地の創造

18504-1 C3340　　A5判 260頁 本体4300円

制度面に重点をおいた緑地計画の入門書。〔内容〕「住みよいまち」づくりと「まちのみどり」／都市緑地を確保するためには／確保手法の実際／都市計画制度の概要／マスタープランと上位計画／各種制度ができてきた経緯・歴史／今後の課題

東大 武内和彦 著

ランドスケープエコロジー

18027-5 C3040　　A5判 260頁 本体3900円

農村計画学会賞受賞作『地域の生態学』の改訂版。〔内容〕生態学的地域区分と地域環境システム／人間による地域環境の変化／地球規模の土地荒廃とその防止策／里山と農村生態系の保全／都市と国土の生態系再生／保全・開発生態学と環境計画

東大 大澤雅彦・屋久島環境文化財団 田川日出夫・京大 山極寿一 編

世界遺産 屋久島
―亜熱帯の自然と生態系―

18025-1 C3040　　B5判 288頁 本体9500円

わが国有数の世界自然遺産として貴重かつ優美な自然を有する屋久島の現状と魅力をヴィジュアルに活写。〔内容〕気象／地質・地形／植物相と植生／動物相と生態／暮らしと植生のかかわり／屋久島の利用と保全／屋久島の人，歴史，未来／他

武蔵工大 田中 章 著

HEP入門
―〈ハビタット評価手続き〉マニュアル―

18026-8 C3046　　A5判 280頁 本体4500円

野生生物の生息環境から複数案を定量評価する手法を平易に解説。〔内容〕HEPの概念と基本的なメカニズム／日本でHEPが適用できる対象／HEP適用のプロセス／米国におけるHEP誕生の背景／日本におけるHEPの展開と可能性／他

農工大 亀山 章 編

生態工学

18010-7 C3040　　A5判 180頁 本体3200円

生態学と土木工学を結びつけ体系的に論じた初の書。自然と保全に関する生態学の基礎理論，生きものと土木工学との接点における技術的基礎，都市・道路・河川などの具体的事業における工法に関する技術論より構成

前東大 井手久登・農工大 亀山 章 編
ランドスケープ・エコロジー

緑地生態学

47022-2 C3061　　A5判 200頁 本体4200円

健全な緑の環境を持続的に保全し，生き物にやさしい環境を創出する生態学的方法について初学者にもわかるよう解説。〔内容〕緑地生態学の基礎／土地利用計画と緑地計画／緑地の環境設計／生態学的植生管理／緑地生態学の今後の課題と展望

産総研 中西準子・産総研 蒲生昌志・産総研 岸本充生・産総研 宮本健一 編

環境リスクマネジメントハンドブック

18014-5 C3040　　A5判 596頁 本体18000円

今日の自然と人間社会がさらされている環境リスクをいかにして発見し，測定し，管理するか――多様なアプローチから最新の手法を用いて解説。〔内容〕人の健康影響／野生生物の異変／PRTR／発生源を見つける／*in vivo*試験／QSAR／環境中濃度評価／曝露量評価／疫学調査／動物試験／発ガンリスク／健康影響指標／生態リスク評価／不確実性／等リスク原則／費用効果分析／自動車排ガス対策／ダイオキシン対策／経済的インセンティブ／環境会計／LCA／政策評価／他

日本緑化工学会 編

環境緑化の事典

18021-3 C3540　　B5判 496頁 本体20000円

21世紀は環境の世紀といわれており，急速に悪化している地球環境を改善するために，緑化に期待される役割はきわめて大きい。特に近年，都市の緑化，乾燥地緑化，生態系保存緑化など新たな技術課題が山積しており，それに対する技術の蓄積も大きなものとなっている。本書は，緑化工学に関するすべてを基礎から実際まで必要なデータや事例を用いて詳しく解説する。〔内容〕緑化の機能／植物の生育基盤／都市緑化／環境林緑化／生態系管理修復／熱帯林／緑化における評価法／他

上記価格（税別）は2007年3月現在